U0169288

火力发电厂检修试验策划与指导

中国自动化学会发电自动化专业委员会　组编
主编　孙启德　张国斌
主审　侯子良

中国电力出版社
CHINA ELECTRIC POWER PRESS

内 容 提 要

火力发电厂检修及修后试验的标准化、规范化建设需求越来越迫切，需要在检修全过程规范化管理基础上建立程序化、精细化检修试验管理制度，以进一步提高检修质量和管理水平。总结电厂、电网的工作经验，规范电厂检修后的试验工作，使各厂检修工作标准化、规范化，督促各厂检修试验工作按照计划高质量完成。本书给出火电厂检修试验的项目内容、试验方式、试验顺序、试验归口单位、试验评判标准，以及试验措施，为各发电单位和检修单位提供详实可靠的指导依据。论著具有一定的参考价值和现实意义。

《火力发电厂检修试验策划与指导》适用于火电机组的 A 级检修管理，其他等级的检修管理可以参照《火力发电厂检修试验策划与指导》并结合企业实际情况进行适当简化后使用。

图书在版编目（CIP）数据

火力发电厂检修试验策划与指导 / 中国自动化学会发电自动化专业委员会组编；孙启德，张国斌主编 . —北京：中国电力出版社，2022.5（2023.6 重印）
ISBN 978-7-5198-6749-2

Ⅰ . ①火… Ⅱ . ①中… ②孙… ③张… Ⅲ . ①火力厂 - 检修 - 试验 Ⅳ . ① TM621-33

中国版本图书馆 CIP 数据核字（2022）第 076789 号

出版发行：中国电力出版社
地　　址：北京市东城区北京站西街 19 号（邮政编码 100005）
网　　址：http://www.cepp.sgcc.com.cn
责任编辑：娄雪芳（010-63412375）
责任校对：黄　蓓　郝军燕
装帧设计：王红柳
责任印制：吴　迪

印　　刷：三河市万龙印装有限公司
版　　次：2022 年 5 月第一版
印　　次：2023 年 6 月北京第二次印刷
开　　本：787 毫米 ×1092 毫米　16 开本
印　　张：22.75
字　　数：411 千字
印　　数：2001—3000 册
定　　价：98.00 元

编委会

主　编　孙启德　张国斌

副主编　郭瑞君　张金平　王宏刚　孟瑞钧　唐伟民

参　编（按姓氏笔画）

尹　凯　王虎强　王　琳　王　斌　王　瑶

冯云山　孙　峰　李军虎　李　强　乔燕雄

任艳慧　杜荣华　辛晓钢　张　谦　张铁海

范　利　谢明雨

主　审　侯子良

编写单位

组编单位　中国自动化学会发电自动化专业委员会

主编单位　内蒙古电力（集团）有限责任公司内蒙古电力科学研究院分公司

北方联合电力有限责任公司

序

当今我国能源结构大变革浪潮中,火电在相当长时期内一边将要求继续发挥基础和支撑作用,一边又面临着巨大的生存压力。作为火电人责任重大,必须应对这严峻的挑战,迅速提高火电厂的经营、运行以及检修管理能力。内蒙古电力科学研究院和北方联合电力公司编制这本《火力发电厂检修试验策划与指导》,是一件非常有意义的工作。作者在本书中通过自己长期的成功实践并吸取国内广泛经验,对机组检修流程、项目、具体技术方案进行科学整理和优化,这必将在指导缩短检修周期、提高检修质量等方面发挥重要作用。我相信,本书的出版必将对各发电企业的检修工作提供有益的参考和借鉴。

作者虽均来自地处我国北方边陲地区,但在与他们二十多年工作交往中,他们的热心为我国电力行业进步和科技创新,敢为人先的精神和脚踏实地的作风,给人留下深刻的印象,作为一个电力行业的老兵为之感到欣慰,衷心感谢他们的辛勤工作和奉献。

最后,希望本书编者在电厂技术创新和规范化管理等方面继续努力,拿出更多更好的成果服务于我国电力事业发展,造福于民族和国家。

侯子良

2021 年 11 月 1 日

前　言

火力发电长期以来一直是我国主力发电形式，占据着不可动摇龙头地位，从新中国成立以来，为我国国民经济发展、社会主义现代化建设做出了重大贡献。火力发电机组历经几十年的发展，单机机组容量从最初的几千到如今的百万千瓦以上，无论从工艺系统、控制系统、材料质量等诸多领域都吸纳了当前社会最新科技成果，并已发展成为高度复杂化、高度集成化的相对独立的生产体系，当然，与之相伴随的对其管理、检修的要求也不断提高。

当今，以风电、光伏为代表的清洁能源发电规模不断扩大，尤其在"30·60"碳达峰、碳中和的强势国家气候目标下，进一步提升清洁能源的装机及发电量比重，将成为一不可逆转的趋势，这从另外的角度，对常规火电机组又提出了更为苛刻的要求和严峻的挑战，火电机组既要继续承担国家基本发电任务的重担，又要成为保证清洁能源可靠发电和电网安全的带刀护卫，同时还要承受来自煤炭等一次能源价格上涨、火电机组利用小时数不足、上网交易电价偏低等综合因素都对火力发电经营上造成的挤压。为此，提升企业生产管理水平、挖掘企业内部潜力也成为各火力发电集团化解当前压力的必然选择。

火电机组检修是控制火电企业成本、提高发电企业效益的重要抓手，也是发电机组稳定、可靠、长周期运行的重要保证，无论对于发电集团、电网以及国民经济都具有重要意义。通过火电机组检修试验策划与指导的相关研究可以高效、合理利用有限的检修费用、科学安排检修试验项目及工序、合理调配人员，对于提升机组检修质量、缩短检修工期、完善检修项目具有非常重要的现实价值和指导意义。为此，华能集团北方联合电力公司与内蒙古电力科学研究院联合立项共同开展机组检修试验策划方向研究。

本书在华能北方包头第一热电厂原有开展机组检修工作的基础上，充分吸纳和借鉴北方集团内部以及全国不同发电集团的先进检修经验，利用科学的管理方法及统筹策略策划试验项目，力求避免之前各厂机组检修工作中普遍存在的试验准备不足、技术方案不全面、检修试验项目不完整、检修流程交叉冲突等问题。

本书共分7章，总体为两大部分内容，其中第1章"检修试验概述"、第2章"检修试验策划"侧重于整体检修体系设计与管理，通过理论研究与实际案例的结合对机组检修工作的安全可靠性保证、检修流程设计与过程管理、检修项目策划与验收等环节进行了系统性阐述，第3～7章主要分专业对检修工作提出了具体技术要求与指导，包括第3章"锅炉检修试验"、第4章"汽轮机检修试验"、第5章"电气检修试验"、第6章"热工检修试验"、第 7 章"环保检修试验"。

本书由内蒙古电力(集团)有限责任公司内蒙古电力科学研究院分公司、北方联合电力有限责任公司共同组织编写,可作为北方联合电力有限责任公司集团内火电机组检修的指导性文件使用,同时,全国其他发电集团也可参考。本书由孙启德、张国斌、郭瑞君、张金平、王宏刚、孟瑞钧、唐伟民、尹凯、王虎强、王琳、王斌、王瑶、冯云山、孙峰、李军虎、李强、乔燕雄、任艳慧、杜荣华、辛晓钢、张谦、张铁海、范利、谢明雨组成编写委员会编写完成。

在本书成书过程中,得到全国各发电集团的大力支持,侯子良老先生非常关注本书编写并亲自作序,中国自动化学会对本书的编写和出版提供大力支持,孙长生秘书长多次组织专家进行审查,中电投金丰等全国电力行业知名专家也为本书编写提供了大量宝贵的建议和意见,在此一并表示深深敬意与感谢。

由于时间较为紧张,资料不全,加之编者水平所限,书中难免有疏漏和不妥之处,还恳请读者批评指正。

目 录

序

前言

第1章 检修试验概述 ·· 1

  1.1 检修试验与机组安全 ·· 2

  1.2 检修试验流程 ·· 37

  1.3 检修试验管理 ·· 43

第2章 检修试验策划 ·· 64

  2.1 检修试验计划与准备 ·· 64

  2.2 检修试验实施与控制 ·· 76

  2.3 检修试验总结与评价 ·· 90

第3章 锅炉检修试验 ·· 94

  3.1 修后机组冷态下锅炉试验 ·· 95

  3.2 启动前机组冷态下锅炉试验 ·· 104

  3.3 修后机组热态下锅炉试验 ·· 131

  3.4 修后机组并网后锅炉试验 ·· 136

第4章 汽轮机检修试验 ·· 153

  4.1 修后机组冷态下汽轮机试验 ·· 154

  4.2 启动前机组冷态下汽轮机试验 ·· 175

  4.3 修后机组热态下汽轮机试验 ·· 190

  4.4 修后机组并网后汽轮机试验 ·· 198

第5章 电气检修试验 ·· 227

  5.1 修后机组冷态下电气试验 ·· 230

  5.2 启动前机组冷态下电气试验 ·· 274

  5.3 修后机组热态下电气试验 ·· 277

  5.4 修后机组并网后电气试验 ·· 288

第6章 热工检修试验 ·· 293

  6.1 修后机组冷态下热工试验 ·· 294

  6.2 启动前机组冷态下热工试验 ·· 304

　6.3　修后机组并网后热工试验 ……………………………………………… 320

第7章　环保检修试验 …………………………………………………………… 337

　7.1　修后机组冷态下环保试验 ……………………………………………… 337

　7.2　修后机组并网后环保试验 ……………………………………………… 341

参考文献 ……………………………………………………………………………… 352

第1章

检修试验概述

电力的安全可靠是国民建设与生产的保证。只有不断加强电力安全可靠性，提高电力系统和电力设备安全可靠性水平，才能保障电力系统安全稳定运行和电力可靠供应。电力生产全过程包括发、输、变、配、用及调度六大环节，是一项庞大且复杂的系统工程，具有地域分布广阔、电力设施分散、功能环节多、发供用同时完成、电能即产即用等特点。六大环节中的任意环节一旦出现重大安全事故，都将给企业、个人和社会造成巨大损失和严重影响。因此，火力发电厂作为电力能源的生产企业，其追求经济效益最大化经营管理目标的前提是搞好电力安全生产，落实好各项电力生产安全措施，在机组运行中查找、发现安全生产薄弱环节，排除安全隐患，在机组检修和维护过程中规范化、精细化实施，保证检修高质量、高标准完成。

电力企业持续生存的基础是对电力设备安全生产的保障作用，火力发电厂应以电力安全和质量为中心，以国家和行业规范与标准为依据，以监测、诊断、试验与优化为主要手段，不断提升火电厂的安全、质量、环保、经济性。依据电力反事故与安全措施落实要求，在电力生产运行和检修维护过程中，解决影响机组安全、质量、环保、经济等方面的技术问题。随着新能源大规模开发和特高压快速发展，电网的结构和特性都发生了深刻变化，电力系统一体化特征日趋显著，电网稳定特性更加复杂，系统转动惯量持续减小、抗扰动能力不强，存在系统频率、电压大幅波动甚至稳定破坏的风险，厂网协调有待进一步加强规范和精细化管理，特别是新的形势下加强电气预防性试验和涉网试验的规范性尤为重要。

随着机组检修技术和管理的发展，需重点从状态检修、精细化管理、质量监督、缺陷管理、检修项目计划、检修试验规范、检修信息化、人员培训等方面，加强和深化机组检修管理措施，提升检修管理水平。检修试验作为检修全过程管理中非常重要的部分，对于修后设备功能的再确认和机组设备性能的评估，如机组安全性、可靠性、经济性、环保性、灵活性、智能化的评估有非常重要作用，也为机组生产运行和检修维护、经营管理提供参考和依据。因此，要完善检修规程、作业指导书、检修文件包等实用的规范性文件，把检修试验全过程管理更具体和规范化、标准化。

1.1 检修试验与机组安全

1.1.1 火电厂机组安全运行重要性

目前,我国火电装机容量达 12.76 亿 kW,占比仍然超过一半,其中煤电装机已经低于 50%,增速较小。2018~2020 年,增速分别只有 3.0%、4.1%、4.7%。过去三年火电的增量分别为 4380 万、4423 万、5637 万 kW,而同期风电的增量分别为 2127 万、2572 万、7167 万 kW,光伏的增量分别为 4525 万、2652 万、4820 万 kW。尽管增速较少,由于基数较大,绝对增量尚可。2021 年 1~8 月,我国发电量 53894 亿 kWh,同比增长 11.3%。其中,火电 38723 亿 kWh,占比 71.8%,同比增长 12.6%。可见,火电远没有进入被"淘汰"阶段。总体上,我国仍然是严重依赖于火电。

根据我国的发电装机计划,到 2030 年风电和光伏的总装机将不低于 12 亿 kW,将与当前火电装机容量相当,预计将超过火电,成为装机主体。由于风电和光伏受制于气候因素等特性,其利用小时数不及火电,同等装机的情况下发电量仍有相当差距。以 2021 年 1~8 月为例,火电日均利用小时约为 12.45h,风电约为 6.25h,光伏约为 3.73h。风电和光伏更多是可能成为发电量主体,其先天禀赋决定了不能成为峰值负荷的主体,峰值负荷还得依靠火电和储能等非新能源主体。

随着经济发展,电力需求保持稳定增长,电力需求结构多元化,峰值负荷还会持续提高,加之新能源占比提高,电力系统调峰压力会越来越明显。火电的装机不仅发电还可以保障峰值负荷,而新能源的发展更多是提供发电量,难以承担调峰责任。尽管依靠储能如抽水蓄能和新型储能等配套设施可以一定程度上进行调峰,但目前我国储能在电力装机中占比还很低,不能承担太多调峰作用。在调峰压力有增不减,储能配套暂时还难以跟上电力发展的情况下,火电在很长一段时间都将承担调峰的重任,尤其是承担潜在的峰值负荷压力。

总之,目前虽然新能源发展迅速,但是我国电力生产仍以火力发电机组为主。煤电机组将逐步由提供电力、电量的主体性电源,向提供可靠电力、调峰调频能力的基础性电源转变。火电未来的盈利方向也会从电量转向电量和容量并重,通过为电力市场提供高效低成本的调频、调峰服务来获取额外收益。因此,火力发电机组与设备的可靠性,直接影响着电力系统安全稳定运行和电力可靠供应,目前的电力市场和电源供给形势迫使所有的发电公司仍然必须以保证发电设备稳定运行、争取提高机组对电网调峰调频适应能力来提升和保证企业盈利能力，因而强化设备维护治理、及时消除设备缺陷、减少机组非计划停运次数仍是发电企业的一项非常重要的工作。

1. 火电机组安全可靠性

根据国家能源局和中国电力企业联合会发布的数据统计，2020年已纳入可靠性管理的燃煤机组1865台，燃气机组225台。纳入可靠性统计的机组装机容量占比如图1-1所示。

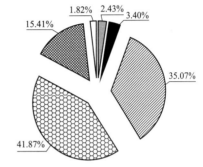

（1）火电1000MW以上容量机组为126台，同比增加17台，等效可用系数91.77%，同比下降0.65个百分点；发生强迫停运共36次，同比持平；非计划停运时间共3062.87h，同比减少61.33h。

图1-1 2020年全国火电机组装机容量占比

（2）火电600MW以上容量机组548台，同比增加28台，等效可用系数93.17%，同比增加0.48个百分点，主要因素是非计划停运次数和等效强迫停运率均低于去年；发生强迫停运223次；非计划停运时间共19066.73h，同比减少12次、1543.88h。

（3）火电300MW以上容量机组894台，同比增加30台，等效可用系数93.25%，同比增加0.22个百分点，主要因素是计划停运时间和非计划停运时间均有所减少；非计划停运时间48.92h/台年，同比增加7.58h/台年。

（4）200MW容量等级机组135台，100MW容量等级机组140台，其余容量等级机组22台。

2020年燃煤机组共发生非计划停运906次，非计划停运总时间为78617.21h，台年平均停运0.49次、38.60h，同比分别减少0.02次、0.97h。其中持续时间超过300h的非计划停运共65次，非计划停运时间38269.25h，占全部燃煤机组非计划停运总时间的48.68%。对比情况如表1-1所示。

表1-1　　　　　　全国火电机组非计划停运及同比

项目\n年度	非停台次\n（次）	非停时间\n（h）	平均非停台次\n（次/台年）	平均非停时间\n（h/台年）
2020	906	78617.21	0.49	38.60
2019	943	80523.26	0.51	39.57
同比	−37	−1906.05	−0.02	−0.97

从 2020 年机组可靠性可以看出，非计划停运次数同比减少 37 次，火电机组可靠性变化趋势不是很大，并没有提高多少。

2020 年非计划停运如强迫停运发生 761 次，强迫停运总时间 55338.88h，台年平均值分别为 0.41 次、27.45h，同比减少 0.04 次、3.23h。强迫停运占全部燃煤机组非计划停运总时间的 70.39%。

在三大主设备中，锅炉是引起非计划停运的主要部件，非计划停运台年平均为 0.25 次、29.18h，占全部燃煤机组非计划停运总时间的 67.60%。锅炉、汽轮机、发电机三大主设备引发的非计划停运占全部燃煤机组非计划停运总时间的 80.39%。比重情况见表 1-2。

表 1-2　　　　　　　　　三大主设备引发非计划停运的比重

序号	主设备	停运次数（次/台年）	停运时间（h/台年）	*百分比
1	锅炉	0.25	29.18	67.60
2	汽轮机	0.06	3.27	7.58
3	发电机	0.03	2.25	5.21

*百分比：占机组非计划停运时间的百分比。

按照造成发电机组非计划停运的责任原因分析，产品质量问题为第一位，台年平均为 0.13 次、11.60h。前五位主要责任原因占全部燃煤机组非计划停运总时间的 75.68%。责任原因统计见表 1-3。

表 1-3　　　　　　　　　非计划停运的前五位责任原因

序号	责任原因	停运次数（次/台年）	停运时间（h/台年）	*百分比
1	产品质量问题	0.13	11.60	26.89
2	检修质量问题	0.07	6.01	13.92
3	燃料影响	0.05	5.23	12.11
4	设备老化	0.07	5.09	11.80
5	施工安装问题	0.05	4.73	10.96

*百分比：占机组非计划停运时间的百分比。

2020 年按照燃煤机组非计划停运事件持续时间长短划分类，停运次数最多的是 10～100h 区间的非计划停运事件，并且大部分是强迫停运事件，占燃煤机组总非计划停运次数的 42.49%，其次在小于 10h 的区间内，占燃煤机组总非计划停运次数的 28.26%；超过 1000h 的非计划停运 3 次。持续时间划分统计见表 1-4。

表 1-4　　　　　　　　　　　　　　　非计划停运事件按持续时间划分

火电机组非计划停运时间（h）	停运总次数（次）	占停运次数百分比（%）
<10	256	28.26
10～100	385	42.49
100～500	250	27.59
500～1000	12	1.33
1000	3	0.33

注：各分级数值范围中，下限值包含，上限值为不包含。

2. 火电厂主要辅助设备安全可靠性

根据国家能源局和中国电力企业联合会发布的 2020 年数据统计分析，200MW 及以上容量火电机组主要辅助设备运行可靠性，如磨煤机非计划停运的主要技术原因排在前五位的分别是：漏粉、堵塞、磨损（机械磨损）、断裂和卡涩。造成非计划停运的主要部件是：锅炉辅助设备辊—碗式（HP）中速磨煤机本体出口管、本体石子煤室、减速箱输出轴、本体磨辊和其他。主要责任原因是：产品质量问题、燃料影响、检修质量问题、运行不当和设备老化。

给水泵组非计划停运的主要技术原因排在前五位的分别是漏水、磨损（机械磨损）、元器件故障、阀门不严、跳闸。造成非计划停运的主要部件是：汽轮机辅机给水泵本体机械密封组件、前置给水泵轴、本体出口门、电动机电源装置变频器等。主要责任原因是：产品质量问题、检修质量问题、设备老化、施工安装问题、管理不当。

送风机非计划停运的主要技术原因排在前五位的是磨损（机械磨损）、进水、烧损、振动、漏油；造成设备非计划停运的主要部件是：动叶调节轴流送风机本体轴承、送风机电动机定子线棒、送风机电动机电源装置电缆、送风机电动机轴承等。主要责任原因是：管理不当、产品质量问题、设备老化、检修质量问题、施工安装问题等。

引风机非计划停运的主要技术原因排在前五位的分别是裂纹（开裂）、变形（弯曲、挤压）、断裂、磨损（机械磨损）、通信远动故障。造成设备非计划停运的主要部件是：锅炉辅助设备动叶调节轴流引风机本体轴承、本体风壳、本体动叶片和锅炉辅助设备引风机电动机电源装置变频器等。主要责任原因是：产品质量问题、规划/设计不周、检修质量问题、运行不当等。

高压加热器非计划停运的主要技术原因排在前五位的分别是漏水、冲蚀、裂纹（开裂）、开焊、卡涩。造成设备非计划停运的主要部件是：高压加热器 U 形管、疏水管道直管、盘香管、管板、疏水管道焊口等。主要责任原因是：产品质量问题、设备老化、管理不当、检修质量问题、运行不当等。

对 200MW 及以上容量火电机组主要辅助设备如磨煤机、给水泵组、送风机、引风机和高压加热器的运行可靠性进行统计，见表 1-5。

表 1-5　　　　　　　　　　火电机组主要辅机设备运行可靠性指标分布

辅助设备分类		统计台数（台）	运行系数（%）	可用系数（%）	计划停运系数（%）	非计划停运系数（%）	非计划停运率（%）
磨煤机	2016 年	6211	53.73	92.94	7.01	0.05	0.09
	2017 年	6700	55.15	93.73	6.23	0.05	0.09
	2018 年	6932	60.86	94.35	5.59	0.06	0.10
	2019 年	7005	61.72	94.09	5.87	0.04	0.07
	2020 年	7153	60.36	94.21	5.76	0.03	0.05
给水泵组	2016 年	3495	46.31	93.99	5.97	0.04	0.08
	2017 年	3721	46.42	94.29	5.67	0.03	0.07
	2018 年	3831	52.19	94.75	5.22	0.02	0.04
	2019 年	3850	55.01	94.54	5.43	0.02	0.04
	2020 年	3875	54.32	94.79	5.20	0.01	0.02
送风机	2016 年	2511	66.69	93.50	6.50	0.00	0.00
	2017 年	2669	67.72	94.18	5.82	0.00	0.01
	2018 年	2779	74.05	94.67	5.32	0.01	0.01
	2019 年	2780	75.13	94.54	5.46	0.00	0.00
	2020 年	2786	73.57	94.61	5.39	0.00	0.00
引风机	2016 年	2556	66.73	93.60	6.39	0.02	0.00
	2017 年	2734	67.58	94.06	5.92	0.03	0.04
	2018 年	2846	73.99	94.58	5.40	0.02	0.03
	2019 年	2858	75.07	94.33	5.64	0.03	0.03
	2020 年	2867	73.39	94.59	5.40	0.02	0.02
高压加热器	2016 年	3854	66.37	93.82	6.13	0.05	0.07
	2017 年	4121	67.44	94.13	5.83	0.04	0.06
	2018 年	4291	74.17	94.70	5.28	0.03	0.03
	2019 年	4329	75.26	94.41	5.56	0.02	0.03
	2020 年	4355	73.68	94.54	5.44	0.02	0.03

火电厂的磨煤机、给水泵组、送风机、引风机和高压加热器，这五种辅助设备的可用系数，如图 1-2 所示。

图 1-2 反映出五种辅助设备的可用系数与同期比有所提高，设备可靠性能得到控制。但五大设备平均可靠性指标均低于 95%，且五大设备之间的可靠性指标差异较大，其中磨煤机的可用系数指标最不理想，只达到了 94.2%，是五种辅机中可用系数最低的附属

设备，发生故障概率较大，停运时间也较多。这说明火电厂主要辅机的管理与维护仍存在一定的问题。

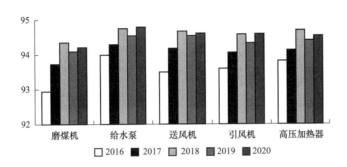

图 1-2　火电厂辅助设备的可用系数（％）

图 1-3 反映出近几年来五大辅机的运行系数均先升高后下降，2020 年均同比下降，分别下降 1.36、0.69、1.56、1.68 和 1.58 个百分点。设备台年运行小时分别减少 119.46、60.61、137.03、147.57h 和 138.79h。

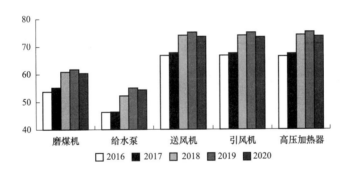

图 1-3　火电厂辅助设备的运行系数（％）

图 1-4 反映出近两年五大辅机的非计划停运率均稳中有降，磨煤机因其特性及其在运行过程中的频繁操作，导致其非计划停运率始终高于其他辅助设备；磨煤机、给水泵组、引风机非计划停运率同比分别下降 0.02、0.02 个百分点和 0.01 个百分点，送风机、高压加热器非计划停运率同比持平。

基于设备状态提前预防和精细化治理是降低火电机组非计划停运的关键。火电厂机组非计划停运是发电企业生产运营的管控重点之一，直接影响机组的经济效益，也是评价机组可靠性和机组检修后进行评价的重要指标之一，电网公司在《发电厂并网运行管理实施细则》中也重点考核该项指标。

火电机组导致非计划停运的主要原因有人为失误、维护管理失职、设计安装缺陷、设备缺陷等方面。人为失误又可分为运行误操作和在线检修失误；维护管理失职分为管理流程不完善、制度不健全、定期工作不规范、三票三制执行不严格等；设计安装缺陷分为系统功能设计不完善、控制保护逻辑设计不严谨、可靠性设计不高、安装工艺缺陷、违反技术标准的缺陷（装置性违章）；设备缺陷分为材料选用不合格、性能指标不达标、元器件质量不合格等。进行原因分类的目的是为了划分管理责任、归纳总结共性原因，从而为管理制度、检修维护标准、作业流程等提供优化或改进的依据，举一反三，根据机组或设备的特性逐步提高设备整体可靠性，直至机组的整体可靠性。

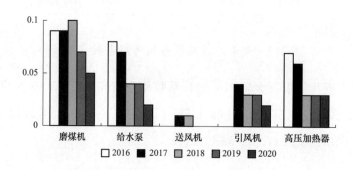

图 1-4　火电厂辅助设备的非计划停运率（％）

火电机组设备故障的非停处理原则有两个方向：一是提高设备的可靠性，二是提升系统的抵御能力。设备故障是必然的，也即设备都是有寿命的。一个设备的全寿命期分为三个阶段：早期故障阶段，因设计、制造、安装故障以及运行维护人员不熟悉设备特性造成的故障，属于高发期；中期偶发故障阶段；后期损耗故障期，因为设备局部部件老化、疲劳、磨损进入故障频发期。早期和后期阶段属于系统性故障，中期属于偶然性故障。

从火电机组设备特点上分，机、炉的设备故障通常有明显的先兆，疲劳、磨损特点较多，有明显的故障特征；热控、电气的设备电子元件较多，受热、潮湿和振动、电磁场等影响，具有偶发性、隐蔽性特点，且故障后会自恢复、无痕迹，这类特点与机炉有本质差异，因此主要依靠定期轮换、定期校验、定期更换、定期试验或预防性试验等措施来发现问题并治理。

3. 火电机组与电网协调控制

电网安全关系国家安全和社会稳定，是电力企业生存和发展的根本。近年来，随着新能源大规模开发和特高压快速发展，超/特高压直流输电技术广泛应用，电源、电网的结构和特性都发生了深刻变化，电力系统一体化特征日趋显著，系统转动惯量持续减小、动态调节能力明显不足，电网抗扰动能力不强，稳定特性更加复杂，存在系统频率、电压大幅波动甚至稳定破坏的风险。因此，在电网安全生产相关规定中，把防止大面积停电事故、破坏电网稳定事故、防止电网瓦解事故作为电网安全生产的总体目标，建立满足电网安全稳定运行的厂网协调的安全管理机制，加强对并网电厂的安全管理和技术服务，结合以高比例新能源、特高压输电为特征的电力系统安全生产新的要求，各网省公司基于风险管理的安全管理理念，以安全性评价为基础，实施自下而上与自上而下相结合的基于风险辨识、风险分析、风险评估、风险控制的闭环过程管理，全面夯实企业安全生产基础。在电力供需矛盾日益突出、并网机组运行不稳定等不利因素的影响下，继续保持电网安全稳定运行。

目前，虽然通过加强发电厂和电网安全管理，落实电力系统安全稳定技术措施，应用先进的新装备和新技术，没有发生大的电网事故，保证了电力系统的安全稳定运行。但总体来说，我国的电网安全还是低水平的安全，电网运行中仍然存在多方面的安全问题，安全形势依然严峻。主要表现如下：

（1）跨区互联电网安全稳定问题突出，如联络线输送功率已接近限额，且部分设备故障率高发。

（2）电源与电网结构不合理、发展不协调影响电网安全稳定运行，如电网的调峰及事故备用容量不足、网络结构薄弱、无功补偿容量不足，设备问题较为普遍，老旧设备存在较多隐患，设备维护和改造不及时，缺陷得不到及时治理，受负荷增长、网架薄弱等各种因素影响，一些设备不得不长期满负荷运行，正常的设备检修、预试、维护、消缺无法按计划开展，部分设备带病运行，给电网安全稳定运行带来严重隐患。

（3）电网安全管理有待进一步加强。不断发生的各种原因造成的电网事故，仍然从不同侧面暴露出电网安全管理还存在诸多方面的问题和漏洞。如电网安全管理水平差距大，事故地区分布特征明显；电气二次系统问题突出，引发电网事故所占比例较大。因继电保护误动、自动装置故障等二次系统原因造成的设备事故和电网事故时有发生，成为影响电网安全的重要因素；设备故障造成电网事故，暴露出设备质量、工程建设、运行和检修维护等各个环节的安全管理问题。运行和检修维护不到位造成设备缺陷没有及时发现、消除或安全措施未落实，对设备质量、工程质量等把关不严，后期运行维护和设备检修不到位；还有人员误操作等人为因素；近年来，外力破坏、环境污染和自然灾害等因素导致的电网事故时有发生，严重危及电网安全。

（4）并网发电厂事故影响电网安全。因并网机组非计划停运造成电网被迫拉限电、并网发电厂事故危及电网安全甚至造成电网事故，已在一定程度上暴露厂网协调方面问题。厂网分开后,电网安全稳定所需要的电网与电厂之间的统一协调关系,由过去靠行政管理过渡为靠协议、合同、规则相互协调,使得电力系统安全管理的制约关系被削弱。厂网协调有待进一步加强规范和精细化管理,创新工作方式、方法,及时查找、发现和排除安全隐患与缺陷,解决厂网协调技术问题。

厂网协调泛指发电机组和电网同在一个电力系统中运行、调整和控制时,影响到系统安全稳定性的相互作用的行为和相互关系,表现为技术和管理两个方面。主要涉及的技术领域有:涉及电网安全的机组保护机理、定值及其与电网之间的配合;电厂的安全自动装置及其与电网之间的配合;机组的调速系统、励磁系统、一次调频、发电机进相运行、低频振荡与电力系统稳定器(PSS)、自动发电控制(AGC)、自动电压控制(AVC)和快速甩负荷(FCB)等涉网的功能及其调节品质;发电机及其控制和原动机及其控制系统的建模与参数优化。此外,电网中新设备接入的影响、发电厂黑启动技术与管理、发电机异常运行以及带有不确定性、间歇性的新能源接入等。

我国在体系建设、设备管理、运行指标、反事故措施事故措施落实、隐患排查、涉网安全和人员培训等方面积极开展厂网协调研究,在厂网两侧全面推广应用,成效显著。但是厂网间协调不好的事件仍然时有发生。例如:因系统阻尼不够或机组调速系统控制差导致低频振荡甚至切机;因电厂继电保护整定不当导致跳机或电网切负荷;因汽轮机超加速度保护问题导致非正常停运;因电网中接入新设备导致发电机次同步振荡;因大规模风电接入影响到系统电压、频率的波动等。表1-6是因发电机励磁系统、PSS系统出现问题而导致厂网协调事故或异常典型案例。

表1-6　　　　　　　　厂网协调典型事故及原因(励磁系统、PSS)

系统	事故或异常	原因
发电机励磁系统	运行调节器故障,引起发电机失磁,机组跳闸	励磁调节器A套通道故障,但没有发出异常信号和切换至备用通道,导致发电机失磁,发电机变压器组失磁保护动作
	励磁变压器绝缘损坏、短路,机组跳闸	励磁变压器高压侧绝缘损坏,发生短路故障,差动保护动作,灭磁开关跳闸,但设备原因无法断开故障电流正常灭磁,发电机定子过热匝间绝缘损坏,事故扩大
	雷击致励磁TV故障,发电机跳闸机组解列,发电机过电压	雷电击中机组主变压器,导致发电机双TV高压侧熔丝熔断,回路失压,励磁调节器强励,定子电压迅速上升,且过励限制参数不合适,不能有效限制发电机励磁电流,最高达2.5倍额定励磁电流
	励磁调节器调差参数不一致,通道切换中发电机跳闸机组解列	双套励磁调节器调差参数设置不一致,且励磁调节器过励限制与励磁变压器过励磁保护配合不当,通道切换过程中励磁电流突然增大,励磁变压器保护动作

系统	事故或异常	原因
PSS	PSS 未经入网检测，有功功率波动，最大幅值达 300MW	PSS 软件内部参数缺省设置错误，缺乏严格的型式试验或入网检测，未能在低频振荡模式提供正阻尼
	PSS-1A 反调过大，引起过励磁，机组跳闸，发电机过电压	运行人员减负荷太快，PSS 反调过大，励磁调节器过励磁输出限幅设置不合适，且与发电机-变压器组过励磁保护配合不当，导致发电机过电压达 1.12 倍额定电压，发电机-变压器组过励磁保护动作
	PSS-1A 反调过大，引起发电机失磁，机组跳闸	运行人员增负荷太快，PSS 反调过大，发电机输出无功由迟相 5 万 kvar 突然进项到 −8 万 kvar，低励限制定值不合适，发电机失磁保护动作
	PSS-2A 转速测量异常，有功功率波动，振荡发散	发电机转速信号测量异常导致 PSS 输出振荡，引起发电机有功负荷大幅变化

表 1-7 是因原动机及调速系统、一次调频系统出现问题而导致厂网协调事故或异常典型案例。

表 1-7　　　　厂网协调典型事故及原因（原动机及调速系统、一次调频）

系统	异常或事故	原因
原动机及调速系统	调节阀门流量非线性，发电机功率波动振荡	机组在顺序阀工况下，汽轮机进汽调门的流量特性，即阀位开度和进汽流量之间线性度差，在某阀位点调门发生来回摆动
	调速系统功率控制回路参数不合理，发电机跳闸机组解列	线路 B 相故障，断路器 B 相跳闸随后重合成功，此过程中机组功率变送器输出信号畸变，负荷中断 KU 触发，调门快关，切机保护动作。功率变送器动态性能差，零功率切机保护不合理，如单相重合闸时不应触发机组甩负荷，没有超速限制逻辑
	发电机低频振荡，功率波动	邻机跳闸出现大幅度逆功率扰动，调门晃动，机电振荡频率大于分界频率，调速系统提供负阻尼，调门重叠度不合理，局部转速不等率过小，功率控制参数不合理
一次调频	调门特性参数与一次调频功能不匹配，发电机跳闸机组解列	汽轮机调门特性参数与一次调频功能不匹配，导致负荷在调门特性拐点时恰巧一次调频动作，加剧调节不稳定，有功最大波动幅度 30MW，无功最低达-100Mvar，致使发电机失磁保护动作
	静态试验不全面，动态调频性能异常	一次调频静态仿真试验不全面，在动态试验时由于协调控制中汽轮机主控设置一次调频频率高动作时保持汽轮机主控调节功率偏差的功能，导致一次调频动作时机组功率持续下降
	DEH 功能块执行步序错乱，汽轮机跳闸，发电机解列	系统改造升级后 DEH 中功能块执行步序不合理，导致由阀位方式切换至功率控制方式时负荷骤降为 0，主汽压突升，运行人员手动打闸

表 1-8 是因 AGC、AVC 系统出现问题而导致厂网协调事故或异常典型案例。

表 1-8   厂网协调典型事故及原因（AGC、AVC 系统）

系统	异常或事故	原因
AGC	负荷调节性能异常	电网调度和机组之间的 AGC 遥调信号品质不达标，AGC 指令与机组接收信号偏差大、信号时延长、小幅频繁波动
	电网频率较大波动	频率波动时，电网 AGC 存在严重超调，快速响应机组短时内其调节量已满足频率调整需求，慢速响应机组也动作调整使得频率进一步上升，引起网频较大波动
AVC	AVC 数据异常、无功偏差大	检修期间未进行 AVC 装置本体传动和功能不完善没有调节失败报警，其内部 PLC 输出接点故障，AVC 向机组发增减磁指令时机端电压及无功不变化
	调压性能异常	电厂处于负荷中心机组多，由于 AVC 调节速率低（脉冲宽度、调压速率、指令频次不合适）负荷高峰时电厂子站母线电压严重不合格，存在很大安全隐患

表 1-9 是因发电机进相、火电厂辅机等出现问题而导致厂网协调事故或异常典型案例。

表 1-9   厂网协调典型事故及原因（发电机进相、辅机）

系统	异常或事故	原因
发电机进相	失磁保护整定错误，进相试验时，发电机跳闸机组解列	进相试验前未对失磁保护校核计算，发电机失磁保护阻抗定值 2 整定错误，低励限制与失磁保护失配，失磁保护先于低励限制器动作，导致进相试验时机组跳闸
辅机及其他	辅机低电压穿越能力不足，锅炉灭火，机组跳闸	系统侧出现瞬时故障，发电机机端电压及厂用母线电压出现瞬时跌落，由于给煤机低电压穿越能力不足，致使给煤机变频器欠压保护动作，给煤机跳闸，炉膛燃料全丧失导致锅炉灭火，机组停机
	变压器励磁涌流致发电机跳闸机组解列	主变压器差动保护未采用二次谐波制动措施，空载合闸时产生的励磁涌流幅值达 4.58 倍额定电流，造成变压器比率制动判据误判而引起差动保护动作
	断路器误跳，发电机跳闸机组解列	交直流端子在同一端子箱，电缆短路熔化，交流电串入站内直流段供电回路，引起断路器操作箱内跳闸继电器达到动作电流，断路器跳闸，机组停机
	厂内电气设备故障，发电机跳闸机组解列	电厂出线遭雷击，单相接地故障，线路跳开单相断路器后重合闸成功，但由于三相不一致保护的继电器故障，断路器在重合闸未动作之前，三相不一致保护已经跳开三相，且自动闭锁了重合闸，机组停机
	试验 TA 与二次回路未隔离，发电机跳闸机组解列	对断路器 TA 现场误差试验时，TA 二次线圈短接时，未先断开与发电机变压器组保护二次回路的连接，致使保护误动

表 1-10 是因继电保护和安全自动装置、互联电网出现问题而导致厂网协调事故或异常典型案例。

表 1-10　　　　厂网协调典型事故及原因（继电保护和安全自动装置、互联电网）

系统	异常或事故	原因
继电保护和安全自动装置	机组低频保护与电网低频减载配合不当，发电机跳闸机组解列	机组低频保护整定不合理，且高于电网低频减载装置最后一轮定值 47.5Hz，电网系统频率下降至 48Hz 时，机组低频保护先动作
	机组过负荷保护与过励保护配合不当，发电机跳闸机组解列	发电机转子绕组过负荷保护反时限延时低于励磁过励限制及保护延时，过负荷保护先动作
	机组过励磁保护元件采样错误，发电机跳闸机组解列	保护装置过励磁保护元件电压采样为发电机相电压，当定子出现单相接地时，非故障相上升为线电压 1.732 倍，高于反时限动作定值 1.07 倍，过励磁保护动作
	升压站保护误整定和安控装置拒动，引发电网事故	未仔细检查保护装置定值和投退状态，纵联电流差动保护误动作，多回线停运；安控装置线路无故障跳闸判据不合理，导致在线路零功率和充电状态下安控系统拒动，事故扩大
	合并单元内部参数错误导致多套保护误动和并网机组跳闸事故	变电站继电保护设备采用"常规互感器＋合并单元"采样模式，未经检测内部时间参数不合适，导致交流电流采样数据不同步，在发生区外故障时差动保护误动作
	保护压板操作顺序不正确导致升压站母线失电事故	在升压站断路器单支路合并单元缺陷处理后恢复母差保护时，未按照先退出"投检修"硬压板，检查母线保护装置是否存在差流，再投入"间隔投入软压板""GOOSE 发送软压板"先后顺序操作
互联电网	区域电网特高压直流闭锁事故	特高压直流 AB 线因送端遭雷击致双极闭锁，"大直流、弱受端"特征的受端电网损失功率 490MW，区域电网小负荷运行，系统转动惯量小，电网一次调频能力不足，12s 频率跌至 49.56Hz，30s 后 ACE 动作分摊缺额功率及人工调用出力，频率 334s 后恢复正常水平
	美加大停电事故	在高峰负荷时线路负载重，一条 345kV 线路跳闸后潮流转移，导致相邻线路过载，致过电流保护、后备保护动作或弧垂对地放电，线路相继跳闸；发电机励磁限制与发变组保护配合不当，电压下降时机组跳闸，加剧电压崩溃发生；电压下降时低压减载动作使事故扩大

　　由上述发生的各类厂网协调事故可见，火电机组涉网安全可靠性直接影响电力系统的安全稳定。特别是现代大电网中，快速励磁多，系统容量大，有远距离、大功率送电，尤其容易发生低频振荡，我国电力系统低频振荡事件呈多发趋势。抑制低频振荡的方法有加强电网结构、发电机励磁系统中加入 PSS 功能和直流输电调制等。但对于一些由外力引发的非周期性或强迫性的振荡，如发电机调速系统参数或逻辑设置不当、调门抖动等引起的振荡，PSS 一般无法抑制，只能设法控制振荡源。

　　对近 10 年来全国范围内的数起低频振荡事件分析，汽轮机调速系统参与甚至主导了这些低频振荡。如某 300MW 机组汽轮机运行中配汽方式切换操作诱发了低频振荡，本机功率最大振荡幅值 66.6MW，电网内线路最大振荡幅值 231.9MW，最大振荡频率 0.38Hz，调度采用直流调制等措施，振荡平息；调速系统电液转换器故障造成调门晃动，系统引入强迫振荡，振荡频率 1Hz，本机功率最大振荡幅值 20MW，网内多台机组功率振荡 8MW；机组未投 PSS，邻机逆功率跳闸诱发低频振荡，本机功率在 860～1150MW 振荡，振荡频率 1.1Hz；DEH 控制回路参数太强，一次调频回路投入后调速系统提供较大负阻尼，一次调频试验时诱发低频振荡，本机功率最大振荡幅值 300MW，500kV 电网多条联络线发生低频功率振荡报警，振荡频率 1.1Hz，退出一次调频振荡平息。

汽轮机的运行操作、设备故障、控制参数异常及外界干扰等都有可能导致低频振荡现象发生，这一问题在发电厂还没有引起足够的重视。一旦出现低频振荡将严重威胁机组与电网安全，如不能及时正确应对或自身平息，机组可能解列或损坏甚至引发大的电网事故。因此，对于火电机组，一方面要按规定投运和优化 PSS 功能；另一方面要加强设备维护治理、及时消缺，优化汽轮机控制逻辑，正确操作抑制低频振荡，开展与规范厂网协调相关测试、试验等。针对现代大电网结构、运行特点及高比例新能源接入，不断优化和提升厂网协调性能和管理水平，是保证电厂和电网安全非常重要的工作。

4. 火电机组检修与安全生产

目前，火电厂面临的安全运行问题主要是在电力产能过剩、特高压电网互联、新能源规模化并网、环保要求严格、燃煤成本难控、企业利润减少等新形势下，锅炉煤种多变、配煤掺烧，脱硝喷氨过多、氨逃逸率问题严重，机组调峰频繁、负荷变化幅度大，机组长时间较低负荷运行，供热机组热电耦合及厂网协调更加困难等，造成机组与设备适应性差、设备磨损、能耗大，机组运行安全风险增大、电网安全受到严重威胁。因此，在新形势下，火电厂需进一步提高运行和安全管理水平，降低生产运行成本；同时，开展状态检修，结合计划性检修，降低检修、维护成本；企业经营管理转变为以电量和电力辅助服务为主的电力市场交易，提高火电厂在能源结构变化新形势下的竞争力，进行精细化管理，为火电机组的安全、节能、环保、灵活运行提供有力保障。

随着单机容量扩大、自动化水平提高，机组检修安全管理的工作量越来越重。火电机组检修质量管控是规范检修工作，以设备、检修管理为基础，对检修准备、实施、总结与评估各个阶段进行有效管控，以确保检修工程高质量地在规定时间内完成的全过程控制和管理，达到全面检查机组状况、消除设备缺陷、提高机组性能及效率。机组检修的安全目标是减少机组非停次数，提高设备可用率，实现机组长周期稳定运行。经济目标是节能降耗，大气污染物排放环保达标。

在机组检修前期，检修人员需要明确检修现场的安全隔离措施是否完善落实，保证前期安全管理的全面落实。在机组检修中期需要对作业风险、质量关键点进行安全管理与质量监督。机组检修后期，很多检修项目都已接近结束，各系统设备开始回装、试运行，运行部门开始恢复工作，进行单机试转、分部试运以及机组整套启动，在这一阶段，由于工作人员对运行操作与检修作业的界面交叉模糊，需对运行及检修工作安排策划好，并及时跟踪、动态调整，保证安全、质量和进度，按计划完成，达到检修预期目标。

在火电机组检修过程中，设备状态在各方面因素的影响下，随着施工进展，如解体、回装、调整试验、带负荷运行，会面临不同程度的风险和问题，都需要通过检修质量管理控制来保证施工工艺质量，以确保设备功能正常、性能良好，设备安全性、可靠性、可用率高，减少设备故障率。

随着火电检修技术的发展，机组检修全过程管理初步形成了组织管理程序化、过程控制精益化、检修作业标准化、工期控制网络化、修后评估科学化的特点，在实际应用中达到了降低设备维修费用、提高设备可利用率，减少非计划停机和机组降出力情况发生的目的。

检修试验作为检修全过程管理中非常重要的部分，检修试验对于修后设备功能的再确认和设备性能的评估，机组安全性、可靠性、经济性、环保性、灵活性、智能化的评估起重要作用，也为机组生产运行和检修维护、经营管理提供参考和依据。检修试验仪器不合格、降低检修试验标准、检修试验方法不对、检修试验安全措施落实不到位，检修试验管理如项目计划、试验顺序和质量要求不合理和不规范，这些都将会导致检修试验质量不高，影响准确评价检修效果，影响工期进度、留下安全隐患，甚至试验期间损坏设备、机组跳闸，机组不能正常带负荷降出力运行等。因此，要编制和完善检修规程、作业指导书、检修文件包等实用的规范性文件，把检修试验全过程管理更具体和规范化、标准化。

1.1.2　检修试验可靠性

近年来，机组检修过程中由于检修试验操作不当引发机组异常、故障甚至跳闸案例时有发生，需要加强检修试验的规范性，完善检修试验故障预控措施。下面通过一些典型案例分析，进一步明确试验过程中存在的危险源和安全风险隐患，以完善试验措施，保证检修试验安全且高质量、高标准完成。

1.1.2.1 300MW 汽轮发电机故障检修

(1) 事件经过。某发电机大修前发电机部分温度超标,振动明显增大。紧急停机进行检修,发现较多缺陷,特别是定子汽端第 43、44 槽间槽口阶梯段铁芯末端磨损烧灼严重,并伤及相邻上层线棒主绝缘。更换损伤线棒、采用假齿方式修复坏损铁芯,用 EI-CID 铁损测试仪全面检测定子铁芯,确保了大修质量。

(2) 发电机大修前的检查和耐压试验。

1) 修前检查。发电机退氢后,打开底部及出线小室人孔门进入初步检查,在出线小室中发现有 1 枚 35mm 长的引线压板绝缘螺杆(带螺母),判断是从发电机绕组端部断裂掉落下来的。

2) 修前直流耐压及泄漏电流试验。进行大修前高压预防性试验。测量三相定子绕组绝缘电阻及吸收比均合格,进行定子绕组直流耐压及泄漏电流试验,数据见表 1-11。

表 1-11   **定子绕组直流耐压及泄漏电流试验数据**

试验项目	位置	直流加压值（kV）			
		10	20	30	40
绕组对地泄漏电流	A 相	12	34	70	88
	B 相	10	60	134	395
	C 相	10	32	66	90
汇水管电流（mA）	A 相	3	12	25	38
	B 相	3	12	25	39
	C 相	2.5	12	25	37

试验条件:室外温度 28℃,湿度 70%;汇水管引出线绝缘电阻 35kΩ,内冷水电导率 $0.9 \times 10^2 \mu S/m$,内冷水温 33℃

从表 1-11 试验数据可以看出,B 相定子绕组泄漏电流明显较大,在 40kV 时达到 395A 比其余两相大 4 倍多,试验中观察该泄漏电流未随加时间的延长而逐步增大,该情况是否说明发电机 B 相定子绕组存在局部绝缘缺陷,还需要进一步分析和查找。

3) 修前交流耐压试验。进行发电机三相定子绕组交流耐压试验。三相泄漏电流基本均衡,但 C 相定子绕组在持续 1min 的交流 30kV 耐压过程中,进行至第 45s 时,发生闪络击穿、跳闸故障。故障后再次测量 C 相定子绕组绝缘未发现明显变化,再次升压至 6kV 左右即刻又发生短路跳闸。从该现象上分析,C 相定子绕组的主绝缘已经受到破坏。

（3）原因分析。

1）铁芯及线棒损伤情况及原因分析。发电机抽转后进入膛内检查，发现定子汽端第43、44槽间铁芯中槽口阶梯段铁芯的末端有约40mm宽断面已经磨损、断片并松动，损伤处深入内部约100mm。故障点相邻区域及转子汽侧布满铁芯片磨损的粉末物，其相邻的第43槽上层线棒的槽口处线棒主绝缘已严重磨损，出现约2×60mm大小的坑口，相邻44槽上层线棒槽口处有轻微电弧灼伤。而43、44槽下层线棒损伤情况还无法判断（必须抬出上层线棒后才能看清楚）。且汽端周边铁芯、槽楔等有多处被高速旋转的转子带起的断裂的铁芯碎片刮擦，造成表面损伤。

经核查，第43、44槽上层线棒均属于C相定子绕组。由于其绝缘受到损伤，故在交流耐压试验中发生击穿。

分析出现铁芯损伤的原因为：长期运行后，铁芯表面会有毛刺损伤短路引起涡流发热或者端部振动，损伤该处铁芯片间绝缘，从而引起涡流发热，逐步形成烧灼断裂故障。在转子旋转风场和振动力及涡流发热的多重作用下进一步破坏，磨损加剧最终形成整个断面的损伤。所幸发电机停运检修及时，未在运行中造成更严重的事故。

2）定子端部松动问题及分析。检查掉落在发电机出线小室内的物件，是励端电侧水平位置端部绕组引线压板绝缘螺杆断裂的部件。同时检查发现汽、励两端的端部绕组压板有较多定位紧固螺杆处于松动状态，大部分压板紧固螺杆螺母的定位锁片也处于松动状态。为进一步掌握情况，进行发电机绕组端部模态振型试验，检测结论为汽、励两端部绕组固有频率十分接近100Hz，模态振型不合格。

部分锁片锁固方式不正确、锁固不到位、不牢靠，这种问题往往会被忽略。发电机运行中端部绕组受到固有振动影响，端部绕组压板紧螺杆及定位紧固螺杆的紧固就会逐渐出现松动情况，进一步导致端部绕组的固有振动频率改变，振动加大，从而再次引起锁片松动加剧，进入恶性循环，最终完全破坏绕组端部的紧固状态。

而端部绕组引线压板的紧固螺杆为环氧玻璃丝棒加工的绝缘材质螺杆，其自身机械强度较差，之前基建安装或者检修中的补偿紧固有可能已对其造成损伤，在端部绕组振动加大的情况下造成其断裂，掉落到发电机出线小室内。

3）内冷水含氢量超标的漏点查找。内冷水含氢量超标，说明发电机内冷水管路上存在漏点，由于发电机运行中氢压大于内冷水压力，导致氢气渗漏至内冷水中。为查找渗漏点，对发电机进行0.5MPa定子整体水压试验，经过细致检查发现其中线点C2套管外侧接线板水接头处有一渗漏砂眼，但是该渗漏点处于出线小室外，不是引起内冷水含氢量超标的渗漏点。

为此进一步查找内漏点，用无水乙醚清拭各手包绝缘部件上的油污后，提高水压试验压力至 0.6MPa，细致检查又发现出线小室中的 B2 套管手包绝缘处有渗出的水滴，将 B2 出线套管手包绝缘剥开，剥离的绝缘材料包裹层中已经全部被水浸湿（此情况正是 B 相定子绕组直流泄漏电流偏大的原因）。手包绝缘全部剥离后，发现 B2 套管电侧冷却水接头的焊接处有一渗漏的砂眼，铜质材体上已有轻微水腐蚀形成的绿铜锈。

（4）暴露问题。

1）预防性试验不到位。检查报告发现存在缺项、漏项问题。机组运行年限较长，设备部分存在老化情况，未能及时发现机组安全隐患，应根据机组实际运行状况缩短试验周期。严格执行预防性试验规程，试验项目严禁漏项、缺项。

2）安全生产风险分级管控、安全专项检查工作落实不到位。未开展有针对性的安全风险辨识、隐患排查工作，未制定有效的防范措施。加强电气一次设备绝缘专业工作。按照安全生产管理体系文件要求，定期开展电气一次设备各项工作。完善安全生产风险分级管控工作。对长期存在的、短时间无法消除的设备安全风险、隐患进行全面辨识、制定控制技术、应急措施。

（5）缺陷处理及防范措施。

1）发电机绝缘损伤线棒的修理方案。定子第 43、44 槽上层线棒绝缘已经损伤，决定用备用线棒更换，因此，必须抬出 43、44 的上层线棒。取出 43、44 槽的上层线棒后，才能检查相邻下层线棒损伤情况，并通过交流耐压试验判断遗留在槽内的其余线棒是否还存在绝缘故障，从而确定下一步处理步骤（如果遗留在槽内的其余线棒耐压试验不过关，也需要更换处理，工作量将加大数倍，工期也将延长）。

2）发电机汽端 43、44 槽口间磨损铁芯的修复方案。经电机厂技术专家现场查勘，依据其以往处理该类缺陷的成功经验，决定对已损伤的汽端 43、44 槽口间的铁芯片进行打磨、剔除，对余下铁芯进行片间绝缘加固、表面处理，再用环氧树脂浇注成型的假齿置入进行整体加固处理。据介绍，该电机厂已在多台 300、600MW 机组上采用假齿方式处理过铁芯的局部损伤缺陷。由于铁芯损伤范围小，用假齿代替剔除的铁芯段部分，能够确保其整体的完整性和紧固度。理论上剔除铁芯部分的导磁功能已被牺牲，但故障点处于铁芯阶梯段末端的槽口位置，局部微小的漏磁变化和磁场畸变并不会对发电机整体的电气性能产生影响，实践证明机组的发电效率没有变化，装上假齿的机组也已经稳定运行多年。

3）发电机定子内部铁芯局部损伤的检测和处理。从外观检查，汽端周边部分有多处定子铁芯表面已经擦刮损伤，为防止涡流故障发生，必须对整个发电机定子铁芯进行全面检查。采用进口 ELCID 铁损测试仪器对整个发电机铁芯进行检测，该仪器直接利用铁芯片间短路电流产生的电磁效应来发现故障点，只需要 4％ 的额定磁通量即可完成检测，试验接线简单、方法简便、大大缩短检修工期。利用该仪器的 Chattock 电位计逐槽逐段地对铁芯进行移动检测，能够准确地判断出铁芯片间绝缘受损点及表面毛刺引起的短路点。当这些坏点检测出来后，一是采用在铁芯片间插入 0.1～0.3mm 厚的云母片或环氧绝缘板对大面积损伤进行修复；二是对局部表面毛刺采用 75％ 浓度的磷酸进行电腐蚀修复。全部修复工作完成后，再次进行逐点铁损检测确保修复成功。

4）发电机定子端部松动处理。更换汽端、励端定子绕组端部压板紧固螺杆和定位螺杆螺母上的全部锁片，同时对所有紧固件进行全面复查、做紧固处理，工作完成后在进行端部模态振型测试，测试检测合格后，再锁上螺母锁片，并确保锁片正确锁紧。

5）发电机定子部件其他缺陷的处理方案。

① 更换定子内全部橡胶风区隔板并重新绑扎、凝固。

② 由于 B2 套管的渗漏点位置距 B2 套管瓷瓶太近，如进行补焊作业将会损伤 B2 套管瓷瓶，故决定用备品进行更换。

③ 更换励端电侧水平位置定子端部绕组引线压板断裂的绝缘螺杆。

④ 对中性点 C2 套管接线板漏水砂眼点进行银铜焊补焊处理，通过水压试验检查确保密封完好。

⑤ 进行发电机定子绕组端部电位外移试验，确保定子绕组端部各手包绝缘无电位外移缺陷。

6）发电机转子缺陷修理方案。气密试验不合格处理：拆卸转子导电螺杆进行检查，更换密封垫后做气密试验。

另外，检查转子发现汽端护环下有一块极间块稍微松动，经确认机组运行时该绝缘块在离心力作用下不会对机组安全运行产生影响，故只需用涤纶粘浸渍环氧绝缘胶对松动的极间块进行塞紧处理，经 24h 固化后对极间块起到固定作用即可。

7）损伤铁芯修复工艺，定子线棒更换在电网火电机组检修中偶尔遇到，文献资料较多，对于铁芯局部采用假齿方式进行处理，鲜有发生、缺少经验。本次检修中，在 43、44 槽上层线棒取出后，首先对故障点损伤铁芯打磨截断。工艺要求：用电动铣刀修磨槽口铁芯，修磨之前必须做好防止打磨出的铁屑粉末飞溅造成扩散污染的防护措施，同时操作时动作幅度不要太大，以免损伤完好铁芯片。另外，修磨剔除时，应结合损伤程度，在保证导磁性能、方便假齿制作和牢固安装的前提下，尽量减少剔除量，避免造成二次损坏。

8）损伤铁芯局部截断打磨和修理成形后，要处理余下铁芯的松动缺陷，在其片间插入 0.1～0.3mm 厚的云母片或环氧绝缘板增强绝缘和其紧度（插入绝缘板的厚度可视其松动度来确定），并修理好其边缘端、保证其整体的平整度。其后，要用电腐蚀方法对断面进行钝化处理，以修复铁芯断片表层存在的边缘毛刺。电腐蚀工具制作：2～5kVA 调压器 1 台，75％磷酸 100mL，电解笔 1 支。电解笔自制：取约 300mm 长木棒或绝缘棒，顶端绑扎 1 导电铜块，用 $\phi4mm$ 多股绝缘导线焊接引出，并在铜块上适量捆绑涤纶毡片。电腐蚀原理接线：调压器原边接电源，副边地端接在发电机定子外壳上，相线端接电解笔。将电解笔头部涤纶粘浸渍适量磷酸，调节调压器输出电流使其接触铁芯时能够产生适当电弧、引发白烟，即可进行电腐蚀。过程中，要不断补浸磷酸、保证腐蚀效果。

9）假齿镶嵌：试镶假齿（假齿用环氧玻璃丝层压绝缘板按照需要填补的铁芯尺寸加工），并塞紧铁芯，再做一次铁损试验，合格后正式镶假齿，并用环氧绝缘胶进行辅助加固。

10）定子内部铁芯局部损伤的检测和处理：用 ELCID 方法做铁损试验，对定子所有铁芯段进行全面检测，对试验过程中发现的超标不合点逐一做标记和记录，以便于逐一进行消缺处理。

11）本次检修中，在 ELCID 测试仪器还未到现场前，为压缩检修时间，提前对汽端外观检查已有表面损伤的 5 个铁芯断面进行了绝缘加固和表面电腐蚀钝化处理。在第一次铁芯 ELCID 测试中，就发现第 27、48 槽汽端往励端数第三段铁芯还各有一处超标点需要修复。

12）在全面完成对定子铁芯定位筋锁紧螺母紧力检查及补偿后，各项铁芯修复结束，再次进行全面铁芯 ELCID 测试，全部数据合格。

1.1.2.2 某电厂并网开关击穿事故

某发电厂发电机容量为 200MW。并网开关为 ABB 公司研发的罐式断路器，发变组保护装置是由国电南京自动化股份有限公司生产的 DGT801 系列保护装置。在发变组进行同期并网过程中发生故障，停止运行。

（1）事件经过。机组主蒸汽压力 2.79MPa、主蒸汽温度 348℃、再热器压力 0.06MPa、再热器温度 338℃；双侧空气预热器、引风机、送风机、一次风机运行、投微油 1 号磨煤机运行，转速 3000r/min，发电机励磁系统投入，机端电压到达额定值。机组具备并网条件。开关站倒闸操作完成准备同期并网。

接调度令，投入同期装置，发变组通过自动准同期装置准备并入电网。

18：44 网控发"5042 断路器保护跳闸、5043 断路器保护跳闸，5042/5043 短引线保护跳闸"信号。单元发"主汽门关闭、短引线差动"信号。5043、励磁开关跳闸，发电机出口电压到零，主汽门关闭。申请调度隔离故障点对发变组出口开关进行检修处理。

（2）原因分析。

1）经检查 500kV 第四串并网断路器 A 相 Ⅱ 母线侧外壳接地线与地网连接处有放电痕迹；对开关进行内部射线探伤检查，灭弧室存在对外壳短路放电痕迹。

2）通过保护动作情况及 5042 断路器 A 相故障情况分析：5042 断路器 A 相单相接地故障，5042/5043 短引线保护动作，5043 断路器跳闸，故障点从系统切除。同时发变组引线差动保护动作，跳灭磁开关、关主汽门，所有保护动作正确。

在发变组同期并网过程中，当发电机出口电压升至额定，此时发电机与系统等效发电机电势之间相角差 δ 不断变化，当相角差 $\delta=180°$ 时，5042 开关断口承受两倍相电压，由于 5042 开关 A 相内部 SF_6 气体绝缘强度低，断口发生击穿、接地短路故障，保护动作。

（3）暴露问题。

1）开关设备运行时间较长，部分存在绝缘老化情况，检查开关预防性试验报告发现：距离上次间隔较长且有缺项现象存在。未能根据开关实际状况缩短预防性试验周期。

2）通过故障录波及各处保护录波信息发现，同期并网过程中并网点 A 项两侧电压及电流存在闪络现象并持续一个半周波。但检查发变组保护中未配置断路器闪络保护从而未能及时切除故障，因此间接扩大事故。

（4）防范措施。

1）应对同批次设备严格执行预防性试验规程，按照设备预防性试验周期，主动联系电网安排停电检修工期；试验项目应防止漏项、缺项。

2）加强电气设备状态监测。应将高压断路器运行中的带电局部放电检测及 SF_6 分解产物检测纳入状态检测项目，委托相关单位实施，提早发现设备缺陷，预防事故发生。

3）积极推进老旧电气一次设备改造、更换进度。提高电气一次设备健康水平。

4）应根据相关继电保护功能配置规程要求完善发变组保护配置，从而为机组发生故障快速切机提供保障。

1.1.2.3 机组大修 DCS 系统改造后跳机事件分析

（1）事件经过。某厂机组为 600MW 超临界机组，锅炉为哈尔滨锅炉厂生产的超临界直流炉。汽轮机为哈尔滨汽轮机厂制造的超临界、一次中间再热凝汽式汽轮机。每台机组配置两台 50% 容量的汽动给水泵，一台 30% 容量的电动调速给水泵作为启动和备用泵。某月 25 日开始该机组大修，期间进行了汽轮机通流部分改造及 DCS 系统改造工程，改造后 DCS 系统为某国产 DCS 控制系统。

DCS 系统改造完成后机组整套启动，某月 6 日 4 时 42 分，机组负荷由 100MW 加至 130MW，B、C、E、F 磨煤机运行，总燃料量 87t/h，两台送、引、一次风机正常运行，真空-95.43kPa，主蒸汽压力 10.6MPa，主蒸汽温度 540℃，再热温度 500℃，A 汽泵正常运行提供锅炉给水，转速 3590r/min，B 汽泵处于 2000r/min 暖机状态。4 时 46 分，机组负荷升至 133MW 时，A 汽泵跳闸，此时转速为 3602r/min，跳闸首出为"A 给水泵汽轮机全部转速故障"，造成锅炉给水流量低低，MFT 保护动作，锅炉灭火，发电机跳闸。11 时 18 分，经施工方专业人员消除 A 小汽轮机转速故障缺陷，锅炉重新点火。16 时 51 分，机组与电网并列。

（2）原因分析。

1）热工人员经过检查发现，A 小汽轮机转速量程上限设置错误是本次机组非停的主要原因。机组进行 DCS 系统改造过程中，实施方误将 6A 小汽轮机转速量程上限设置为 3600r/min，实际上限值应为 6500r/min，当 A 小汽轮机转速升至 3600r/min 时 DCS 判断为转速超量程故障，满足跳闸条件导致 A 汽泵跳闸。

2）B 汽泵未能达到有效备用状态及时投入运行是本次事件的次要原因。A 汽泵跳闸后，因 B 汽泵未正常接带负荷，致锅炉"给水流量低低"保护动作，锅炉 MFT，机组跳闸。

（3）暴露问题。

1）热工专业人员责任心不强。机组 DCS 改造过程管理不到位，各项检查、审核与验收把控不严，A 小汽轮机量程整定值错误未能及时发现和整改。

2）验收试验方法不合理。检查检修期间保护传动试验记录和通过询问热工人员此项保护传动试验方法，"MEH 超速跳小汽轮机"项目的试验方法是通过强制开关量方式触发保护条件，没有通过信号发生器进行实际转速模拟量信号的模拟，导致没有发现错误的整定值。

3）运行管理存在漏洞。机组启动、并网带负荷至 130MW，机组一直处于单台汽泵非正常工况，B 汽泵未真正达到备用条件，导致 6A 汽泵跳闸后，B 汽泵还没能及时投入，锅炉给水流量低保护动作，事故预想不充分和安全措施不到位。

（4）防范措施。

1）加强人员教育，提高责任心。加强大修改造过程中管理、审核和验收。

2）热工试验方法不应通过强制开关量方式触发保护条件，应从信号源头通过物理量模拟触发。

3）严肃规章制度执行，运行人员按照启机操作票规定启动给水泵组。

4）针对热工逻辑组态错误引发的非停事件，热工人员应吸取教训，举一反三，安排对热工逻辑进行详细的隐患排查。

1.1.2.4　试验时误解除过热器入口焓值自动导致机组跳闸

（1）事件经过。2018 年 7 月 5 日 13 时 05 分，2 号机组负荷 744MW，机组在协调控制方式下运行，主蒸汽温 590℃，主蒸汽压力 20.57MPa，给煤量 312t/h，给水流量 2085t/h，21、22 号给水泵运行。13 时 07 分，试验人员在工程师站解除过热器入口焓值自动，进行 2 号机组降负荷扰动试验准备工作。试验单位根据《火力发电厂模拟量验收测试规程》中"CCS 扰动试验，负荷指令以煤粉锅炉不低于 1.5％Pe/min，15％Pe 的负荷变动量"要求开展试验，试验变动负荷为 100MW，即负荷从 744MW 降至650MW。

13 时 14 分，负荷 744MW，给煤量 312t/h，给水流量 2090t/h，主蒸汽温度 591.6℃，再热汽温 596.2℃，试验人员通知：机组开始降负荷扰动试验，目标负荷 650MW。

13 时 20 分，负荷 680MW，给煤量根据负荷指令下降至 202t/h，给水流量 2157t/h，主蒸汽温度降至 578.7℃，再热汽温降至 578.9℃。

13 时 24 分，负荷 680MW（由于负荷指令降至 655MW，主蒸汽压力实际值高于设定值 1MPa，汽轮机主控内设计有压力偏差对负荷指令的拉回逻辑，此逻辑送至 DEH 负荷指令为 680MW，故机组负荷在 13 时 20 分至 13 时 25 分时仍为 680MW），给煤量212t/h，由于主蒸汽压力下降，给水压头降低，给水流量上升至 2287t/h，主蒸汽温度降至548.1℃再热汽温降至556.5℃，运行人员发现主、再热汽温异常偏低，按照试验人员要求通过设定给水流量负偏置减少给水流量，并将机组由CCS控制方式切至TF方式，手动干预调整快速将给水流量偏置设为−54t/h。

13时25分负荷680MW，主蒸汽温度降至535.7℃，再热汽温降至551.6℃，运行人员将给水流量偏置设至−81t/h进一步减少给水流量，避免主、再热蒸汽温度持续下降；同时按照试验人员要求将机组由CCS控制方式切至TF方式，手动增加给煤量，以减缓主、再热汽温度下降速率。此时省煤器入口给水流量从2145t/h开始逐渐下降，机组负荷随着给水流量下降逐渐下降。

13时31分14秒，省煤器入口给水流量降至933t/h，负荷降至372MW，给煤量242t/h，主蒸汽温度降至470.8℃，再热汽温降至530.6℃，21号给水泵入口流量380t/h，22号给水泵入口流量460t/h。21号给水泵再循环调节门超驰全开如图1-5所示，省煤器给水流量突降至757t/h（省煤器入口流量低低保护动作值为816t/h）。

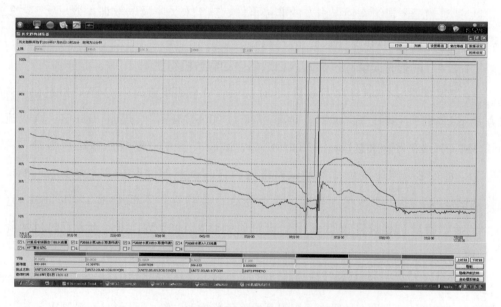

图1-5　21号给水泵再循环超驰全开历史曲线

13时31分24秒，主蒸汽温度473.1℃，再热汽温531.7℃，锅炉MFT动作，相关历史曲线如图1-6所示，首出"省煤器入口流量低低"，MFT触发后设备动作正常。

2018年7月6日01时16分，并网运行。电量损失1175万kWh。

（2）原因分析。锅炉主控通过函数计算后输出给煤量指令和给水指令来调整给煤量与给水流量，保证煤水比正常。焓值控制是通过修正给水流量来保证中间点温度的，焓值由贮水箱压力与一级过热汽进口集箱温度对应的函数计算得出。焓值自动逻辑设计是给水自动解除后，焓值自动控制则自动退出。如果强制先解除焓值自动，给水主控显示仍处于自动状态，则给水主控中给水流量设定值会跟踪给水流量实际值，不跟踪锅炉主控，即不会跟随煤量的变化。

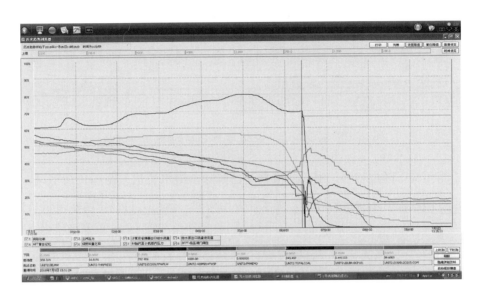

图1-6 MFT动作时相关曲线

试验方案和试验技术交底中均未提出解除焓值自动控制，试验人员未按照试验方案和现场试验交底执行，在工程师站解除2号机组过热器入口焓值自动，导致在锅炉主控减少给煤量后煤水比开始失调。

运行人员设定给水流量负偏置后，给水指令低于实际值，给水流量实际值跟随给水指令降低，给水流量设定值又跟踪给水流量实际值降低而降低，如此循环，造成给水流量指令逐渐由2309t/h跟踪至干态给水流量下限值1020t/h，给水流量低至933t/h，如图1-7所示，21号汽泵入口流量降至380t/h，再循环调节门超驰全开，为防止给水泵入口流量低造成给水泵汽蚀，设计有给水泵入口流量低于380t/h时触发该逻辑，省煤器入口流量降至保护值816t/h，锅炉MFT保护动作，机组跳闸。

通过专题会议分析，认为试验人员未按照试验方案和现场试验交底执行，在工程师站解除2号机组过热器入口焓值自动，造成给水自动不跟踪锅炉主控，导致在负荷下降过程中煤水比失调，省煤器入口流量低低，锅炉MFT保护动作，是引起机组跳闸的直接原因。

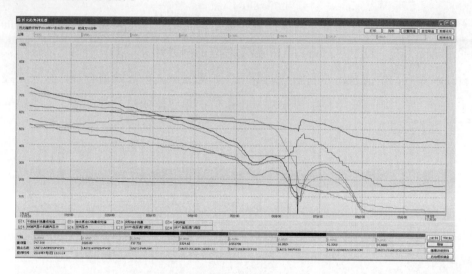

图 1-7　给水流量、给水泵汽轮机调门历史曲线

在机组负荷下降过程中，由于焓值自动已解除，给水流量未跟随负荷下调，机组给水流量设定值跟踪给水流量实际值，煤水比开始失调。运行人员设定给水流量负偏置后，给水指令低于实际值，给水流量设定值跟踪实际值下调，造成给水流量指令逐渐由 2309t/h 跟踪至干态给水流量下限值 1020t/h，给水流量低至 933t/h，21 号汽泵入口流量降至 380t/h，再循环调节门超驰全开，省煤器入口流量降至保护值 816t/h，锅炉 MFT 保护动作，机组跳闸。

（3）暴露问题。

1）运行人员在试验过程中对重要参数的变化趋势不敏感，处理过程中应急处置能力不足，过分依赖试验人员的指导。试验人员在调试过程中预置的参数不合理，造成锅炉、燃料主控超调量偏大，在工程师站解除过热器入口焓值自动时，对焓值自动解除的风险评估不到位，对给水自动控制回路逻辑掌握不深入、不全面，未认识到焓值自动解除后会造成给水流量设定值处于跟踪实际给水流量的状态。

2）设备维护部对试验人员规范执行公司相关管控体系及标准的管控力度不够，试验过程监督不到位，没有及时制止试验人员违章操作。未对退出给水焓值自动的风险进行评估，在焓值自动解除后未对给水流量、给煤量等相关参数进行重点监视。

3）专业技术管理不到位。对试验方案的论证不充分，方案不完整，对试验过程中强制退出的自动控制回路逻辑梳理工作不细致、不全面，缺少给水焓值专题论证。试验交底与试验实际项目不相符，监护人员未及时制止，交底不细致。

4）技术措施不完善。在编制《2018 年迎峰度夏保障措施》时，未将即将进行的燃烧调整试验列入其中进行升级管控，导致试验过程监管不力。

5）技术水平欠缺。试验监护人员虽然通过主蒸汽温异常下降现象检查给水控制逻辑发现焓值自动被解除，但未认识到给水焓值自动解除后给水自动控制会跟踪实际给水流量，进而造成给水流量逐渐下降的严重后果。

6）自动控制培训工作不深入。未有针对性地对热控、运行人员关于机组运行过程中不能退出的自动控制回路的原理进行培训，未认识到焓值自动解除后对给水自动控制的影响。

（4）防范措施。

1）在重大试验方案的专题讨论中，对试验方案具体内容进行充分论证，重要保护、自动专题论证，增加相关主要自动控制回路清单，并逐项进行自动解除后的风险分析。对每日试验交底内容、风险评估与实际试验项目进行对照分析，确保一致性，发现异常及时制止。

2）完善迎峰度夏保障措施，将燃烧调整试验等类似试验列入其中进行管控和风险评估。

3）检查给水控制回路无异常后恢复给水焓值自动调节。

4）对外部技术支持人员进行《人员作业行为规范管理细则》培训和过程监督。

5）梳理机组正常运行过程中不能退出的自动控制回路的原理，对热控、运行人员进行专项培训。

6）梳理完善《重大操作各级人员到位实施细则》，细化实施过程和行为规范管控内容，增加燃烧调整试验、机组性能试验等需要外部技术人员参与的重大操作管控规定。

1.1.2.5 循环水泵变频器故障导致机组跳闸事件分析

（1）事件经过。某厂3号机组为600MW亚临界燃煤机组，控制系统采用OVA-TION DCS系统，投产时间是2008年；某月14号，3号机组负荷576MW，运行中A循环水泵变频器重故障跳闸，导致真空低，最终导致机组跳闸。

机组跳闸前机组负荷576MW，主蒸汽压力16.4MPa，真空高压侧5.5kPa、低压侧4.1kPa，A循环水泵变频运行，B循环水泵工频备用，机组运行稳定无重大缺陷。

18：05：45光字牌显示自动丢失，凝汽器补水调门自动丢失，真空泵入口差压高等七个报警。运行人员同时发现机组高低压侧真空快速下降，检查凝汽器液位上涨至1400mm。

18∶06∶10 运行人员发现 A 循环水泵变频器重故障报警已经显示在 DCS 画面中，立即检查 B 循环水泵状态，B 循环水泵已经联锁启动，B 泵出口门在 DCS 上是自动状态。

18∶06∶22 机组真空持续快速下降。运行人员立即检查 DCS 系统真空画面，A 真空泵启动正常，检查真空破坏门关闭正常。

18∶06∶42 检查发现 B 循环水泵出口门未联锁开启，立即将出口门由自动解手动开启，此时真空值上涨至跳闸值，机组跳闸。发电机、锅炉联锁跳闸，立即进行机炉电停机检查，检查轴封系统，手动开启轴封旁路电动门，检查各加热器、除氧器、凝汽器水位，厂用电切换正常。

18∶09∶00 手动开启锅炉 PCV，进行降压。18∶09∶05 确定 B 循环水泵出口门未自动开启的原因为 DCS 无联锁逻辑。18∶31∶40 锅炉吹扫。18∶38∶00 启动一次风机，密封风机，火检冷却风机。18∶44∶27 锅炉点火。19∶20∶27 主蒸汽压力降至 10MPa，高压旁路电动门开启正常，投入旁路系统。19∶20∶54 投入 AB 层三支大油枪，启动 B 磨煤机运行。19∶55∶54 A、B 给水泵汽轮机冲转至 3000 转备用。20∶20∶54 机组并网。

（2）原因分析。

1）A 循环水泵变频器重故障情况检查。变频器重故障跳闸后，就地控制屏显示"重故障报警，A1、A2、A3、A4、A5 功率模块过压，B5 功率模块驱动旁路故障"。

2）B 循环水泵出口门未联开情况检查。就地检查 B 循环水泵出口门控制柜，柜内 PLC 工作，柜内控制元件状态均正常。检查 DCS 逻辑发现循环水泵启动后无联锁开门逻辑。

检查出口门 DCS 联锁逻辑，出口门无自动联开逻辑，出口门在正常及事故情况下均为手动开启。

3）A 循环水泵变频器重故障跳闸原因。变频器功率单元 B5 驱动旁路故障的原因是驱动板故障，驱动板故障后 B5 自动切换到旁路运行（自动隔离），旁路运行只能带额定负荷的 80%，故障时运行频率 49.50，接近 100% 额定负荷。旁路后变频负荷从 100% 自动向 80% 降低，在降低过程中由于模块电压分配不均出现 A 相过电压，A 相模块全部过压，导致变频重故障跳闸。

4）B 循环水泵出口门未及时开启原因。运行人员在发现机组真空快速下降时，循环水泵操作画面显示 B 循环水泵出口门联锁投入，实际上此联锁为 B 泵停止后自动关出口门的联锁，运行人员误认为此联锁为泵启动后开出口门联锁，没有手动去开启出口门，出口门没有在第一时间开启，导致事故处理不当，最终导致事故扩大，机组停机。

经检查，B 循环水泵出口门就地电气回路无开门联锁，远方 DCS 也无开出口门联锁逻辑，即出口门在正常及事故情况下均为手动开启。

经确认，2008 年机组基建试运时，DCS 有循环水泵启动后联开出口门逻辑，但基建期的 B 循环水泵的阀门，阀门开启速度较慢，不满足自动联启条件，所以取消了自动开出门逻辑。2009 年将阀门进行更换，开启速度满足要求，B 泵循环水泵出口门已具备联开条件。但在改造过程中，工作延续性不强，仍未增加自动开出口门逻辑，B 泵的出口门仍然为手动开启。

（3）暴露问题。

1）设备巡视不到位。未在机组在大负荷时对变频器做有针对性的巡视检查，未能提前发现变频器是否有异常。

2）设备状态掌握不清楚。未能对变频器做出正确的状态评估，未能预想到变频器在大功率运行时会出现跳闸，无相关预警措施及应对措施。

3）隐患排查存在死角。在开展逻辑隐患排查时，只重视主机、重要辅机的排查，未对相关联的低压系统及设备进行彻底的排查，没能发现循环水泵出口门无自动开启逻辑。

4）联锁试验未做完整。机组停机时，只进行了变频器重故障跳本断路器的试验，未进行变频器泵故障后联启工频备用循环水泵开出口门的试验。

5）运行人员异常处理经验不足。运行人员在发现真空下降时，未能根据系统运行情况做出综合判定，B 循环水泵出口门没有在第一时间开启，导致真空持续下降。

6）管理工作没有延续性。基建试运时因阀门开启速度不满足而取消了自动开出门逻辑，而在经过改造后满足开启速度后，没有对此项逻辑进行恢复。

（4）防范措施。

1）制定大负荷下的变频器的巡视项目。在变频器接近满负荷运行时，应增加巡视次数，重点检查变频器的电气参数、散热情况，确保变频器在带大负荷时能够持续稳定运行。

2）对变频器进行状态分析，确定变频器的实际出力情况。针对变频器做好状态评估，特别是运行 8 年及以上的变频器应制定在大负荷运行时的防跳闸措施。

3）加循环水泵启动后自动开启出口门逻辑。根据循环水泵启动时间、出口门开启时间等实际运行工况，制定出口门开启逻辑，并写入规程。

4）开展主辅机低压联锁逻辑专项隐患排查。成立由热工专业牵头的专项隐患排查小组，对全厂主辅机低压联锁逻辑、电气联锁回路进行排查。

5）加强运行人员异常处理的水平。运行人员应清楚循环水系统的异常运行工况，做好预想及仿真模拟操作，熟练掌握各种异常情况下的操作处理。

6）对于逻辑更改应有文件传输表，并对逻辑变更情况进行说明，特别是临时性修改的逻辑，要注明恢复时间。

1.1.2.6 在做汽轮机阀门活动试验时，锅炉 MFT 保护误动

（1）事件经过。2015 年 4 月 20 日 11：46，某公司 1 号机进行主汽门、调门全程活动性试验，当运行人员按操作票顺序执行至第 6 条"高压主汽门试验"，1 号高压主汽门全关时，锅炉 MFT 保护误动。机组跳闸后，仪控人员对高压主汽门位置开关进行检查，发现送往 FSS 做 MFT 逻辑的 2 号高压主汽门全关位置开关存在积水现象。

（2）原因分析。

1）送往 FSSS 做 MFT 逻辑的 2 号高压主汽门全关位置开关积水，导致 2 号高压主汽门全关行程开关误发，并一直保持着。当正在进行全程活动性试验的 1 号高压主汽门全关后，两个高压主汽门关闭的信号就同时出现，且旁路处于关闭状态，汽轮机停机信号发出，从而触发锅炉 MFT 保护动作。

2）2 号主汽门门杆的漏汽凝结成水后沿着电缆渗入位置开关，引起高压主汽门全关信号不正常动作。

3）控制系统用于逻辑保护的信号和画面显示的信号源头不一致，不能起到有效的监控作用。

4）各种规程中没有要求保护信号必须在操作员站显示条款，只有可靠性规程中规定，各种故障状态必须在操作员站显示，以供运行分析的要求。

（3）暴露问题。

1）对主汽门位置开关检查维护不及时。机组启动时主汽门门杆漏汽，主汽门位置开关的防水措施不到位，导致漏汽凝结后沿电缆渗入位置开关。

2）保护梳理工作中有欠缺，使得控制系统用于逻辑联锁保护的信号和画面显示的信号源头不一致。

（4）防范措施。

1）将重要联锁保护信号显示在操作员上，保证联锁保护信号与操作员画面显示的信

号一致，便于监控。

2）在进行重要在线试验前，应由热工先期进行信号检查，发现问题及时解决。

3）发生漏汽漏水现象后，热工专业应及时做好防护措施，并检查相关设备是否存在积水、绝缘下降的现象。

通过上述案例分析，机组检修过程中，可能会由于检修试验方法不合理、试验项目不全面、试验方案和安全措施不完善、试验人员责任心不强、技术能力不足、监督不到位、事故预想不充分和应急处理能力较低等各种管理和技术方面的因素，导致检修后分部试运、整体启动运行过程中或试验过程中机组异常，甚至事故扩大引起机组跳闸。因此，需要健全各项管理制度，规范机组检修试验，重点加强对人员技术能力和安全意识、应急处理能力的培训，认真负责严格按照程序执行，善于发现和排除安全隐患，保证机组安全可靠运行。

发电机组，尤其是大型发电机组的运行可靠性直接影响到电网的安全性。通过发电企业专业人员业务能力的提升、自动化水平的提高、产品质量的控制以及电厂对机组运行可靠性的管理、技术管理的精细化，采用可靠的设备与控制逻辑是先决条件，正常的检修和维护是基础，有效的技术管理和监督是保证。为此，应从日常管理、检修试验、产品质量、维护消缺、人员素质、专业协调、外包监管等方面着手，切实做好相关工作，提高发电设备可靠性，减少机组跳闸事件次数。

做好设备缺陷、辅机故障、停炉跳机等故障统计和原因的定期汇总和分析，通过分析比较找出规律，并举一反三地排查机组运行中暴露出来的异常数据和信息，及时加以整改。通过对这些数据的长期积累和分析，有利于形成企业的知识库，这些知识和数据库对今后发电设备的技术改造、人员培训、日常维护消缺、优化完善和快速故障诊断具有指导作用。

机组运行过程中的缺陷或故障是设备出现的非正常状态，如果没有及时发现，就会迅速扩散成停炉跳机事件或导致设备损坏。因此，要加强检修和运行人员的操作和技能培训，使其熟悉、掌握设备的特性、性能指标、使用环境，研究正确的操作方法，提高业务熟练程度以及应对可能突发事件的能力，减少操作的盲目性，避免误操作，有效减少机组跳闸概率。

统计分析表明，机组大修结束后的一段时间内，机组发生跳闸概率相对偏高，这与检修工艺水平不高、验收不严、试验项目不全和试验深度不够、产品质量欠佳等因素有关。因此，要进一步加强对设备检修质量的控制和现场监督验收，认真有效地按照规程要求开展各项试验。切不可以资金短缺、时间有限、人手不足等为借口而将那些应做或必做的项目搁浅不做、省做或漏做。对试验中的项目要合格一项、验收一项、通过一项，只有这样才能有效保证修后设备长周期、高可靠性运行。

1.1.3　加强机组检修管理措施

检修管理是围绕着企业的生产经营目标、提高设备健康水平和设备可靠性而开展的一系列设备检修、维护和管理工作。检修管理是设备全过程管理的重要组成部分，也是生产技术管理的主要工作内容。重视和加强设备检修的规范化管理，提高设备检修管理水平对于保证检修安全、质量、工期至关重要，检修全过程规范化管理就是对从检修准备工作开始到检修施工、调试验收、试运、竣工总结全过程进行科学化、标准化管理，以实现检修管理的规范、高效，保证检修工程高质量地在规定时间内完成，达到预期的检修目标。

发电企业应建立健全检修管理各项规章制度，制定科学先进的安全、质量、工期管控模式并形成规范化的文件体系，实施从检修准备到总结评估的全过程规范化管理。实施和加强检修规范化管理，就是要通过体系化的制度规范各级人员的管理及作业行为，避免随意性，达到检修"组织管理程序化、过程控制精细化、检修作业标准化、工期控制网络化、修后评估科学化"的目标，使检修管理更加标准化、科学化、高效化，各项管理措施可操作化，从而有效保证检修质量、降低检修成本。目前，随着机组检修技术和管理的发展，应重点从状态检修、精细化管理、质量监督、缺陷管理、机组性能、检修信息化等方面，加强和深化机组检修管理措施，提升检修管理水平。

1.1.3.1　优化检修模式，开展状态检修

按照"预防为主、计划检修"的原则，在定期检修的基础上，以检修的安全和质量为保障，在设备点检数据分析基础上，逐步增大实施状态检修设备的比重，最终形成兼具定期检修、故障检修、状态检修、改进性检修的综合优化检修模式，以实现设备可靠性和经济性的最优化。状态检修是设备检修管理的发展方向，发电企业要重视设备状态的监测，逐渐完善设备测点，使用先进的测试仪器、仪表和分析方法，加强设备状态分析，根据不同设备的重要性、可控性和可维修性，循序渐进地开展状态检修工作。

状态检修与可靠性维修相结合，根据设备可靠性分析的结果采取不同的检修策略，实行以可靠性为中心的维修能够优化检修计划和过程。对可靠性要求高的设备所需要的检测项目、检测精度、检修频率必然较高。对可靠性要求低的设备采用故障后维修有可

能比状态检修更加经济。状态检修与寿命评估技术相结合，从提高可用率与延长寿命出发确定关键设备与系统的改进、检修工作方向。确定关键设备与部件的检验项目、检验时间间隔与检修准则。提出设备部件更换的最佳周期。状态检修与智能决策相结合，数据管理和智能决策可以通过检修工作站实现，它对收集到的各种数据进行分析，分析各个设备潜在故障及其根本原因，分析各个设备的运行趋势提交诊断结果同时对操作、检修历史、警告信息、投资收益进行分析做出正确的检修决定。

1.1.3.2　实施检修精细化管理

设备检修过程中均存在设备检修项目安排不合理问题；设备检修因为库存备品备件更新不及时而无法进行的问题；由于设备检修与设备调试衔接存在时间差而导致的工序流转不流畅问题；设备检修工艺不到位而产生的停工返工问题等。排除偶然性因素，精细化管理可以实施集约化检修，能给设备检修在时间、效益上找到圆满解决方案。

检修项目及检修计划的确定，需要通过状态监测及综合分析合理评判。检修管理流程控制需要更有效进行流程精益，尽可能地压缩浪费产生的概率。按质量控制、时间控制、成本控制分类别进行，最大限度地压缩检修费用。建立实施优化设备检修的组织职能模型、设备分级模型、设备项目检修选择模型，为项目检修制定合理周期提供依据。通过优化设备检修信息化平台，合理优化设备检修周期，机组检修备品和材料能及时根据设备的状况适时滚动更新，降低了设备库存，减少了检修费用。坚持严细的工艺作风，认真编制工艺规程，重点是工艺方法、检测方法、缺陷处理、部件的有关数据、质量标准等。严格执行工艺规程，仔细检查、认真测量、精心修理，每一个设备部件的每一项检修工作必须有明确的工艺质量要求，保证检修质量。

检修管理需继续完善从检修计划、实施到验收总结和评估全过程的检修作业文件，通过精细化的检修程序文件来规范检修行为，杜绝检修过程中的随意行为，提高检修作业文件的可操作性，对检修流程中每个环节精益求精，提升检修管理水平，真正达到检修标准化、规范化、精细化。

1.1.3.3　加强质量监督与验收

机组检修过程中，做好检修任务的安排、落实、监督与反馈工作。就检修工期、责任人、主要技术要求做出明确安排，对较重要的检修设备进行全过程监督、指导，就工作量、完成质量、检修工时、故障原因给予仔细分析，对于非常规损坏检修做重点标示分析等。

实行从事后把关转到"防检结合、以防为主"的全面质量管理。按照全面质量管理的要求，从大修准备工作开始，采用计划、实施、检查、总结的循环质量管理方式，制订各项计划和具体实施细则，做好设备检修施工、验收管理和修后评估工作。严格执行检修作业指导书，全面贯彻各种质量验收规定。加强质量监督，严格按照质量控制点进行验收，确保检修质量，所有项目的检修和质量验收，严格执行三级验收制，检修人员要做到质量精益求精，不合格不交验，验收人员要严格按照验收标准，按照准确的方法进行验收。对验收结果负责，均应实行签字责任制和质量追溯制。对隐蔽项目及重大特殊项目的验收要特别重视。通过加强检修计划管理及提高检修质量来减少非计划检修。

1.1.3.4 深入隐患排查，加强设备消缺

机组检修管理作为设备全过程管理工作中的重要一环，机组检修要以点检数据分析、安全性评价、技术监督、缺陷管理、经济性分析、可靠性分析等结果为依据，深入排查设备故障因素，分析设备性能劣化倾向和运行效率低下等情况，实行设备缺陷按部门和重要性分级管理，根据缺陷潜在隐患和影响机组安全、经济性程度，做好计划性检修，有计划、有步骤地从根本上消除影响设备安全、经济的重大隐患和缺陷，使设备保持其规定的功能和精度，保证设备完好与安全可靠运行，提高设备的技术性能、可用率和机组整体性能。真正做到维护为主、检修为辅，让设备整体处在良性状态，设备的备用率、完好率完全满足生产要求。

1.1.3.5 精准分析检修前机组设备状况和运行性能

切实做好机组检修前的设备分析、运行分析，针对设备和机组运行存在问题开展必要的机组和设备性能修前评估试验，做好试验记录，作为对比分析参考依据。针对反复检修的设备、长期带病运行的大型主体设备，通过技改和大修，解决反复检修中因流程走向不合理、选型不合理、设备设计不合理、使用工况不匹配等。对影响安全和经济运行的重难点问题，通过检修前专业试验和性能试验精准评估机组性能。

1.1.3.6 规范和计划好检修项目

根据设备点检管理、缺陷管理、运行分析、技术改造、安全性评价、技术监督等计划检修项目内容，按照设备规范、检修与运行规程、技术监督和安全性评价规程、两措要求、试验相关规程或标准等来规范检修项目。检修标准项目的主要内容有制造厂要求的项目，主、辅机设备全面解体、清扫、测量、调整和修理的项目，定期监测、试验、校验和鉴定的项目，按规定需要定期更换零部件的项目，各项技术监督规定的检查项目，消除设备和系统存在的缺陷和隐患的项目，执行年度安全措施、反事故措施需安排的项目，安全性评价、隐患排查需要整改的项目，节能和环保评价需要整改的项目。认真梳理检

修项目，根据设备状态或状态监测分析结果，优化检修项目，应修必修，修必修好，达到预期检修管理目标。

技术监督项目要认真执行，按规定及时取样分析或试验，专业监督人员要查项目执行，查设备状况，查质量验收，并对测试检验结果做出判断，提出要求及建议，经专职工程师研究后执行，重大措施应经总工程师批准。需试验研究单位承担的有关试验、监督项目，应事先委托试验研究单位，试验研究单位对承担的试验、监督项目中发现的设备缺陷或问题提出处理意见。

1.1.3.7　加强电气设备检修管理

（1）电气设备分级检修。分级检修主要有系统、设备分级，运行技术参数数据的采集评估，设备故障的典型模式，影响程度的分析，制订故障预防措施等。系统、设备分级主要是制定生产工艺全过程中各系统、电气设备的重要性排序，电气设备故障频次排序，维修需求优先级别的判定等；运行数据的采集评估主要包括确定评估的技术参数，参照的量化基准和优劣标准，明确电气设备检修的目标值；影响程度分析主要对获取的重要系统、设备以及关键电气部件的运行参数数据加以分析，对实行检修的安全性、可靠性进行评估，判断发生故障的可能性，以及对关联系统的影响程度，综合确定合理有效的预防性维修和主动性维修计划。

（2）电气设备状态监测。电厂电气设备的状态监测技术是设备检修的基础。随着振动、温度、气敏、速度、音响、光等传感器广泛应用于电厂电气设备在线监测系统，所获取的运行参数为决策者确定检修方案提供了可靠的信息保障。如发电机出现电磁、机械故障之前，会呈现出机械的、电磁的、绝缘的及冷却系统劣化的征兆。通过一些在线或离线的监测手段，检测发电机常见的定子线棒绝缘故障、转子绕组故障、发热异常故障等的特征量，分析规律、判断趋势、进行状态评估、指导设备检修。

（3）规范和加强电气监测、试验与检修。根据火电厂电气设备特点，深入分析电气设备发生故障的各种原因，加强电气设备检修力度，重点开展周期性检修、状态检修与试验，按确定的间隔时间进行停电大、小修和试验，如电气设备预防性试验，也为同类型设备提供数据参考。火电厂经常会出现短路、接地、放电、火灾等问题，这些问题的出现往往是由于发生老化或绝缘破损，一旦发生将造成比较严重后果。绝缘的缺陷通常有集中性缺陷，例如绝缘局部损伤（开裂、磨损、腐蚀等）、局部受潮或存在气泡以及侵入导电性物质等；还有是分布缺陷，指电气设备绝缘整体性能的下降，例如绝缘的老化变质、普遍受潮或脏污等。定期绝缘预试就是掌握电气设备绝缘情况，及早发现其缺陷，以免设备绝缘在过电压下发生击穿造成事故。因此，需加强电气检修力度、做好预防工作，按照国家标准进行相应的短路试验、铁损试验、耐压试验等。通过监测、试验与技改，提高电气设备健康水平，力求恢复至原设计的电气运行性能或机械性能，确保安全、满发和经济运行。

设备发生短路、放电或是过电流等情况会导致设备异常、故障，甚至引发火灾。电气短路故障比较频繁，短路主要是由导线的绝缘层缺陷引起，导线磨损或是受潮、老化、鼠咬、扎破、碾压等。防短路措施如导线的线棒与绕组固定，保证匝间的卡槽与绑线锁紧牢固，没有松动或碰磨，安装短路故障以及异常运行保护装置。电气设备需安装和注意加强强制通风、通水以及冷却的设备，将冷却的氢气、空气以及水等送到线棒之间或是线棒与绕组的匝间进行冷却，保证通风良好，电气设备绝缘不过热、不老化。电气设备的接地问题常会发生在直流与二次控制回路中，需加强接地检测和报警设置，防止接地。电气设备运行时，也常会因为放电的发生导致电气设备非正常运行，一般在电缆头顶端、断路器或是接线柱尖部会产生放电现象。因此，要防止放电事故的发生，应将电缆头与接线柱紧密连接，紧密地将断路器的开关与隔离开关的动、静触头部分连接起来。做到绝缘子的质地纯净、没有痕积或是裂痕，表面比较光滑，电阻值最大以此来避免放电事故的发生，继而有效地使电气设备正常运行。

1.1.3.8　加强检修维护与试验的规范性

许多机组设备异常或故障跳闸是因对检修维护和运行管理等相关制度麻木不仁、安全意识不强、技术措施不力而造成的，如检修维护操作不当、安装维护不到位、检修试验违规或疏漏等引起的事件。因此，制定机组设备异常或故障处理方案时应考虑周全，加强执行力，注重制度在落实环节的适用性、有效性，避免记流水账形式地落实相应制度，切实有效做好机组设备可靠管理和防治工作，对于检修试验规范试验方法和试验项目，如对主机保护试验，保证信号实际触发某一主机保护动作且试验项目要全面。

1.1.3.9　加强和完善设备台账，合理检修

建立设备检修台账并及时记录设备检修情况，加强技术档案管理工作，要收集和整理设备、系统原始资料，实行分级管理和分别建立主、辅设备台账，明确各级人员职责。对于重要设备的检修，根据设备的检修记录、设备故障记录、设备劣化倾向管理记录、设备状态检测记录和专门建立的检修台账、参数等资料做出分析，合理进行检修，防止欠修或过修，以保证检修质量与检修效率，延长设备检修周期和可用率。

1.1.3.10　建立检修信息化管理系统

加强检修管理规范化、标准化、信息化，使得检修管理制度化、制度标准化、标准信息化。借助先进的网络平台和管理软件，建立检修综合管理系统，涉及包含各种检修制度应用管理系统和设备管理系统、状态监测系统、技术管理系统及经营管理系统等内容。通过检修信息化加强全过程管理，及时调整检修内容和进度，实现对检修计划、安全、质量、工期等的动态管理，使得检修分工明确，逐级管理，实时监控，进度可控，动态调整，逐级闭环，责任清晰，分析全面，真正达到人、设备与制度的协调统一，有效降低检修人力、材料消耗，降低检修成本，提高检修效率和检修质量。

1.1.3.11　重视和加强人员培训

加强检修人员的安全意识和专业技能的培训，增强人员的工作责任心和考虑问题的全面性，提高参与检修所有人员的技术管理水平，使检修人员达到"三熟、三能"，即熟悉设备、系统和基本原理，熟悉操作和事故处理，熟悉本岗位的规程制度；能分析运行状况，能及时发现故障和排除故障，能掌握设备的维修技能和常用仪表的使用。尤其是要统计、分析每次设备故障原因或机组跳闸案例，举一反三，消除多发性和重复性故障，扩展对设备异常问题的分析、判断、解决能力和设备隐患治理、防误预控能力，对重要设备元件，严格按规程要求进行周期性测试，完善设备故障、测试数据库、运行维护和损坏更换登记等台账。通过与规程规定值、出厂测试数据值、历次测试数据值、同类设备的测试数据值比较，从中了解设备的变化趋势，做出正确的综合分析、判断，为设备的改造、调整、维护提供科学依据。

1.2　检 修 试 验 流 程

火力发电厂检修遵循检修计划、检修准备、检修实施与质量控制、检修验收竣工、检修总结评价及资料归档等全过程规范化管理，检修试验作为火力发电厂检修全过程管理中非常重要的部分，应在检修计划、准备、实施与质量控制、验收总结评价及资料整理等各环节都有相应的规范化管理要求。机组大修的定期监测、校验和在启动或停机过程中的常规试验，机组检修标准项目、特殊项目、设备技术更新改造项目等修后的再鉴定试验，机组检修前后的热力系统性能试验，提升机组安全、节能、环保、灵活性的运行控制优化试验，为了发现电力设备隐患、预防事故发生或设备损坏的电力设备预防性试验，发电机组投运一定周期后的功能复核性试验等，这些检修试验管理水平的高低直接影响着机组的安全、经济和环保运行水平，影响着机组并网性能的优劣，对整个电力系统的安全、质量和效益影响巨大。

1.2.1 检修试验管理流程

为了进一步加强各火力发电集团公司电力检修试验管理工作，规范电力产业、区域公司和基层企业的计划检修试验工作，使检修试验工作在安全、质量、进度等各方面得到全面控制和管理，提升机组检修试验质量，进而提高机组整体检修水平，确保设备安全、可靠、经济和环保运行。

图 1-8 是火力发电机组 A 级检修试验管理流程。

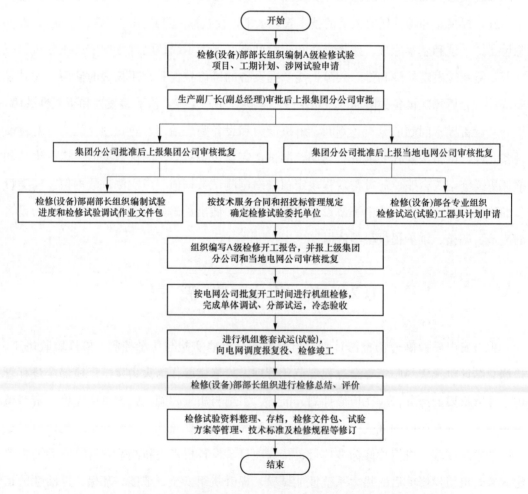

图 1-8 火力发电机组 A 级检修试验管理流程

根据机组检修规模和停用时间，发电企业机组的检修分为 A、B、C、D 四个等级。A 级检修是指对机组进行全面的解体检查和修理，以保持、恢复或提高设备性能。A 级检修一般四至六年进行一次。B 级检修是指针对机组某些设备存在问题，对机组部分设备进行解体检查和修理，可根据机组设备状态评估结果，有针对性地实施部分 A 级检修项目或定期滚动检修项目。一般是两至三年进行一次。C 级检修是指根据设备的磨损、老化规律，有重点地对机组进行检查、评估、修理、清扫。C 级检修可进行少量零件的更换、设备的消缺、调整、预防性试验等作业以及实施部分 A 级检修项目或定期滚动检修项目。一般一年进行一次。D 级检修是指当机组总体运行状况良好，而对主要设备的附属系统和设备进行消缺。D 级检修除进行附属系统和设备的消缺外，还可根据设备状态的评估结果，安排部分 C 级检修项目。根据设备的运行情况安排 D 级检修。

停用时间是指机组从调度下开工令到检修工作结束，向调度报竣工的总时间。分部试运含单体试运和分系统试运。单体试运是指辅助电动机及电气部分调试、试转以及单个附属设备调试。分系统试运是指按照机组各个系统对其动力、热控等所有设备进行空负荷、带负荷试运，并进行二次系统回路调试、信号校验、联锁保护试验、操作试验、调节试验、系统功能试验。整套启动试运是指机组检修后机、炉、电联合启动到机组检修报竣工前的一系列设备投用、试验操作。检修试验还包括检修竣工转入生产运行后需一个月内完成的性能试验等。

1.2.2　检修试运与试验流程

检修试验标准化管理应贯穿于机组检修的全过程，包括检修试验计划与准备、检修试验实施与控制、检修试验验收与评价等三个阶段。

基层企业检修试验标准化管理应符合集团公司安全生产管理体系的要求，基层企业应按检修试验标准化管理的要求，建立组织机构，完善管理程序和各类技术文件，推行检修试验管理标准化工作，进而精细检修标准化管理，高效完成检修工作，全面提高检修质量，保证机组检修后长周期安全运行。

发电集团公司负责制定和完善集团公司检修试验标准化管理制度，负责对区域、产业公司及基层企业的检修试验标准化管理工作进行监督和指导，负责对区域、产业公司及基层企业的检修试验标准化管理工作进行效果分析并考评。区域、产业公司负责组织基层企业开展检修试验标准化管理工作，制定相应的试验管理制度。基层企业负责贯彻执行发电集团公司，区域、产业公司检修试验标准化管理相关制度，负责编制本企业的检修试验标准化管理实施细则。

1.2.2.1 分系统试运程序

分系统试运流程如图 1-9 所示。

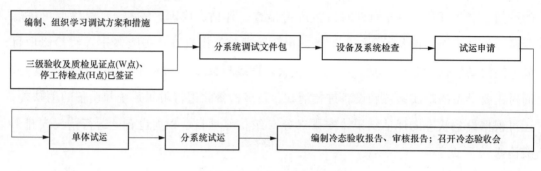

图 1-9　分系统试运流程

（1）试运及试验方案和措施的审批。分部试运调试及试验措施作为分系统调试的指导性文件，由电厂检修和试验单位根据系统实际情况进行编、审、批。分部试运调试及试验措施作为机组大修启动试运与试验方案的一部分编写在其中。

（2）三级验收及 W、H 点检查。三级验收及 W、H 点检查是分部试运应具备的基本条件之一。三级验收按火电机组检修标准化管理进行，W、H 点的检查验收是按火电机组检修有关规定由电厂检修、生产等责任部门进行。

1.2.2.2 整套启动程序

机组整套启动试运是指设备和系统在分部试运合格后，炉、机、电整套启动，以锅炉点火为开始，至完成带负荷试运及试验，检修竣工移交生产运行为止的启动试运工作。整套启动试运流程如图 1-10 所示。

（1）整套启动调试措施、计划。整套启动及试运方案、技术措施和计划由运行部门负责编写，检修常规试验及涉网试验由电厂运行、检修等部门和试验技术服务单位负责编写。整套启动试运方案、技术措施及试验措施和方案、计划需经试运指挥部总指挥批准后方可实施。此外，检修试验项目、工期计划、涉网试验申请还得上报当地电网公司审核批准。重要调试及试验措施如发电机组启动并网措施、机组甩负荷试验措施等必须由大修试运及调试总指挥批准，机组整套启动调试措施同样必须由试运及调试总指挥批准。

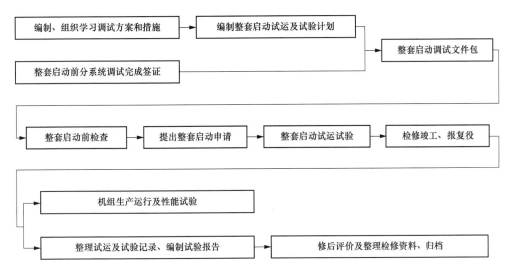

图 1-10 整套启动试运流程

（2）整套启动前检查。整套启动试运前，对检修质量、整套启动条件及生产运行准备情况进行全面检查，并对整套启动试运前的工程质量和分部试运质量提出综合评价，对机组是否具备规定的整套启动的条件进行确认，如已经过冷态验收且没有影响机组整套启动的重大设备系统缺陷或重要指标不合格即可以启动，并向当地电网调度部门申请；如确实影响机组启动，则进行消缺直到满足启动要求，不可强行启动以保证机组启动后长周期安全运行。

（3）整套启动试运及试验。由电厂组织机、电、炉、热、化、脱硫除尘等各专业组实施整套启动试运及试验计划，完成各项试验内容，做好各项试运及试验记录。

（4）检修竣工及报复役。按照检修标准化管理和检修试运及试验计划完成整套启动试运及试验，由试运及调试总指挥上报集团分公司和电网调度报复役，宣布检修竣工。对暂时不具备处理条件而又不影响安全运行的项目，由大修试运与试验指挥部确定负责处理单位和完成时间。

火力发电机组 A 级检修试运与试验流程如图 1-11 所示。

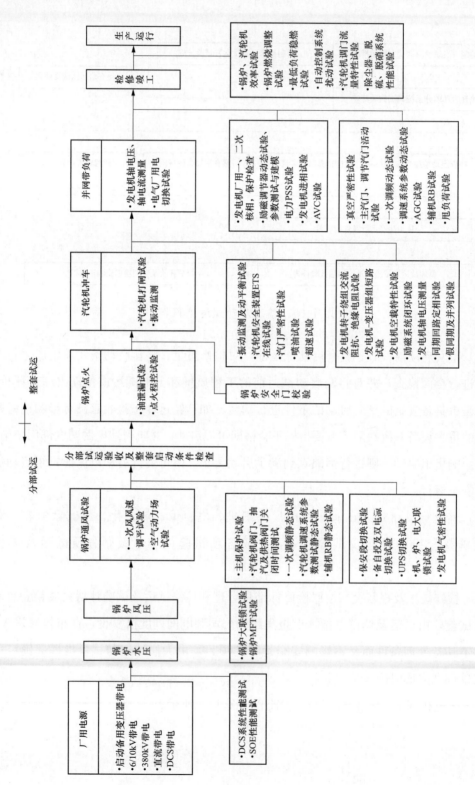

图1-11 火力发电机组A级检修试运与试验流程

1.3　检修试验管理

1.3.1　过程控制

针对火力发电机组 A 级检修过程中分部试运与调试及机组整套启动运行与试验时的规范要求和具体技术，通过对检修试验全过程的规范化、标准化管理，保证检修试验安全、高效完成和机组修后长周期稳定运行。

检修试验有大修后分部试运要求的试验，冷态验收后整套启动试运要求的试验，检修前、竣工后性能试验，检修竣工后至检修热态验收前的试验。冷态验收前试验包括设备及系统的分部试运和冷态下试验，修后机组整套启动试验包括并网前热态下试验和并网后带负荷试验。

本节介绍了检修试验基本要求、试验依据标准、检修试验项目选择、最优安排检修试验时间和工期、检修试验质量控制、检修试验实施、检修试验验收、检修试验总结评价和资料整理归档要求。

（1）火力发电机组 A 级检修试验基本要求如下。

1）加强对火力发电机组检修全过程管理体系中检修试验部分的管理，按照火力发电机组 A 级检修全过程规范化管理规定中对机组检修计划、准备、质量控制、工期控制、检修文件包、外包项目、竣工与资料归档、综合评价等管理要求，进行检修机组关于调试、试运与试验的管理。重点从技术、安全和组织措施、质量管控、试验项目计划与时间安排、试验仪器使用等方面加强机组检修试验管理。

2）机组检修试验调试中使用的仪器、仪表必须根据计量有关规定进行管理，并经有资质的计量单位校验合格，现场使用的仪器、仪表必须有产品标识及其状态标识，确保在有效期内使用。

3）机组检修启动试运与试验工作应成立启动调试组，并在大修指挥部下工作，由指挥部全面协调各专业、各部门工作。

4）检修试验中的性能试验、电力预防性试验、涉网试验、技改试验或科技攻关试验等，应由具备相应资质的单位承担。

5）编制重要的分系统调试措施及整套启动调试措施或方案，且必须经过试运指挥部的批准后方可实施。在试验前需向参与单位进行试验措施的技术交底，做好试验前仪器仪表的准备和参加设备系统的验收及检查启动条件，并完成检修试验全过程的记录。检修试验工作结束后，应编写技术总结或试验报告。

6）对检修试验质量监督，严格按照检修试验质量控制点进行验收，项目试验及其质量验收，质检人员均应签字，保证检修试验质量和可追溯。

7）检修试验应包括有定期监测、试验、校验的常规项目，本次检修项目所对应试验，技术监督规定的项目，安全性评价需要整改的项目，技术改造项试验目，根据设备状态和故障情况需做的试验，在停机或启动时才能做的试验，预防性试验和复核性试验。

8）检修试验工期基本上是依据机组检修工期来确定，除了包括机组检修竣工日期之前进行试验所需工日，还应包括竣工后热态验收前需完成的性能试验和其他试验所需工日。每个检修试验的顺序和时间需合理安排，既要避免交叉作业，又要依据机组负荷工况和设备状态有序高效率完成试验。

9）检修试验的验收标准，既要满足国家标准、电力行业标准或企业标准或规程要求，又要符合机组实际情况，能够为机组日后的运行、维护、检修和改造提供技术上或管理上的参考。

10）检修试验总结评价、资料整理归档，应包括检修前机组试验项目计划、试验合同与技术协议、分部试运与试验和整套启动试运与试验方案、专项试验方案与报告如性能试验报告、检修试验项目进度与网络图、检修试验文件包及附件如调试记录等。

（2）检修试验依据标准。火电机组检修期间进行的试验，其试验条件、内容、方法、步骤、性能测试考核标准及试验方案、技术报告等文档和资料要求，需依据国家标准、行业标准或规程开展相关试验。或依据设备厂家说明书进行校验、调整，恢复达到设备性能要求。

（3）检修试验项目选择。检修试验项目除了依据检修规程、运行规程、机组启动规程进行的定期监测、试验、校验常规项目外，还需根据检修前设备分析、运行分析确定设备解体和技改项目，技术监督和安全性评价项目也需根据大修前检查结果及时进行项目计划。

（4）最优安排检修试验时间、工期。在机组检修总的工期进度时间内，根据检修设备解体和回装时间节点，判断每项检修试验条件，可以同时或交叉开展，但一定要注意系统隔离和做好安全措施、事故预想，调度厂内外人力、物力，根据机组和电网调度情况，在停机检修前、检修中冷态验收前、检修后热态启动、机组并网后各节点时间段合理安排、有序进行。

（5）检修试验质量控制。检修质量控制实行质检点（H、W、P点）验收和设备再鉴定相结合的方式，检修试验严格按照质量控制点进行验收。实行三级验收责任制，试验人员与质检人员均应签字，运行人员根据试验项目是否涉及操作和试运进行签字，保证检修试验可追溯。

（6）检修试验实施。检修试验人员按照检修管理手册的安排，根据检修文件包内容进行机组检修试验工作；质量监督人员根据管理程序和规定对检修试验进行检查、监督和指导；安全管理人员对检修试验工作进行安全监督和考核。确保机组检修试验全过程安全、质量可控。

（7）检修试验验收。检修试验验收分冷态验收与热态验收，其中：

1）冷态验收是指机组检修复装结束、分部试运完成后，机组正式启动前，对检修项目计划完成情况以及检修质量、试验结果进行检查、评价、认可，以确定机组修后是否达到整体启动条件。为保证验收细致，冷态验收会议宜分专业进行，最终由机组检修指挥部召集，生产厂长或总工程师主持，对检修过程中软件、硬件整体验收评价，它是机组检修质量控制的有效手段。

2）热态验收是指检修竣工后30天内，机组修后热力试验后，对机组运行状况、设备效率、设备缺陷的消除情况、检修人工、材料、工程费用、文件管理等方面进行的整体鉴定分析和评价，它是对外包技术服务商检修后机组性能的整体评价，是检修工程质量考核的重要依据之一。

（8）检修试验总结评价、资料整理归档。进行修后性能试验，热态评价，编写机组检修试验总结报告；按检修文件包相应类别整理检修试验资料；修订检修规程、图纸、检修文件包等检修文件。

1.3.2 检修试验分类

检修试验有按机组检修与运行规程进行定期监测、试验、校验和在启动过程中或停机时做的常规试验，设备技术更新改造后的试验，安全性评价需要整改的试验，按各项反事故措施、技术监督规定的试验，科技攻关类试验，以及根据设备状态和故障情况、状态监测需做的试验。上述试验包括在检修活动期间所需实施的电力设备预防性试验、检修常规试验、性能试验、复核性试验和功能性鉴定试验。

（1）电力设备预防性试验。为了发现运行中电力设备隐患，预防发生事故或设备损坏，对设备进行检查、试验或监测，也包括取油样或气样进行试验。主要是发电机、变压器等电气设备试验。

对于电力设备预防性试验，如遇到特殊情况需要改变试验项目、周期或要求时，对主要设备需经上一级主管部门审查批准后执行；对其他设备可由本单位总工程师审查批准后执行。

如经实用考核证明利用带电测量与在线监测技术能达到停电试验效果，经批准可以不做停电试验或适当延长周期。

试验结果应与该设备历次试验结果相比较，与同类设备试验结果相比较，参照相关试验结果，根据变化规律与趋势，结合标准规程要求进行全面剖析后做出判断。

（2）检修常规试验。依据机组检修与运行规程规定的大修期间需定期开展的校验、试验，以及在启动过程中或停机时需做的试验。主要是一次元件校验、阀门等单体调试、转机试转、各分系统试验、重大关键专项试验、启动和并网试验等。

对于检修常规试验，依据机组检修与运行规程规定，随着机组实际检修工期和机组工况择时进行，保证检修试验不缺项、高标准、高质量完成。

（3）性能试验。为了对机组修后检修效果综合评价，在大修前、后进行的机组热力性能试验；为了保证机组安全、节能、环保、灵活运行，对修后机组开展的运行调整、控制性能优化试验；针对火力发电厂的智能发电、智慧电厂新技术开展的试验等。主要是锅炉、汽轮机、环保等系统性能试验，燃烧调整运行优化试验，机组设备安全状态监测，机组调峰、调频、调压性能试验等。

（4）复核性试验。发电机组投运后达到一定的运行周期所进行的验证性试验，如励磁系统复核性试验，包括励磁调节器（AMR）调压性能校核性试验和 PSS 性能复核性试验；机组调节系统复核性试验，包括调速系统动态复核试验与一次调频试验。上述试验复核周期应不超过五年，接近五年时，应在最近一次 A/B/C 级检修前在月度发电设备检修计划中向当地电网公司提出申请，并于检修完成后机组启动时开展复核试验。

复核性试验完成后应向当地电网公司提供相应试验报告，如测试结果与上次试验结果差异较大，应进行原因分析和技术评估，必要时重新按照新机要求开展相应的涉网试验。

（5）鉴定试验。依据火力发电机组 A 级检修标准项目、特殊项目进行相应的试验，根据设备状态和故障情况、状态监测需做的试验，设备技术更新改造后的设备静态模拟试验和动态投入试验也在再鉴定范围之列。没有检修过的设备不进行再鉴定试验。检修质量控制实行质检点（H、W、P点）验收和设备再鉴定相结合的方式。

设备再鉴定，是指通过对检修后设备的试运行，检查设备是否达到检修规程和系统功能的要求。包括在全面检查工作程序和内容、质量符合有关要求，质检点工序完成并验收合格后，对单台设备空载试转是否合格的验证；通过对修后设备带负荷试运行，进行验证和鉴定其设备性能参数是否达到设计值，以及是否满足系统运行要求。

进行修后设备再鉴定的目的是验证修后设备性能参数满足相关规定和要求，保证设备正常发挥其运行功能，确保设备投运的可靠性。设备再鉴定调试一般分为两个阶段，第一阶段为系统恢复前，如：气动、电动阀门试验和电机空载试验、逻辑试验等。第二阶段为系统恢复后，如泵、风机等转动设备带负荷试验。

1.3.3 检修试验项目

检修试验项目可分为标准项目、技改项目、安全性评价项目、技术监督项目和科技项目等。大修试验标准项目有定期监测、试验、校验常规项目，技术更新改造项目的试验，安全性评价需要整改的项目，按各项反事故措施、技术监督规定检查与试验的项目，科技攻关项目的试验，根据设备状态和故障情况、状态监测需做的试验，只有停机状况下或启动过程中才能做的试验，检修试验应与机组检修同步进行。

科学合理地确定系统和设备检修试验项目及其内容，既能完成各种管理与技术制度规定、技术监督要求所必须完成的检查、检验、试验等项目，又能保证机组大修后安全可靠启动带负荷运行，达到大修后提高机组安全性、可靠性、经济性的目的，保证机组大修后长周期安全高效、节能环保、灵活运行。同时，减少部分设备因盲目定期拆检调试后设备出现早期失效现象，延长设备使用寿命，降低检修成本；而且依据大修检修项目确定需做的试验项目，最终完成检修项目鉴定，保证检修设备正常投入运行和功能满足各工况要求。

火电机组 A 级检修试验项目分为修前试验项目、机组检修中冷态验收前分部试运与试验项目、检修中启动前机组冷态下试验项目、修后机组热态下并网前试验项目、机组并网后试验项目，见表1-12～表1-16。

表 1-12   机组 A 级检修前试验项目

序号	专业	项目内容	试验条件	试验时间（h）
1	电气	发电机温升试验	机组负荷分别调节到50%、80%、100%试验工况下，$\cos\varphi$ 应尽量接近 0.9 并保持不变，将 AVR 调节到手动方式，持续稳定约 1h 后，每隔 15～20min 记录一次。此时要求转子电流变化 $I_f \leqslant 1\%$，P_1、U_1、I_1、$\cos\varphi$ 变化 $\leqslant 3\%$，维持氢气压力、氢气纯度稳定，冷却介质工况应维持额定状态，试验时冷风温度控制变化 $\leqslant 1℃$。每种工况下试验所需时间约为 4h	16
2	电气	发电机定子绕组绝缘电阻、吸收比或极化指数（预试要求内容）	停运后检修前进行试验	2
3	电气	发电机定子绕组泄漏电流和直流耐压（预试要求内容）	停运后清除污秽前，热态下，检修前试验	2
4	电气	发电机定子绕组工频耐压（预试要求内容）	停运后清除污秽前，热态下，检修前试验	2
5	锅炉	锅炉修前热效率试验	机组负荷分别调节到100%、80%、60%试验工况下，进行 100%、80%、60% 额定负荷工况锅炉效率及漏风系数测试	12
6	锅炉	空气预热器漏风试验	机组负荷分别调节到100%、80%、60%试验工况下，进行 100%、80%、60% 额定负荷工况空气预热器漏风测试	12
7	锅炉	安全门排汽试验	机组停运前，负荷稳定至 50%，进行主蒸汽、再热蒸汽管道安全门排汽试验	6
8	锅炉	锅炉风压试验	烟风系统运行时查找系统漏点，打风压高于炉膛工作压力 50mmH₂O 进行查漏	2
9	锅炉	制粉系统风压试验	制粉系统运行时查找系统漏点，一次风压高于额定工作压力 50mmH₂O 进行查漏	2
10	环保	电除尘修前效率试验	机组负荷分别调节到100%负荷工况下，进行电除尘效率试验及漏风系数测试	12
11	汽轮机	汽轮机修前热效率试验	100%、80%、60%额定负荷工况汽轮机效率（机组修前 1 个月完成）	48
12	汽轮机	汽轮机阀门活动试验	汽轮机所有安全门进行排气试验（机组停机前 6h）	5
13	汽轮机	机组修前振动测试	停机前	12
14	汽轮机	测取惰走曲线及金属降温曲线	停机时（不破坏真空）	72
15	汽轮机	真空严密性试验	停机前正常运行时，负荷大于80%	4
16	汽轮机	主汽门、调速汽门、抽汽止回门关闭时间测试	停机时	6
17	汽轮机	汽轮机 ETS 在线试验	机组正常运行、负荷控制在50%以下	2

表 1-13 机组冷态验收前分部试运与试验项目

序号	专业	项目内容	试验条件	试验时间（h）
1	电气	开关合、分闸电压、机械特性及传动	开关检修后	16
2	电气	发电机定子绕组的绝缘电阻、吸收比测试	发电机转子短路接地，发电机定子出线断开，定子冷却水投入电导率合格，水流量合适	2
3	电气	发电机定子绕组的泄漏电流和直流耐压试验	发电机转子短路接地，发电机定子出线断开，非试验侧封闭母线短路接地，转子线圈短路接地；发电机出线套管电流互感器绝缘电阻后，二次绕组短路接地，热工退出测温元件；定子冷却水投入电导率合格，水流量合适	4
4	电气	发电机定子绕组交流耐压试验	发电机定子出线断开，非试验侧封闭母线短路接地，转子线圈短路接地；发电机出线套管电流互感器绝缘电阻后，二次绕组短路接地，热工退出测温元件；定子冷却水投入电导率合格，水流量合适	4
5	电气	定子水分支路流量测试	内冷水系统充分排气，定子绕组通水，额定运行，保持压力、流量稳定	12
6	电气	定子绕组端部手包绝缘表面对地电位和紫外电晕检测	发电机定子出线断开，非试验侧封闭母线短路接地，转子线圈短路接地；发电机出线套管电流互感器绝缘电阻后，二次绕组短路接地，热工退出测温元件；端部绕组表面污秽清理干净；定子冷却水投入电导率合格，水流量合适	8
7	电气	定子绕组端部和引线的振动特性试验	发电机转子抽出，定子绕组未通水，发电机线棒无松动或断裂，引线室油渍、污渍清理干净	8
8	电气	发电机转子绕组通风试验	穿发电机转子前，设备清洁、干净，室内空气洁净	8
9	电气	电力变压器预试要求试验，如吸收比或极化指数、绕组泄漏电流、介质损耗、绕组直流电阻、绕组绝缘电阻、短路阻抗和负载损耗试验	变压器绝缘油试验已完成且合格	8
10	电气	发电机出口、高压厂用变压器低压侧等母线耐压试验	清扫、检查后	8
11	电气	发变组保护装置校验	发变组保护柜送电，依次投入和退出相应压板	24
12	电气	故障录波装置校验	故障录波装置送电	8
13	电气	同期装置校验	同期装置送电	8
14	电气	厂用快切装置校验	厂用快切装置送电	4
15	电气	厂用系统二次装置校验	涉及各开关的综保及马保装置送电	4
16	电气	直流系统试验	直流系统检修工作结束	8

序号	专业	项目内容	试验条件	试验时间（h）
17	电气	励磁系统励磁装置校验	励磁装置送电，二次回路正常	8
18	电气	升压站各二次装置校验	包括各种设备保护装置、故障录波、测控、安自以及直流系统和UPS系统涉及的二次装置送电	4
19	电气	保护级TATA校验	TA检修结束，恢复正常	16
20	电气	电能表现场周期误差检验	电能表检修结束，恢复正常	16
21	电气	互感器现场检验	互感器检修结束，恢复正常	16
22	电气	电测量变送器周期检验	电测量变送器检修结束，恢复正常	16
23	电气	测控装置周期检验	测控装置检修结束，恢复正常	16
24	电气	电测仪表周期检定	相关电测仪表检修结束，恢复正常	16
25	锅炉、汽轮机	手动门、挡板、电动门、气动门单体传动	电动门、气动门检修整定完毕并合格后送电，分系统满足试运条件前	72
26	锅炉、汽轮机	电动执行器、气动执行器单体传动	阀门（挡板、动叶）及执行器检修整定完毕并合格后送电，仪用压缩空气投运，分系统满足试运条件前	32
27	锅炉	吹灰器冷态试验	对锅炉全部长短吹灰器及空气预热器吹灰器进行全行程进退试验	24
28	锅炉	锅炉送风机系统传动	送风机系统检修完毕，测点回装完毕，送风机系统各挡板电动执行器送电并切至远方操作，送风机油站启动，送风机电机送试验位	6
29	锅炉	锅炉引风机系统传动	引风机系统检修完毕，测点回装完毕，引风机系统各挡板电动执行器送电并切至远方操作，引风机油站启动，引风机电机送试验位	6
30	锅炉	锅炉一次风机系统传动	一次风机系统检修完毕，测点回装完毕，一次风机系统各挡板电动执行器送电并切至远方操作，一次风机电机送试验位	6
31	锅炉	锅炉强制循环水泵系统传动	强制循环水泵检修完毕，测点回装完毕，强制循环水泵电机送试验位	6
32	锅炉	锅炉暖风器系统传动	锅炉暖风器检修完毕，测点回装完毕，锅炉暖风器电机送试验位	4
33	锅炉	锅炉密封风机系统传动	锅炉密封风机检修完毕，测点回装完毕，密封风机油站启动，密封风机电机送试验位	6
34	锅炉	制粉系统传动	制粉系统检修完毕，测点回装完毕，磨煤机出口挡板、快关风门、冷热风挡板、给煤机出入口电动门送电并切至远方位操作，给煤机、磨煤机电机送试验位	6
35	锅炉	燃油系统传动	燃油系统检修完毕，测点回装完毕，燃油供油阀、回油阀、角阀、油枪、点火器、点火枪送电	3
36	锅炉	吹灰系统传动	锅炉本体检修完毕，吹灰系统检修完毕，吹灰系统送电	4

续表

序号	专业	项目内容	试验条件	试验时间（h）
37	锅炉	锅炉吹扫	锅炉本体检修完毕，风烟系统、制粉系统、燃油系统传动完毕，锅炉具备点火条件	3
38	环保	电除尘器气流分布试验	电除尘器漏气流分布试验及风率试验	12
39	环保	集尘极和放电极振打性能试验、极间距测定与空载通电升压试验、振打加速度性能试验	电除尘器相关检修工作结束	8
40	环保	电除尘器严密性试验	电除尘器相关检修工作结束	2
41	环保	电除尘热态升压试验、电除尘本体压力降试验	电除尘器相关检修工作结束、引风机运行	2
42	环保	袋式除尘过滤风速试验、袋式除尘设备阻力试验	袋式除尘器相关检修工作结束	3
43	环保	脱硫系统浆液循环泵等联锁保护试验	脱硫系统检修工作结束	8
44	环保	脱硝系统稀释风机等联锁保护试验	脱硝系统检修工作结束	8
45	环保	脱硫系统故障跳闸MFT试验	运行中浆液循环泵全停，主机锅炉MFT保护动作	1
46	环保	喷淋系统事故投入试验	FGD入口烟气温度超过160℃报警，超过170℃联锁投入烟道事故喷淋系统	1
47	汽轮机	工业水系统传动	工业水泵检修完毕，测点回装完毕，工业水泵系统各电动执行器送电并切至远方操作，工业水泵电机送工作位	3
48	汽轮机	循环水系统传动	循环水泵系统检修完毕，测点回装完毕，循环水出口电磁阀送电，循环水泵电机送试验位	3
49	汽轮机	电动给水系统传动	电动给水泵系统检修完毕，测点回装完毕，电泵系统各电动执行器送电并切至远方操作，电泵电机送试验位	4
50	汽轮机	精处理系统传动	精处理系统检修完毕，各执行器送电	3
51	汽轮机	生水泵系统传动	生水泵系统检修完毕，测点回装完毕，生水泵送工作位	2
52	汽轮机	汽动给水系统传动	汽动给水泵系统检修完毕，测点回装完毕，汽泵系统各电动执行器送电并切至远方操作，汽泵电机送试验位	4
53	汽轮机	凝结水系统传动	凝结水系统检修完毕，测点回装完毕，凝结水系统各电动执行器送电并切至远方操作，凝结水泵电机送试验位	3
54	汽轮机	高压加热器系统传动	高压加热器系统检修完毕，测点回装完毕，高压加热器系统各电动执行器送电并切至远方操作	3

序号	专业	项目内容	试验条件	试验时间（h）
55	汽轮机	低压加热器系统传动	低压加热器系统检修完毕，测点回装完毕，低压加热器系统各电动执行器送电并切至远方操作	3
56	汽轮机	汽轮机抽汽系统传动	汽轮机抽汽止回门检修完毕，止回门电磁阀送电	3
57	汽轮机	除氧系统传动	除氧系统检修完毕，各电动执行器送电	3
58	汽轮机	真空泵系统传动	真空泵系统检修完毕，测点回装完毕，出口门电磁阀送电，真空泵电机送试验位	3
59	汽轮机	闭式水系统传动	闭式水系统检修完毕，测点回装完毕，闭式水泵电机送电	3
60	汽轮机	汽轮机疏水系统传动	汽轮机疏水门检修完毕送电	3
61	汽轮机	汽轮机油系统传动（包括主机低油压保护、EH油压低保护试验）	汽轮机油系统检修完毕，交流油泵、直流油泵、顶轴油泵、抗燃油泵、密封油泵电机送工作位，具备挂闸条件	4
62	汽轮机	汽封系统传动	汽封系统检修完毕，测点回装完毕，各系统电动执行器送电并切至远方位操作	3
63	汽轮机	辅助蒸汽系统传动	辅助蒸汽系统检修完毕，测点回装完毕，各系统电动执行器送电并切至远方位操作	3
64	汽轮机	发电机定子冷却水系统传动	发电机定子冷却水系统检修完毕，测点回装完毕，定子冷却水泵送工作位	3
65	汽轮机	发电机氢冷系统传动	发电机氢冷系统检修完毕，测点回装完毕，氢冷升压泵电机送工作位	3
66	汽轮机	高低压旁路系统联锁试验	高低压旁路控制系统和装置的检修工作已结束，所有的阀门管道都已就位并经单体调试合格，控制系统及动力柜已受电且运行正常。高压旁路隔离阀、暖管阀、高低压旁路阀及其减温水调节阀、隔离阀等阀门的动作方向、位置指示已调整与实际相符。与试验有关的管道内无工作介质	8
67	汽轮机	小汽轮机高、低压调门线性试验	机组启动前，给水泵汽轮机挂闸	4
68	汽轮机	小汽轮机ETS保护传动	机组启动前，给水泵汽轮机挂闸	4
69	汽轮机	发电机断水保护试验	具备挂闸条件，启动一台发电机定子冷却水泵，关闭定子冷却水旁路门，投入断水保护	8
70	汽轮机	高压遮断电磁阀（AST）试验	具备挂闸条件	2
71	汽轮机	高压加热器保护静态试验	高压加热器相关检修工作结束	2
72	汽轮机	汽轮机挂闸/打闸试验	具备挂闸条件	1
73	汽轮机	抗燃油系统耐压试验	抗燃油系统检修完成且完全恢复后	2
74	汽轮机	汽轮机叶片测频试验	揭缸、吊出汽轮机转子全汽轮机平台，转子检修后期，转子喷完除垢清扫后	72
75	热工	锅炉、汽轮机侧压力开关、变送器、热电偶、热电阻及就地仪表等一次元件检查及校验	压力开关、变送器、热电偶、热电阻及就地仪表拆卸完毕，且系统取样隔离	8

续表

序号	专业	项目内容	试验条件	试验时间（h）
76	热工	锅炉、汽轮机侧电磁阀、执行机构检查与检修调试	打到就地调整，仅用压缩空气投入，电磁阀及执行机构电源机柜送电	2
77	热工	I/O信号回路测试	工程师站、操作员站、历史站、电子间机柜恢复送电正常	3
78	热工	DAS、SCS、MCS、FSSS、BPS、DEH、TSI 等各系统单体设备及分系统调试	各分系统机柜恢复电源送电	48
79	热工	汽轮机调门整定	润滑油系统、抗燃油系统、汽轮机调速系统等检修工作结束，具备挂闸条件	3
80	热工	DEH 系统静态试验（功能仿真试验）	汽轮机调门整定完毕，汽轮机检修工作全部结束，且符合质量要求，EH 液压系统已投入正常运行，所有联锁试验结束，并符合规定要求	4
81	热工	现场总线调试	现场总线设备及有源终端电阻供电正常	16

表 1-14　　　　　　　　　机组启动并网前冷态下试验项目

序号	专业	项目内容	试验条件	试验时间（h）
1	电气	UPS 切换试验	UPS 电源相关检修工作结束	1
2	电气	保安段动态切换试验	保安段相关检修工作结束	2
3	电气	双电源切换试验	系统或设备双电源相关检修工作结束	1
4	电气	机、炉、电大联锁试验	锅炉、汽轮机、电气分系统检修工作结束	2
5	电气	发电机壳体风压（气密性）试验	发电机端盖、密封瓦安装后，发电机内冷水、密封油、氢气系统具备投运条件；发电机本体电气、汽轮机、热工专业工作全部结束；发电机所用压缩空气进行排污，发电机充压缩空气管路滤网清扫合格，所用压缩空气经微水化验合格	50
6	锅炉	锅炉水压试验	锅炉具备上水条件后，进行省煤器、水冷壁、过热器及再热器水压试验	24
7	锅炉	锅炉风压试验	烟风系统启动后查找系统漏点，打风压高于炉膛工作压力 50mmH$_2$O 进行查漏	4
8	锅炉	磨煤机冷态试验（一次风风速调平）及空气动力场试验	一次风量标定、调平试验、风量变送器校验；引风机、送风机、一次风机及二次风门等风烟系统检修结束	24
9	锅炉	锅炉灭火保护（MFT）试验，CFB 锅炉灭火保护（BT）试验	锅炉本体检修完毕，风烟系统、制粉系统、燃油系统传动完毕，锅炉设备及系统检修结束，且分部试运与试验完成，锅炉具备点火条件	4
10	锅炉	机炉大联锁试验	锅炉本体检修完毕，风烟系统、制粉系统、燃油系统传动完毕，锅炉、汽轮机、电气设备及系统检修结束，且分部试运与试验完成，汽轮机系统具备挂闸条件，锅炉具备点火条件，发电机具备启动条件	4

序号	专业	项目内容	试验条件	试验时间（h）
11	汽轮机	自动主汽门、调速汽门及抽汽止回门快关试验	汽轮机高、中压主汽门，汽轮机高、中压调门检修调整标定完成，抽汽止回门检修结束，汽轮机可挂闸，仅用压缩空气已投运	4
12	汽轮机	主机保护（ETS）试验	汽轮机设备及系统检修结束，且分部试运与试验完成，机组启动前，大机挂闸	4
13	汽轮机	汽轮机调速系统参数静态测试	主机抗燃油油质合格，润滑油油质合格，主机高、中压调门检修调整完成，汽轮机可挂闸	4
14	热工	分散控制系统（DCS）系统性能测试	工程师站、操作员站、历史站、热工电子间检修结束恢复正常，DCS系统上电	24
15	热工	一次调频静态试验	主机油质合格，主机调门检修调整完成，汽轮机可挂闸	8
16	热工	辅机故障跳闸（RB）静态试验	重要辅机及其相关系统、DCS控制系统检修结束	8
17	热工	APS（单元机组自启停控制）试验	按照APS设置断点，各功能子组锅炉、汽轮机分系统检修完毕具备相应条件	48

表 1-15　　　　　　　　　　机组修后整套启动热态下并网前试验项目

序号	专业	项目内容	试验条件	试验时间（h）
1	电气	机组不同转速下转子绕组交流阻抗、绝缘电阻试验	退出转子接地保护，并断开转子绕组与励磁系统的电气连接；在膛内进行测量时，定子绕组三相不应短接	8
2	电气	发电机-变压器组短路试验	发电机出口三相稳态短路试验，发电机出口短路母排连接好，投入发电机相应保护压板；发电机-变压器组短路试验，发电机-变压器组间隔K2点短路线连接，K3、K4点短路小车在工作位置，投入发电机、主变压器、高压厂用变压器相应保护，投入风冷系统	4
3	电气	发电机空载特性试验	投入发电机、主变压器、高压厂用变压器全部保护（至汽轮机联锁保护压板除外），出口断路器在断开位置	4
4	电气	励磁系统闭环试验	发电机励磁系统灭磁、阶跃及电压/频率特性试验。发电机定速3000r/min，发电机冷却水合格，氢气纯度合格，电气控制及保护电源可靠投入、保护压板可靠投入；发电机具备试运条件；励磁系统具备起励条件	2
5	电气	发电机假同期及并列试验	发电机定速3000r/min，发电机冷却水合格，氢气纯度合格，电气控制及保护电源可靠投入、保护压板可靠投入；发电机具备试运条件；同期装置具备投入条件；热工退出DEH系统并网带初负荷功能	2
6	电气	发电机轴电压、轴电流测量	发电机定速3000r/min，发电机冷却水合格，氢气纯度合格，电气控制及保护电源可靠投入；发电机、主变压器、高压厂用变压器具备试运条件；励磁系统具备起励条件	2
7	锅炉	锅炉安全门校验	锅炉点火后，进行主蒸汽、再热蒸汽管道安全门校验试验，选取1只安全门进行实启	6

续表

序号	专业	项目内容	试验条件	试验时间（h）
8	汽轮机	自动主汽门、调速汽门严密性试验	真空正常，维持主蒸汽压力在一定值以上，不低于额定值的 50%	2
9	汽轮机	喷油试验	调速系统设备投入，抗燃油油质合格，润滑油油质合格；汽轮机定速 3000r/min 后，危急遮断装置在隔离位	4
10	汽轮机	超速试验	并网运行低负荷暖机 3h 后，再次解网后，试验之前必须完成喷油和高、中压主汽门及调门关闭严密性试验，喷油完严禁立即做超速；集控室手动紧急停机按钮试验正常；大机 ETS 保护试验和注油试验正常	2
11	汽轮机	汽轮机 ETS 在线试验	汽轮机定速 3000r/min 后，稳定运行	1
12	汽轮机	机组轴系振动检测（实际临界转速、高速动平衡）	汽轮机冲转时	24

表 1-16　　　　　　　　　　机组检修后并网后试验项目

序号	专业	项目内容	试验条件	试验时间（h）
1	电气	发电机并网后一、二次核相，发变组保护检查	并网初期发变组保护检查投入，发变组厂用一、二次侧核相，在 50% 和 100% 负荷下差动保护差流值	2
2	电气	发电机谐波定子接地保护整定试验	并网后	1
3	电气	厂用负荷切换试验	厂用电快切装置具备试运条件，在机组低负荷下	1
4	电气	励磁系统并网后试验、励磁系统建模	带负荷后，稳定运行，10% 左右负荷切换试验，50% 负荷下均流试验，静差率测定等	4
5	电气	电力系统稳定（PSS）试验	机组 50%～100% 额定负荷，AGC 和 AVC 退出	4
6	电气	发电机进相试验	机组 50%～100% 额定负荷，励磁调节器自动，AGC 和 AVC 退出	4
7	电气	自动电压控制（AVC）试验	机组 50%～100% 额定负荷，发电机进相试验完成	4
8	锅炉	锅炉修后热效率及漏风试验	机组负荷分别调节到 100%、75%、50% 试验工况下，进行锅炉效率及漏风系数测试	12
9	锅炉	空气预热器性能试验	机组负荷分别调节到 100%、75%、50% 试验工况下，空气预热器性能测试	12
10	锅炉	引风机、送风机、一次风机、磨煤机单耗测试	确定辅机效率、单耗标准值、最佳值	8
11	锅炉	制粉系统出力测试	改变磨煤机出力，测量磨煤机出力	8
12	锅炉	最低负荷稳燃试验	锅炉稳定燃烧、锅炉设备无故障	72
13	锅炉	锅炉燃烧调整试验	测量最佳锅炉效率下的锅炉氧量，最佳煤粉细度确定后，固定导向挡板	8

序号	专业	项目内容	试验条件	试验时间（h）
14	环保	除尘器效率试验	机组负荷分别调节到100%负荷工况下，进行电除尘效率试验及漏风系数测试	12
15	环保	脱硫系统性能试验	脱硫系统投入、设备无故障	48
16	环保	脱硝系统性能试验	脱硝系统投入、设备无故障	48
17	汽轮机	汽轮机修后热效率试验	测试修前修后效果，测量，100%额定负荷、70%额定负荷、50%额定负荷工况厂用电率及供电煤耗标定试验（机组并网后1个月内完成）	48
18	汽轮机	真空严密性试验	机组负荷维持在80%以上稳定运行，工业、供热抽汽处于解列状态	6
19	汽轮机	自动主汽门、调速汽门活动试验	汽轮机DEH系统负荷控制投入且在单阀运行方式	4
20	汽轮机	甩负荷试验	主汽门、调速汽门快关试验和严密性、超速试验合格	4
21	汽轮机	汽轮机调速系统参数动态试验	机组负荷为75%额定负荷，一次调频试验合格	4
22	汽轮机	汽轮机振动监测及动平衡试验	TSI仪表信号显示正确	24
23	汽轮机	辅机如给水泵、循环水泵性能测试试验	改变辅机出力，确定辅机效率	24
24	汽轮机	汽轮机铭牌工况出力测试	机组带大负荷运行正常	4
25	热工	一次调频动态试验	负荷50%～100%之间，协调控制系统投入	8
26	热工	自动控制系统扰动试验	负荷50%～100%之间，各控制系统投入	48
27	热工	辅机故障跳闸RB动态试验	机组并网后，稳定运行，负荷80%以上	8
28	热工	自动发电控制AGC试验	负荷50%～100%之间，协调控制系统投入	4
29	热工	汽轮机阀门流量特性试验	机组并网后，单阀和顺序阀正常切换，单阀和顺序阀特性试验	8

1.3.4 检修试运与试验

1.3.4.1 分部试运与试验

分部试运与试验包括单体调试、单机试运和分系统试运与试验两部分。单体调试是指各种执行机构、元件、装置的调试，单机试运是指单台辅机的试运（包括相应的电气、热控保护）。分系统试运与试验是指按系统对其动力、电气、热控等所有设备及其系统进行空载和带负荷的调整试运与试验。因此，部分分系统项目需要在整套启动阶段继续进行调整试验。

（1）分部试运前的准备与条件。

1）试运区的场地、道路、栏杆、护板、消防、照明、通信等必须符合职业安全健康和环境规定及试运工作要求，并要有明显的警告标志和分界。

2）分部试运设备与系统的检修工作已结束，并已办理完验收签证。

3）试转设备的保护装置校验完成且合格，对因调试需要临时解除或变更的保护装置已确认，设备试转结束后立即恢复装置所有保护。

4）分部试运需要的测试仪器、仪表已配备完善，并符合计量管理要求。

5）编制的分系统试运与试验方案、分系统调整试运质量检验表等经检修单位确认和试运指挥部批准。

（2）分部试运要求。

1）技术管理要求。

编写调试措施；调试措施技术交底；由检修施工与试验单位汇总安装、检修及试验记录：单体调试如电动门、气动门等，单机试转记录与质量验收，联锁保护试验及信号校验记录，分部试运与试验申请单，检修项目验收签证。

分部试运申请单由试运负责人送检修部门和运行部门验收签证，之后再送试运专业组确认和调试及试运指挥部批准签证，由试运专业组送运行专业组签证后，执行试转送电与操作。

2）单体、单机系统试运要求。

① 完成单体试验的各项工作，汇总 DCS 测点校对清单、一次元件调整校对记录清单、一次系统或设备调校记录清单。

② 电动机的保护校验应合格，并能正常投用。

③ 检修设备试运合格后，由检修施工单位完成辅机单机试转记录及验收签证。

3）分系统试运要求。

① 由检修施工单位汇总单体（包括压力容器）、单机试转记录及验收签证，确认工作已完成，并填写分部试运申请单经试运指挥批准后，才能进行分系统调试。

② 分系统保护经校验必须合格，并能投用。

③ 质量监督人员和部门对分部试运阶段的单机、分系统试运记录，质量验收签证、联锁保护、调校清单进行检查验收，经验收确认后才可以进入机组整套试运阶段。

④ 分部试运结束后，技术资料需整理齐全，包括设备、系统异动报告，全部移交到运行值长处，进行机组整套试运前准备工作。

⑤ 分部试运如有个别项目未完成不能参加机组整套启动，须由检修责任部门提出申请，经试运指挥部批准后执行。

1.3.4.2 整套启动试运与试验

整套启动试运与试验是指设备和系统在分系统调试验收合格后，炉、机、电联合启动，通过对机组参数调整试验来检验设备检修安装的质量和性能，使主机、辅助设备、系统达到要求的工况和出力，完成试运行后机组转入正式生产或移交生产。

整套启动试运与试验大致分为锅炉点火升温升压、汽轮机冲转定速空负荷试运、机组并网带负荷试运与试验三个阶段。

整套启动试运与试验前必须完成冷态验收并确认整套启动试运条件，由试运指挥部统一组织检修各单位和部门进行分部试运汇报和进行质量监督检查，经冷态验收合格后且确认无影响整套启动的缺陷才能进行下一步整套启动调试阶段的工作。

（1）启动前必须具备的现场条件。

1）机组试运行场地基本平整，设有明显的标志与分界，危险区设有围栏和警告标志，并消防设施完备。

2）供水及厂内、外排水设施能正常投运，现场的沟道与孔洞的盖板齐全。

3）机组试运现场具有充足可靠的照明，事故照明能及时、自动投入。各运行岗位有正常的通信装置或设有可靠的通信联络设施。

4）试运区的空调装置及通风采暖设施按设计要求能正常投入使用。

5）在冬天严寒季节试运，现场设备、管道及仪表管道应有防冻措施；在夏天酷暑季节试运或处在高温环境岗位，应有防暑降温措施。

6）职业健康安全管理体系和环境管理体系按规范要求实施。

（2）整套启动试运要求。

1）检修工作票全部结束，启动前运行人员必须熟悉设备、系统变更情况。

2）提出启动申请报告，整套启动试运方案、并网方式和时间得到试运指挥部和当地电网调度部门批准后方可启动试运。

3）试运指挥部组织参与大修的各部门和单位进行整套启动试运与试验前准备工作的检查。

4）整套启动试运与试验时已配备校验合格的仪器、仪表和工器具。

5）准备足够供机组启动所需的油、水、氢和备品备件等物资。

6）整套启动措施或方案在试运与试验前应由试验人员向参与试运的各有关单位人员交底。

7）按整套启动调试措施或方案要求，配备好各岗位的试运行人员与试验人员，并备齐有关运行的技术文件，试验人员也能根据试运安排及时就位和准备相关工作。

（3）下列情况禁止汽轮机启动或并网运行。

1）汽轮机油、抗燃油油质化验不合格时，不准向调节系统充油。汽、水品质不符合要求。

2）任一安全保护装置失灵或保护动作值不符合规定。

3）调速系统不能维持空负荷运行，或机组甩负荷后不能控制转速在危急遮断器动作转速以下或危急遮断器动作不正常。

4）任一主汽阀、调节汽阀、抽汽止回阀、高排止回阀卡涩或关闭不严。

5）汽轮机转子偏心值大于原始值 0.03mm，汽轮机胀差或轴向位移超限，汽轮机上、下缸温差大于 50℃或汽轮机进水，油位不正常、润滑油进油温度不正常，回油温度过高等。

6）盘车时机组转动部分有清晰的摩擦声或盘车电流明显增大或大幅摆动。

7）主要显示仪表（如转速、振动、轴向位移、胀差、调速、润滑油压、抗燃油压、冷油器出口油温、轴承回油温度，主、再热蒸汽压力与温度、排汽装置真空等的传感器和显示仪表以及调节、保安系统压力开关、测量汽缸金属温度的双支热电偶和显示仪表等）不全或失灵。

8）交、直流润滑油泵、润滑油系统、EH 油供油系统、密封油系统故障或顶轴装置、盘车装置失常。

9）回热系统中，主要调节及控制系统（除氧器水位、压力自动调节、旁路系统保护及自动调节、给水泵控制系统等）失灵。

10）DEH 或 DCS 控制系统故障，影响机组启动，控制气源、调节保护电源失去时。

11）机组发生跳闸原因未查明或有威胁设备安全启动、运行的严重缺陷。

12）发电机定冷水系统及氢气系统不能投入运行。

13）系统经重大改动后无启动措施。

火电机组 A 级检修冷态验收后的整套启动试运与试验具体方案见表 1-17，以300MW 亚临界机组为例给出实际案例。

表 1-17   检修后机组整套启动试运与试验

序号	试运与试验项目	进行阶段
1	锅炉点火，升温升压，按冷态启动曲线运行，根据炉水饱和温度的温升率及升压率控制升温升压速度。根据需要缓慢开启汽轮机Ⅱ级和Ⅰ级旁路，且投时真空应在−64.55kPa以上，主汽门前压力应保持在 0.1MPa 以上，根据旁路后温度适当投入减温水，注意排汽压力，联系化学化验凝结水质；主汽门前压力达 0.2～0.3MPa，主蒸汽温 150℃以上时，关闭主、再热蒸汽系统疏水排大气阀门，开启主、再热蒸汽至扩容器疏水门；同时夹层联箱暖管；启动轴封风机，轴封系统暖管并投入汽封系统，保持母管 33kPa，温度150～260℃；冲洗表管投入表计等	热态
2	进行静态挂闸及打闸试验：主汽阀及调节阀均应迅速关闭	热态
3	机组挂闸；打开高、中、低压各段疏水；进行高压缸和主汽管、阀壳预暖；检查冲车条件：①主保护正确投入；②连续盘车 4h 以上；③联系化学化验蒸汽、凝结水质应合格；④高压外缸及中压缸上下壁温差＜50℃，高压内缸上下壁温差＜35℃；⑤汽轮机本体参数正常，汽轮机润滑油、抗燃油、密封油、真空等系统，发电机氢气、定冷水等系统正常运行；⑥满足冲转参数，根据缸温确定所需的冲转参数；⑦冲车时试验所需仪器设备已接线完毕准备就绪	热态
4	冲转条件满足后汇报值长，接冲转命令后全面检查机组，证实危急遮断器滑阀已挂闸，投汽缸夹层加热装置，确认 DEH 启动方式为高中压缸联合启动或中压缸启动；记录冲转前的重要参数，如汽缸绝对膨胀、胀差、轴向位移、大轴偏心度及盘车电流、高压汽缸内缸上下内壁调级处金属温度，各轴瓦及回油温度，高压主汽阀壳内外壁金属温度，中压主汽阀壳内外壁金属温度，主、再热蒸汽压力，温度，真空，润滑油压，油温等	热态
5	各项冲转参数合格后，按"运行"按钮，开启高、中压主汽门；目标转速设置 500r/min，速率设置 100r/min，按"进行"按钮，高中压调节汽阀逐渐开启，对机组进行全面检查，转子冲动后盘车装置自动脱开，否则应打闸停机；外接试验仪器监测机组振动情况直到机组并网带大负荷，低压加热器随机投入运行	热态
6	转速升至 500r/min，对机组进行全面检查，检查动静部分是否摩擦，通风阀应在关闭位置，高压缸排汽止回门在开启位置，短时停留不应超过 5min，确认无异常后，点击"摩擦检查"	500r/min
7	完成摩擦检查，确认无异常后，设置目标转速1200r/min，按"进行"按钮，以 100r/min 的速率升速。转速达到 1200r/min 时，暖机 30min；同时转速达一定值 1200r/min 时检查顶轴油泵应自动停止	1200r/min
8	设置目标转速 2000r/min，按"进行"按钮，以 100r/min 的速率升速（过临界时升速率为 250～300r/min），转速至 2000r/min 时，监视中压排汽口处下半内壁金属温度应大于 93℃，高速暖机 60min。高速暖机后，高压内缸内上壁调级后金属温度大于 250℃；高中压缸膨胀大于 7mm；高中压缸胀差小于 5mm 并趋于稳定	2000r/min
9	设置目标转速 3000r/min，按"进行"按钮，以 100r/min 的速率升速。转速至 3000r/min 时，监测主油泵出口油压与润滑油压正常，停交流润滑油泵。全面检查机组，空负荷暖机 30min	3000r/min
10	汽轮机定速 3000r/min 后，手动打闸试验：主汽阀及调节阀均应迅速关闭	3000r/min
11	定速 3000r/min 后，检查润滑油压力开关、EH 油压力开关、低真空压力开关、AST电磁阀、ASP 油压开关正常投入，进行安全装置在线试验，即 ETS 在线试验	3000r/min
12	进行严密性试验，主再热汽 50%额定压力以上且过过热度大于 50℃，选择高、中压主汽门严密性试验，汽门逐渐关闭，记录惰走时间，根据达到的可接受转速所耗费时间，判定主汽门严密性，试验结束后打闸，重新升速至 3000r/min；选择高、中压调速汽门严密性试验，试验结束后自动开启调速汽门，维持 3000r/min	3000r/min

续表

序号	试运与试验项目	进行阶段
13	进行喷油试验，确认交、直流油泵投入联锁，危急遮断装置在隔离位，将喷油试验手柄压扳至试验位，缓慢开启喷油试验进油阀，向危急遮断装置充油，当其动作后跳闸油压表突降至零时立即关闭喷油试验阀，记下喷油试验压力在合适范围，否则重新调整。当撞击子动作飞出后等待几秒确认油压到零，撞击子回位后复位遮断手柄将危急遮断装置复位，跳闸油压恢复后缓慢放开试验手柄至正常位置	3000r/min
14	锅炉、汽轮机试验完毕后保持汽轮发电机组 3000r/min 交由电气继保专业进行试验。与汽轮机运行人员联系，将机组由额定转速开始逐渐降低，分别在 2500、2000、1500、1000、500r/min 各点时保持该点转速 5min，机组转速 3000r/min，测量转子绝缘电阻及交流阻抗（测量时与轴、地分别进行），进行发电机不同转速下转子绕组交流阻抗试验及轴电压测试；同上所述，将机组转速逐渐升高，测量转速上升过程中转子绝缘电阻值及交流阻抗。应在超速试验前后的额定转速下分别测量	0～3000r/min（每 500r/min 测一次）
15	发电机转子绕组绝缘电阻及交流阻抗试验完成后，保持机组转速 3000r/min，向电网调度部门申请做发电机-变压器组短路试验（发电机出口三相短路和发变组短路）。升发电机定子电流至 600、3000、6000A，检查各电流回路、保护装置采样值和表计、短路板发热情况和发电机滑环电刷是否正常，检查发变组、发电机差动、定子过负荷保护定值，核对各电流回路 TA 变比和检查差回路、零序回路不平衡电流。试验无异常降电流到零，退出励磁，恢复接线，交由电气高压专业做短路试验，定子电流按 1000、2000、3000、4000、5000、6000、7000、8000、9000、10000、10189A 升、降，读取相应各点转子电流值。试验过程中转子电流不得超 2075A，定子电流不得超 10189A，励磁变压器低压侧电流不超 2052.8A。试验完毕后，降电流至零，退出励磁，拉开灭磁开关，向电网调度部门汇报试验结束，恢复接线	3000r/min
16	继续做发电机空载试验，升发电机定子电压至 $30\%U_n$，监测空载转子电流、转子电压值无异常；升电压至 $100\%U_n$，测量 TV 开口三角电压 $3U_0$、发电机中性点电压等；做发电机空载额定电压下灭磁时间常数试验，记录电压下降至 $0.368U_n$ 时的时间。试验无异常降压至零，交由电气高压专业做空载试验，调整电压按最低 4kV 开始步长 1kV 升压和降压，电压最高调整到 $105\%U_n$，录取发电机空载特性曲线，测取机端电压、转子电压、转子电流、励磁电压、励磁电流。试验完毕后，降至零，退出励磁，拉开灭磁开关，恢复接线	3000r/min
17	励磁系统闭环试验，发电机空载阶跃响应试验（励磁系统参数测试复核试验），励磁系统采用自并励方式，发电机电压升到额定值，进行 5% 阶跃响应试验，求取超调量、振荡次数及上升时间和调节时间等性能指标；发电机空载运行下进行大扰动试验（励磁系统参数测试复核试验），阶跃量大小应使扰动达到整流器最小和最大控制角；发电机时间常数测试（励磁系统参数测试复核试验），空载运行下发电机电压升到额定值的 70%，通过切他励电源方法测取发电机时间常数。改变机端电压，进行 V/Hz（发电机端电压与发电机频率）限制和过励限制动作试验；发电机空载灭磁试验，在空载额定工况下，按正常停机程序逆变灭磁或手动逆变灭磁停机，或直接分开灭磁开关，录取灭磁过程的励磁电压、电流和机端电压	3000r/min
18	向电网调度部门申请假同期及并列试验，发电机升压至 20kV，检查同期装置及回路良好，与汽轮机配合，待同期合上发变组出口并网开关，合闸成功后断开并网开关和灭磁开关，恢复合闸辅助触点；通知相关人员做好并网准备，合上灭磁开关，投入励磁，具备并网条件，向电网调度部门申请并网	3000r/min

序号	试运与试验项目	进行阶段
19	并网带初负荷，在 30MW 暖机后进行高、中压阀切换，缓慢升负荷并逐渐关闭高低压旁路阀，升负荷至 60MW 暖机 3h 后，向电网调度部门申请解列机组进行超速试验，分别完成 103％OPC、110％电气超速和机械超速试验。103％OPC 试验时各高、中压调节汽门、供热蝶阀关闭，转速降至 3090r/min 以下时开启；电气超速和机械超速动作后汽轮机跳闸，各主汽门、调节汽门、供热蝶阀、高排汽止回门、各抽汽止回门、供热快关阀迅速关闭。机械超速两次动作转速差不超过 18r/min	带负荷 3 小时后，发电机组解列
20	超速试验完成后，打闸汽轮机，进行锅炉安全门校验，按照先高压、后低压，即汽包锅筒、过热器出口主蒸汽管道、再热器冷端管道、再热器热端管道顺序校验。锅炉压力达到要求压力，再热器压力、汽包压力稳定，锅炉向空排汽阀和压力控制阀 PCV 可操作，保证在安全门校验时能可靠排汽泄压。试验结束后汽轮机挂闸，升速至 3000r/min，重新并列带负荷	汽轮机热态打闸停机，不停炉
21	向电网调度部门申请重新并网，并网后进行不平衡电流测试，检查、测量母线差动保护不平衡电流，无异常后可升负荷；带 30％额定负荷时，测发变组、发电机、主变压器、励磁变压器差动不平衡电流；高压厂用变压器带负荷后，测厂变 TA 电流及差动不平衡电流；带 80％额定负荷以上时，再次检查、测量上述不平衡电流。带负荷下测量发电机轴电压、轴电流	带负荷
22	负荷升至 30％额定负荷，进行厂用负荷切换试验，测量厂用母线电压与工作分支电压的二次压差、相角差，符合切换要求时分别进行厂用 A、B 段备用和工作电源互相切换试验	30％额定负荷
23	向电网调度部门申请进行电力系统稳定（PSS）试验，AGC 和 AVC 退出，负荷升至 80％额定负荷，无功功率在 30Mvar 左右，PSS 投入时有补偿特性试验、PSS 临界增益整定试验、PSS 投入和退出时发电机电压阶跃试验、反调试验	80％额定负荷
24	向电网调度部门申请进行发电机进相试验，励磁调节器自动，AGC 和 AVC 退出，分别在 50％、75％、100％额定负荷下调节发电机组的无功功率，记录发电机定子电压、定子电流、励磁电压、励磁电流、发电机功角、220kV 母线电压、厂用 6kV 电压、厂用 380V 电压及发电机本体温度	50％、75％、100％额定负荷
25	向电网调度部门申请 AVC 试验，进相试验完成后，可进行 AVC 试验，机组分别稳定在 60％、80％、100％额定负荷，接受电网调度 AVC 指令增、减励磁试验，记录调节前后电压和无功；母线电压、有功、无功、机端电压、定子电流越限试验，励磁增、减磁闭锁及告警	60％、80％、100％额定负荷
26	发电机电压调差率测试（励磁系统参数测试复核试验），励磁调节器自动运行，机端电压给定值保持不变，调整调差系数由 −5％ 到 ＋5％，测量电压调差率极性；调差系数设为 0，相同调节器给定值下测发电机额定负荷下发电机电压，计算与空载时电压静差率	50％～100％额定负荷
27	负荷 240MW，门杆漏汽倒至 3 号高压加热器，做真空严密性试验，停运真空泵，记录负荷、真空、排汽温度，计算真空下降速度。在此负荷维持锅炉参数稳定，将汽轮机单阀切换为顺序阀运行	80％额定负荷
28	负荷 240MW，汽轮机功率控制投入且在单阀方式，进行主汽门、调节汽门活动试验。可依次对各主汽门、调节汽门进行部分行程活动试验和全行程活动试验	80％额定负荷
29	机组热力系统性能试验，进行锅炉修后热效率试验，汽轮机修后热效率试验，脱硫、脱硝、除尘器效率及性能试验，包括热力系统主要辅机性能试验	60％、80％、100％额定负荷

续表

序号	试运与试验项目	进行阶段
30	一次调频动态试验，投入协调控制方式，在 60%、75%、90%额定负荷下，分别做 DEH 阀位方式、功率方式及 CCS 协调方式下一次调频试验	60%、75%、90%额定负荷
31	调速系统参数动态试验，在一次调频动态试验完成后进行，75%额定负荷下对调速系统性能测试，为电网分析和优化调度提供机组模型参数	75%额定负荷
32	在负荷 100%额定负荷，向电网调度部门申请自动发电控制（AGC）试验，投入 AGC 控制方式，从 100%降负荷至 50%额定负荷，然后再升负荷至 100%额定负荷	50%～100%额定负荷
33	向电网调度部门申请辅机故障跳闸（RB）试验，分别在一台磨煤机跳闸，单侧送风机（或引风机）、一次风机、给水泵跳闸时负荷平稳降至目标负荷，机组过渡至新的稳定工况	80%额定负荷以上
34	向电网调度部门申请甩负荷试验，在正式报备前完成，50%或 100%额定负荷下断开并网开关，机组解列，汽轮机组不跳闸维持 3000r/min 运行，工况稳定后重新申请并网	50%、100%额定负荷
35	大修结束，检修竣工，机组正式投入生产运行，进行锅炉燃烧调整试验，优化锅炉燃烧性能，提升各负荷工况下锅炉运行安全、经济、环保、灵活性	25%～100%额定负荷
36	检修竣工后，进行最低负荷稳燃试验，锅炉燃烧调整后，AGC 退出，协调退出，降负荷至锅炉最低蒸发量时，保证锅炉燃烧安全、火焰明亮稳定，水动力安全、水位稳定	25%～50%额定负荷
37	检修竣工后，进行自动控制系统扰动试验，在 50%～100%额定负荷范围对风烟系统、汽水系统、给水除氧系统、制粉燃烧系统、汽轮机系统等的自动控制系统按照规程要求做定值或负荷扰动，分析优化控制性能	50%～100%额定负荷

第2章
检修试验策划

火力发电厂检修全过程规范化管理包括检修计划、检修准备、检修实施与质量控制、检修验收竣工、检修总结评价及资料归档等。检修试验作为机组检修的重要组成部分，在检修项目计划、设备性能鉴定、机组性能评价等方面发挥着非常重要的作用。因此，应在检修试验计划、准备、实施与质量控制、验收总结评价及资料整理等环节都要进行规范化闭环管理。通过规范化、精细化的检修试验管理，提高设备可靠性和机组的经济、环保、灵活性，从而提高机组的整体检修管理水平。

2.1　检修试验计划与准备

2.1.1　总体要求

机组检修试验策划与准备流程如图 2-1 所示。

检修试验计划与准备阶段的工作内容主要包括：编制准备工作计划、策划检修试验项目、制定检修试验目标、编制检修试验管理手册及检修试验技术文件、选择确定检修试验单位、准备材料及备件等。通过细致的检修试验计划与准备工作来保证机组检修试验的安全、质量和进度。

电网对检修机组在检修后的涉网试验也进行了相应的规定，各发电集团所属发电单位应依据相关要求在机组检修至少一个月前做好试验的计划安排，并上报电网公司调度部门做好备案，电网调度部门审核批准和具体安排涉网试验时间，检修后涉网试验的要求主要包括以下几个方面：

（1）大修、设备改造试验管理。为落实最新发布的国家强制标准 GB 38755《电力系统安全稳定导则》、DL/T 1870《电力系统网源协调技术规范》及各区域并网发电厂"两个细则"等文件要求，进一步提高各区域电网网源协调管理工作水平，结合近年网源协调管理工作中出现的新问题，对相关工作及管理进行优化及细化，机组网源协调管理对大修、设备改造的试验管理工作要求如下。

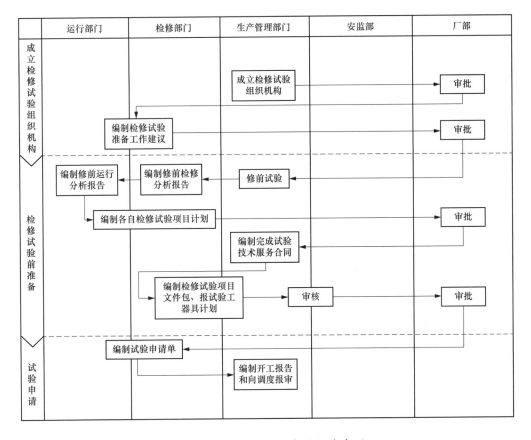

图 2-1　机组检修试验策划与准备流程

1）发电机组容量变更、励磁系统改造后或进行重大软件升级后应参照新建机组相关技术与管理要求执行，重新开展励磁系统参数测试和建模试验、PSS 参数整定试验、发电机进相试验、AVC 系统试验。

2）发电机组大修、调节系统（含 DEH、DCS）改造、软件升级及参数修改、调门流量特性变化、原动机通流改造后应参照新建机组相关技术与管理要求执行，重新开展原动机及其调速系统参数测试和一次调频试验。

3）火电厂一类辅机变频器不具备低电压穿越功能的机组需开展低电压穿越改造工作，并完成相关检测试验。

（2）复核试验管理。发电机组投运后应定期进行励磁系统复核性试验，包括励磁调节器（AMR）调压性能校核性试验和 PSS 性能复核性试验，复核周期应不超过五年。接近五年时，应在最近一次 A/B/C 级检修前在月度发电设备检修计划中提出申请，并于检修完成后启动时开展复核试验。复核性试验完成后应向调控中心提供试验报告，如测试结果与上次试验结果差异较大，应进行原因分析和技术评估，必要时重新按照新机要求开展相应的涉网试验。

发电机组投运后应定期进行调节系统复核性试验，包括调速系统动态复核试验与一次调频试验，复核周期不超过五年。复核性试验完成后应向调控中心提供试验报告，如测试结果与上次试验结果差异较大，应进行原因分析和技术评估，必要时重新按照新机要求开展相应的涉网试验。

（3）机组检修试验计划。火力发电厂的检修工作如有以下改造或试验，必须向电网调度部门填报试验计划，试验完成后报送试验报告。

1）机组励磁系统改造或重大软件升级。

2）调节系统（含 DEH、DCS 改造、软件升级及参数修改）。

3）通流改造（调节系统执行机构流量特性变化）。

4）火电机组变频器低电压穿越改造。

5）励磁系统参数测试和 PSS 试验是否已经满五年、是否需要进行五年复核试验。

6）调速系统参数测试试验与一次调频试验是否已经满五年、是否需要进行五年复核试验。

7）机组大修或改造前、机组 B/C 级检修前，电厂需提前一个月向电网调度部门提出试验申请和进行备案。

（4）涉网试验、保护技术要求及标准。

1）发电机励磁系统参数测试及建模试验，按 DL/T 1167《同步发电机励磁系统建模导则》规定执行。

2）电力系统稳定器（PSS）参数整定试验，按 DL/T 1231《电力系统稳定器整定试验导则》规定执行。

3）发电机进相试验，按 DL/T 1523《同步发电机进相试验导则》规定执行。

4）原动机及调速系统参数测试和建模试验，按 DL/T 1235《同步发电机原动机及其调节系统参数实测及建模导则》规定执行。

5）一次调频试验，火电机组按 GB/T 30370《火力发电机组一次调频试验及性能验收导则》规定执行；水电机组按 DL/T 1245《水轮机调节系统并网运行技术导则》规定执行。

6）火电厂一类辅机变频器低穿试验，按 DL/T 1648《发电厂及变电站辅机变频器高低电压穿越技术规范》执行。

7）同步发电机组定子过电压保护、转子过负荷保护、定子过负荷保护、失磁保护、失步保护、过励磁保护、频率异常保护、一类辅机保护、超速保护（OPC）、顶值与过励限制、低励限制、过励磁限制等发电机组涉网保护的配置和选型应符合 GB/T 14285《继电保护和安全自动装置技术规程》规定。

8）上述同步发电机组涉网保护整定应满足 DL/T 1309《大型发电机组涉网保护技术规范》及各电网发电厂网源协调相关保护定值整定原则管理的要求。

（5）检修测试及性能试验工作流程如图 2-2 所示。

2.1.2　组织机构及职责

为保证机组 A 级检修单体调试、分部试运与整套启动、试验工作按照大修计划和质量要求顺利进行，应成立机组 A 级检修启动调试指挥小组组织，配合大修项目部对调试过程的人员组织、技术把关，质量监督等，按照要求履行职责。

机组检修试验开工前 180 天，应成立机组检修试验领导小组、检修试验工作小组等组织机构。检修试验领导小组包括总指挥、副总指挥、试运组长、试运副组长，检修试验工作小组由锅炉专业组、汽轮机专业组、电气专业组、热控专业组、脱硫除尘专业组等试验与试运人员组成。

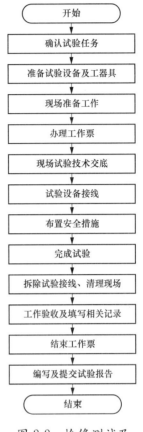

图 2-2　检修测试及性能试验工作流程

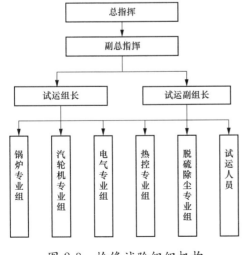

图 2-3　检修试验组织机构

2.1.2.1　组织机构

检修试验组织机构如图 2-3 所示。

总指挥应由厂长担任，副总指挥由生产副厂长担任。试运组长应由生产副厂长或总工程师担任，试运副组长由生产管理部门负责人担任。检修部门、运行部门负责人等为小组成员，下设锅炉专业组、汽轮机专业组、电气专业组、热控专业组、脱硫除尘专业组，试运人员由运行当值值长、当值运行人员组成。

2.1.2.2 岗位职责

总指挥负责批准分部试运及整套启动试运调试计划、试运方案及技术措施，指挥组织分部试运及整套启动试运工作。

副总指挥负责审核分部试运及整套启动试运调试计划、试运方案及技术措施，组织召开调试会，协助总指挥组织分部试运及整套启动试运工作。

组长、副组长职责如下：

（1）组织制定分部试运及整套启动试运调试计划、协调设备停复役，编制整套启动方案试验安排，具体负责分部试运工作。

（2）确定调试项目，组织开展调试工作。

（3）参加调试会议，组织处理调试中的重大问题。

（4）听取各值长的试运报告，协调各专业间的调试工作。

（5）反馈调试信息。

各专业组职责如下：

（1）组织并实施各项启动前的准备工作。

（2）接受施工方的技术交底、安全交底。

（3）进行资料收集，编制试运规程、图纸。

（4）组织调试人员现场检查、核对。

（5）对调试过程进行监督，提出不符合规程和现场操作的要求。

（6）审查逻辑、程序提出操作要求符合现场需要。

（7）监督调试人员按规程执行。

（8）检修部门（施工单位）负责向运行部门提交检修交底、异动说明及试运过程中的特殊试验项目和方案，配合运行部门分部试运及整套启动试运工作。

（9）安监部门负责监督各级人员安全生产责任制的落实，监督各项安全生产规章制度、反事故技术措施的贯彻执行，对违章作业、违章指挥进行监察。

试运人员职责如下：

（1）按照调试小组命令实施调试工作。

（2）学习异动报告、核对异动项目、审核试运票。

（3）对试运中存在的问题及时汇报。

（4）按照规程进行试运。

（5）对试运设备进行操作、检查，保证设备动作的正确。

（6）检查设备管道标志标识符合现场实际。

2.1.3　准备工作

A 级检修试验准备工作计划见表 2-1。

表 2-1 A 级检修试验准备工作计划

序号	计划项目及工作要求	责任部门	检查部门	完成日期（开工前）	备注
1	成立检修试验组织机构并明确责任。 成立试运指挥组和试验专业组，组织协调、检查指导和开展检修试验相关工作	生产管理部门	厂领导	180 天	
2	编制检修试验工作准备计划	检修部门	生产管理部门	160 天	
3	编制修前运行分析报告。 提出对检修工作的建议及需要解决的问题，统计现场缺陷、阀门内漏清单、停机缺陷等	运行部门	生产管理部门	120 天	
4	编制修前检修分析报告。 评估设备状态，分析重点缺陷和问题，确定消缺措施，根据安评、技术监督、反事故措施计划以及上次检修遗留问题评估检修必要性	检修部门	生产管理部门	120 天	
5	编制、审核检修试验项目，包括单体、分部和整套启动试运试验。 由检修部门根据试验标准项目库确定，同时结合机组修前检修、运行分析、技术监督、反事故措施、安评整改等要求进一步修订试验项目，也包括非标准项目及更改项目或重大项目、科研项目等	检修部门和生产管理部门	生产管理部门和厂领导	110 天	
6	编制、完成试验技术服务合同，包括涉网试验	合同计划部门	生产管理部门	100 天	
7	确定修前、后试验项目及方案。 主要含锅炉、汽轮机、电气、热控、环保设施等设备试验。试验单位编制试验方案，生产管理部门组织检修部门、运行部门讨论审核，经生产副厂长（总工程师）批准后实施	生产管理部门	厂领导	90 天	
8	确定检修试验目标与工期。 制定检修目标与工期，制定厂级安全、质量及进度控制目标	生产管理部门	厂领导	85 天	
9	编制检修试验进度网络图。 按重大项目节点控制进度编制网络图	检修部门	生产管理部门	85 天	
10	开始技术文件编制。 主要含技术措施、安全措施、文件包、涉网试验申请等	检修部门	生产管理部门	80 天	
11	完成修前专项（性能）试验并取得结果。 按照试验方案完成试验，取得试验报告	生产管理部门	厂领导	60 天	
12	检修试验项目定稿发布。 根据试验结果，对检修项目进行调整，经生产管理部门审核，生产厂长批准并最终定稿发布	检修部门编制，生产管理部门审核	生产管理部门	60 天	

序号	计划项目及工作要求	责任部门	检查部门	完成日期 （开工前）	备注
13	完成检修试验工器具设施的计划。 完成检修常用工具、专用工具、安全工具、测量工具、工程机具、检修车辆、检修电源、行车、电动葫芦修理和保养	检修部门	生产管理部门	30 天	
14	编制、审核试验工作票。 检修部门根据标准工作票编制本次检修工作票，交运行部门审核	检修部门	运行部门	7 天	
15	编报开工报告及检修申请。 包括本次检修主要项目及说明；重大特殊项目技术措施和安全措施落实情况；主要施工单位及其承包工程内容；检修进度安排等并向调度机构报检修申请	生产管理部门、运行部门	厂领导	1 天	
16	组织检修动员大会。 与检修有关的部门及单位参加，进一步明确目标和要求	检修部门	厂领导	1 天	

检修部门或生产管理部门负责在检修开工前 160 天，制订机组检修试验的准备工作计划，经生产管理部门审核，生产副厂长批准后执行。准备工作计划应对所有准备工作进行详细分解，确保检修试验准备工作按计划落实。计划的制订，包含试验工作项目、内容要求、责任部门、完成期限、试验时间和监督检查及审核部门等内容，所涵盖的范围为自检修试验组织机构成立后至检修试验开工前所有检修试验工作的计划安排。

工器具及检修辅助设施准备，机组检修开工前 30 天，应按检修辅助设施管理规定的要求完成如下工作：

（1）常用工具、专用工具、安全器具、测量仪器等的检查和标定，工程机具和车辆的准备和检验等。

（2）检修电源、行车、电动葫芦、电梯、排水、消防等重要检修保障设施的修前试验和检查、检修工作。

生产管理部门应在检修开工前 3 个月，每月组织一次修前准备检查，内容包括：

（1）备品配件及材料订货、到货情况，并及时补充采购检修备品配件。

（2）检修工器具、检修保障设施的检查修理和保养情况。

（3）主要设备和系统工作票的编制情况，是否已交运行部门审核。

（4）技术措施、安全措施、检修文件包等检修文件准备情况。

（5）停机方案及隔离措施编制情况。

（6）检修试验项目调整情况。开工前 7 天，生产管理部门应组织召开修前准备汇报会，对修前准备工作做最终检查，包括检修及试验项目准备工作，向生产副厂长做检修准备工作总结汇报。

此外，安监部门负责对外包人员进行入厂前培训工作，并经考试合格；检修部门应组织全体参修人员进行检修管理（安全、质量、计划）规定、文件包、技术交底等培训工作，使检修人员明确工作内容、程序要求、进度要求、工作风险和安全措施，掌握备品备件及专用工具状况，熟悉质量验收标准；生产管理部门应组织召开由基层企业检修相关部门和主要承包商参加的修前动员会，进一步明确目标和要求；生产管理部门负责向上级公司报开工报告，运行部门应按调度规程要求向调度机构报检修申请，包括涉网试验申请。

2.1.4　检修试验项目编制与审核

机组检修开工前 110 天，应充分研究分析机组运行状况和设备状态，以提高机组安全稳定运行水平和节能降耗、环保、灵活、智能为重点，积极采用成熟可靠的新技术、新工艺、新产品，进行检修试验项目策划和编制工作，应充分考虑：

（1）修前检测、评估与分析结果。

（2）修前运行分析报告结果。

（3）修前检修分析报告结果。

（4）安评及反事故措施整改要求。

（5）技术改造项目，含节能、环保、调峰改造及系统和设备性能改造等要求。

（6）技术监督项目要求。

（7）技术专家、专业机构和制造厂家的建议和要求。

（8）专项检查结果。

检修试验项目表编制要求：

（1）应包含项目名称、项目类型、主要工作内容、项目负责人、工日（工时）或预估费用等项目。

（2）试验项目编制流程应按照检修部门各专业讨论制定、检修部门初审、生产管理部门组织审核、生产副厂长批准的流程进行。

（3）试验项目类型包括常规项目、技改项目、安评项目、反事故措施项目、技术监督项目、科技攻关项目等，主要是电力设备预防性试验、检修常规校验与试验、性能试验、涉网试验和功能性鉴定试验等。

（4）试验项目应明确是否外包。生产副厂长在批准检修试验项目前，应组织检修、运行、生产管理部门有关专业人员，召开检修试验项目审查会，会议主要内容包括：

1）讨论和审核检修试验项目。

2）确定需编制技术措施和方案的重点项目。

3）主要备品配件和材料的供应。

4）确定拟进行外包的检修试验项目。

5）确定外包项目承包商人员数量、技能水平及特殊工种人员的需求。

6）协调检修试验准备阶段的各类问题。

7）拟定安全、质量、工期目标。

机组 A 级检修单体调试、分部试运与试验、整套启动试验项目与审核见表 2-2。

表 2-2　　机组 A 级检修单体调试、分部试运与试验、整套启动试验项目与审核

专业	分部试运及试验项目	机组状态			分系统试运	整套启动试验	试验方案	试验时间	责任部门	负责人	审核
		冷态	热态	并网							
锅炉											
汽轮机											
电气											
热工											
环保											

在检修开工前 60 天，检修部门应根据性能试验结果和检修试验准备工作中新发现的问题，对检修试验项目进行调整，生产管理部门审核，经生产副厂长批准后发布。检修试验项目定稿后如发生项目调整，应按检修项目变更管理程序执行。

2.1.5　检修试验目标制定

机组检修试验的安全、质量目标不得低于各集团公司相应的要求，并从严控制汽轮机热耗率、锅炉效率、排烟温度等关键指标，确保修后机组供电煤耗和生产厂用电率等主要能耗指标得到明显改善，达到同类型机组领先水平，两次检修期间实现无非停。

2.1.6　检修试验工期计划

A/B 级机组检修工期不得超过表 2-3 给出的规定。

表 2-3　　　　　　　　　　　A/B 级机组检修工期控制表

机组容量 P(MW)	计划检修级别（天）	
	A	B
$P \geqslant 750$	70	34～35
$500 \leqslant P < 750$	55～60	25～34
$300 \leqslant P < 500$	45～50	25～30
$200 \leqslant P < 300$	35～40	14～16
$100 \leqslant P < 200$	30～35	14～16

　　机组检修试验工期应依据机组检修工期来确定，机组检修后启动并网在向调度报竣工日期之前的时间段里所进行的试验，应随着竣工结束日期全部完成。但检修试验还需包括在竣工日之后所进行的试验。因此，机组检修试验工期应为单体调试、分部试运与试验、整套启动试运与试验及竣工日后试验所完成需要的时间。竣工日之后所进行的试验通常在竣工日后一个月内完成。

　　单体调试、分部试运与试验、整套启动试运与试验时间节点，通常单体调试为 7 天，分部试运为 7 天，冷态验收为 2 天，整套启动为 5 天。A/B 级机组检修试验工期控制见表 2-4。

表 2-4　　　　　　　　　　　A/B 级机组检修试验工期控制表

机组容量 P(MW)	计划检修试验级别（天）	
	A	B
$P \geqslant 750$	23	18～19
$500 \leqslant P < 750$	19～21	17～18
$300 \leqslant P < 500$	16～18	14～16
$200 \leqslant P < 300$	15～16	11～13
$100 \leqslant P < 200$	13～14	11～13

　　生产管理部门应会同检修部门，分析各个专业的检修试验项目，确定机组检修试验的关键线路及关键节点编制机组检修试验网络图，网络图中应标明主线工期和进度、每个试验项目和主线进度的关联关系等。检修关键节点的试验可编制在机组整个检修网络图中。

　　检修部门各专业应根据机组检修及试验网络图的要求，确定本专业检修试验的关键线路，编制专业检修及试验网络图。

　　对于可能影响到检修试验进度的重大技术改造、重大检修试验项目，项目负责人应根据机组检修试验网络图的要求，编制详细的项目进度网络图。火电机组 A 级检修试验网络如图 2-4 所示。

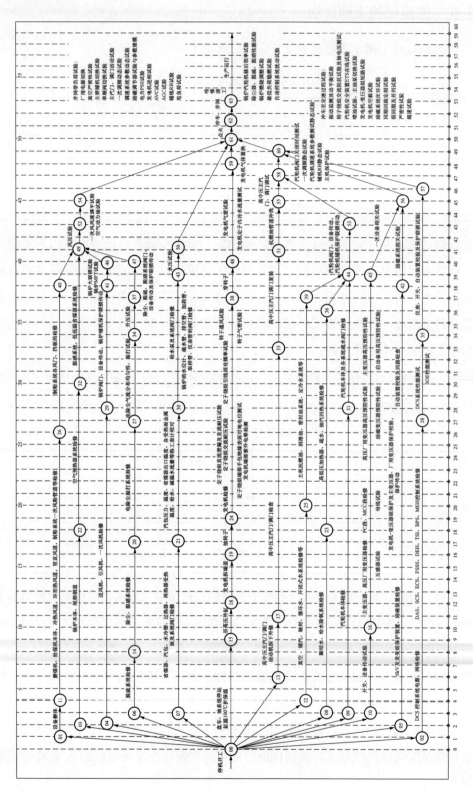

图2-4 火电机组A级检修试验网络图

2.1.7　检修试验技术文件准备

检修试验文件包准备，检修试验项目应包含在检修文件包的工作任务单中检修项目里，并在检修工序及验收卡中完整列出来。

检修试验安全和质量见证点在检修文件包的工作任务单中相应表里，各专业质量监督 H、W 点质检计划表列出检修试验项目。

对于试验技术方案和措施、原始记录表格等，检修相关试验报告及测试记录附在检修文件包附录中。

机组检修开工前 80 天，应按检修文件包管理程序、技术方案和专项措施管理程序、质量监督与控制程序等管理要求，完成下列修前技术文件准备：

（1）检修试验文件包，检修文件包中检修工序（验收）卡的质量标准应具体、可操作并尽可能量化。

（2）检修质量监督 H、W 点质检计划表。

（3）检修试验网络图。

（4）检修试验安全措施。

（5）试验项目技术措施和方案。

（6）检修试验用各类现场记录表格等。

W 点指见证点，制造厂或安装单位应在该点之前通知监督方，只要按规定正式通知了监督方，即使监督方指定人员不在操作现场，见证点时限过后也可进行下一步操作。W 点注重的是施工过程中的平行检查，通过这个方式在施工过程中及时发现及纠正质量问题。H 点指停工待检点，H 点注重的是对施工的某道工序或检验项目的结果检查，只有检查合格后方能进入下一道工序，是一个设置的关卡。S 点是旁站点，针对工程关键部位和关键工序的施工质量而设置的全过程连续监控点。注重的是施工工序或部位的全过程监督，既要关注过程，也要注重其结果，S 点的控制对监理来说显得尤为重要。R 点，供方只需提供检查或试验记录或报告的项目，即文件见证，是文件检查点，也叫报告点。

2.1.8　检修试验项目招标与管理

开工前 100 天，检修部门应根据检修试验项目编制外包合同需求；机组检修开工前 60 天，应按外包项目管理程序的要求，开展外包项目的招标工作，并在 30 天内完成。

基层企业应根据安全生产工作规定，要求投标单位按规定提供合格的现场项目负责人、专（兼）职安全员、质检人员、特种作业人员。电厂安监部门应对承包商的人力资源状况进行调查，要求其提供人员技能、特殊工种等书面证明材料并检查是否在有效期内。各基层企业在进行机组检修试验项目外包时应遵守以下原则：

（1）安排外包试验项目时，应整体考虑专业、设备和系统来选择试验单位。

（2）继电保护、高压、汽轮机和热控等专业的检修涉网试验项目，原则上采用各所属电网认可的具有相应资质的调试试验单位。

（3）外包试验项目一般采用包工包料的外包方式。

（4）优先选择业绩良好、熟悉电厂设备的试验单位。

2.2　检修试验实施与控制

2.2.1　总体要求

机组检修试验实施与控制流程如图 2-5 所示。

检修试验实施与控制阶段的工作内容主要包括：检修试验人员按照检修管理手册的安排，根据检修文件包内容进行机组检修试验工作；质量监督人员根据管理程序和规定对检修试验工作进行检查、监督和指导；安全管理人员对检修试验工作进行安全监督和考核。确保机组检修试验全过程安全、质量可控，按既定目标完成机组检修试验工作。

2.2.2　试验准备

对检修试验准备工作各方面如计划、技术方案、工器具、批复情况等进行复查，发现遗漏及时补充；生产管理部门组织检修、运行等部门，确定检修试验方式和要求。根据机组、设备的情况分析，可及时变更检修试验项目和试验时间等；停机试验数据的分析；办理试验申请手续等。以上工作应在机组正式停役前 2 天及停机冷却期间完成。

2.2.3　检修试验过程控制

检修试验例会，在定期召开检修例会时，根据检修试验进展情况开展检修试验例会，必要时及时进行调整试验项目和试验时间。参会人员至少应包括生产管理、检修、运行部门负责人及专工，安监等部门负责人，承包商项目负责人等。会议内容主要包括：

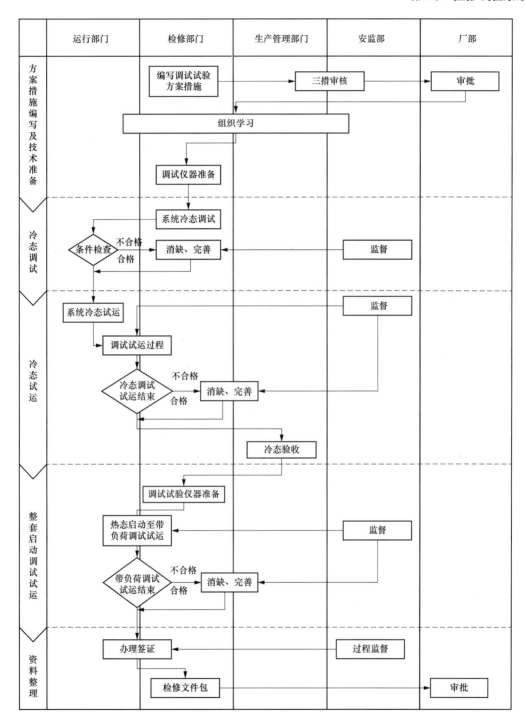

图 2-5 机组检修试验实施与控制流程

（1）各项检修试验工作情况汇报及后续检修试验工作的安排，对检修试验工作进行宏观控制和协调。

（2）及时解决检修试验过程中发现的问题，对重大问题提出后续处理措施和方案，明确责任人和完成时间，并有反馈和监督。

（3）及时解决检修试验过程中发现的问题，对重大问题提出后续处理措施和方案，明确责任人和完成时间，并有反馈和监督。

（4）协调有关电网调度、试验单位、人力资源分配、工器具材料、检修项目变更等影响进度的工作。

生产管理部门负责会议纪要的整理及发布，生产管理部门及安监部要对会议要求闭环情况进行通报。

锅炉、汽轮机、电气、热工、环保等专业应参照各专业技术措施等编制专项措施，生产管理部门应组织专业技术人员、技术专家、设备制造厂技术人员等召开专题会，审核措施，涉网试验提交电网调度部门进行审核批准。

对检修试验过程中出现的重大设备或技术问题，生产管理部门应组织运行和专业技术人员进行分析，提出解决方案和措施。

2.2.4　检修试验安全管理

调试试运工作包含分部试运（含单体试运、分部试运）及整套启动试运。调试过程应严格按照机组 A 级检修管理手册的要求，遵守安全工作规程及本厂现行规章制度等各项要求，执行电厂安全生产管理体系标准和运行规程。

试运机组的运行值长从分部试运起接受整套启动试运组的领导，按照试运方案或调试负责人要求指挥运行人员进行监视和操作，如发现异常及时向整套启动试运组汇报，并根据具体情况直接或在调试负责人指导下，指挥运行人员进行处理。

试运期间，设备的停、送电等操作严格执行停送电联系单制度和相关的工作票和操作票制度。设备及系统的动力电源送电均由当值运行人员负责，调试人员不得自行操作。对运行中的设备，调试人员不得进行任何操作，除非发现运行中设备出现事故并危及设备或人身安全时，可在就地采取紧急措施。

检修人员或安装调试单位人员在处理缺陷时，应征得调试人员和当值值长的同意，办理相关手续后进行。

2.2.4.1　单体、分部试运管理

（1）单体试运前，生产管理部门负责、运行部配合，对所有阀门进行传动试验，对测点进行校对。

（2）分部试运由运行部组织，生产管理部配合。试运工作期间，运行部每天组织召开调试例会，布置调试任务、检查调试进度、协调解决试运工作中出现的问题。

（3）经过检修的阀门（含风门挡板）以及电动机等转动设备在检修后必须进行单体试运。

（4）在转动设备试运及分系统试运前，运行部门组织完成该设备、系统相关的联锁保护试验，确认正常。

（5）与分系统相关的设备单体试运结束后，方可进行该分系统的试运工作。

（6）单体以及分系统试运前，检修部门应上《设备试运申请单》提出试转申请，并由相关检修队会签，各检修队会签前，要主动押回或终结与试运设备相关工作票，再签字。

（7）运行部值长收到《设备试运申请单》后，应审核是否具备试运条件，检查试运有关工作票已终结或已押回。根据试运要求，按照操作票或系统检查卡，进行系统检查恢复及试运操作。

（8）分部试运前，应完成试运设备或系统的联锁保护试验。

（9）分部试运期间，检修、运行人员应共同验证设备系统功能是否正常，包括设备及系统无泄漏、联锁保护动作正确、工艺参数正常等。不具备实际动作校验条件的，可通过模拟校验。

（10）试运期间发现异常需要处理的，按工作票管理制度要求执行；试运时间超过批准时间的，申请人可申请延期，如延期时间已到，试验仍未结束的，应重新履行试运申请手续。

（11）检修、运行人员分别记录试运结果，共同对试运结果做出评价。

2.2.4.2　冷态验收管理

（1）机组整套启动前应由生产管理部组织进行冷态验收，形成机组冷态初步评价意见。

（2）生产管理部组织、生产副厂长（总工程师）主持召开冷态验收会，参会人员至少应包括生产管理、检修、运行部门负责人及专工，安监等部门负责人，承包商项目负责人，监理单位，设备制造厂技术人员等。会议应检查冷态验收各项工作，形成机组冷态评价意见，确定机组是否具备整套启动条件。

（3）检修部门向运行部提交整套试运相关试验方案，分专业作详细书面形式的检修交底。

（4）运行部应根据设备异动申请报告、检修试验方案及检修交底情况，将相关内容编入整套启动方案及试验安排，经生产管理部审核，生产副厂长批准，同时编制运行操作注意事项，组织运行人员学习。

（5）运行部根据冷态验收会确定的启动时间，按调度规程规定，经生产副厂长批准，向调度提出启动、试验申请。

2.2.4.3 整套启动试运管理

（1）整套启动试运包括启动过程中的操作、试验，带负荷试运，满负荷试运。

（2）整套启动试运前，检修部门应编制完成试运期间特殊试验项目、方案；运行部门应编制完成整套启动方案及试验安排。经生产管理部门审核，生产副厂长（总工程师）批准。

（3）冷态验收合格，运行部按照冷态验收会确定的并网时间，完成启动前准备工作。

（4）机组整套启动应具备相应条件。

（5）整套启动时相关人员按照重大操作到位制度到场。

2.2.5 检修试验质量控制

按照检修工序的重要性和难易程度，应在检修过程中设置关于检修试验的质量控制点（W、H点）。

生产管理部门应按质量监督与控制程序的要求，制定质量管理措施并监督检修部门执行。

检修试验阶段的质量监督验收是在检修试验人员自检合格的基础上执行三级监督验收制度，即班组、专业、厂级三级验收。

三级验收的各级验收均应事先准备好相关资料。班组级验收，项目外包时，由电厂项目负责人及以上人员进行验收；电厂自行检修时，由检修班组班长或技术员验收，验收时项目负责人应同时参加验收；专业级验收至少有检修部门专工参加验收；厂级验收至少有生产管理部门专工参加验收，其中冷态验收整套启动前汇报等重点环节的厂级验收应由生产副厂长或总工程师组织。

检修试验质监点（W、H点）、技术监督及三级验收项目，应随项目工作进度，及时办理验收签字手续，验收的实际情况和验收意见在通常的检修工序卡验收签证的相应栏内记录并签字，现场验收当场签字。

技术监督项目的验收，应有技术监督网络的相关专业人员参加。

在检修试验过程中，由于检修工艺和技术条件等限制，无法达到质量标准要求时，应按不符合项申请/处理单填报，提出申请并制定纠正措施。如实施后仍不能解决问题，按不符合项管理程序执行，经审核批准可让步接收。

表 2-5～表 2-9 是汽轮机、锅炉、电气、热控专业质量监督 H、W 点质检计划表，其中 W 点可编入本表或编入检修文件包的检修工序及验收卡或检修技术记录卡中。

表 2-5　　　　　　　　　　质量监督 H、W 点质检计划表（汽轮机）

序号	质检点工作内容	质检点	负责人/日期	联系人/日期	二级鉴证/日期	三级鉴证/日期
1	冷态验收前					
1.1	执行器及调门冷态试验	W				
1.2	转动机械设备启动试验	W				
1.3	给水泵保护及联锁试验	W				
1.4	凝结泵保护及联锁试验	W				
1.5	定冷泵联锁试验	H				
1.6	密封油泵联锁试验	H				
1.7	闭式泵联锁试验	W				
1.8	真空泵联锁试验	W				
1.9	主机低油压保护试验	H				
1.10	EH 油压低试验	H				
1.11	发电机断水保护试验	H				
1.12	汽轮机挂闸/打闸试验	H				
1.13	高压遮断试验	H				
1.14	高压加热器保护静态试验	W				
1.15	给水泵汽轮机调速系统充油、超速、遮断试验	H				
1.16	抗燃油系统耐压试验	H				
1.17	汽轮机叶片测频试验	H				
2	启动前机组冷态下					
2.1	自动主汽门、调速汽门及抽汽止回门快关试验	H				
2.2	主机保护试验	H				
2.3	调速系统参数静态测试	H				
3	修后机组热态下					
3.1	自动主汽门、调速汽门严密性试验	H				
3.2	喷油试验	H				
3.3	超速试验	H				
3.4	汽轮机 ETS 在线试验	H				
4	修后机组并网后					
4.1	真空严密性试验	H				

序号	质检点工作内容	质检点	负责人/日期	联系人/日期	二级鉴证/日期	三级鉴证/日期
4.2	自动主汽门、调速汽门活动试验	H				
4.3	甩负荷试验	H				
4.4	调速系统参数动态试验	H				
4.5	汽轮机振动监测及动平衡试验	H				
4.6	汽轮机修后热效率试验	H				

表 2-6　　　　　　　　　　质量监督 H、W 点质检计划表（锅炉）

序号	质检点工作内容	质检点	负责人/日期	联系人/日期	二级鉴证/日期	三级鉴证/日期
1	冷态验收前					
1.1	执行器及调门冷态试验	W				
1.2	转动机械设备启动试验	W				
1.3	空气预热器的保护及联锁试验	W				
1.4	空气预热器油站联动试验	W				
1.5	引风机的保护及联锁试验	W				
1.6	引风机轴承冷却风机联锁试验	W				
1.7	引风机油站联动试验	W				
1.8	送风机的保护及联锁试验	W				
1.9	送风机油站联动试验	W				
1.10	一次风机的保护及联锁试验	W				
1.11	一次风机油站联动试验	W				
1.12	密封风机的保护及联锁试验	W				
1.13	给煤机的保护及联锁试验	W				
1.14	磨煤机的保护及联锁试验	W				
1.15	火检冷却风机的联锁试验	W				
1.16	脱硝系统保护及联锁试验	W				
1.17	吹灰器进退试验	W				
2	启动前机组冷态下					
2.1	一次风风速调平及空气动力场试验	H				
2.2	锅炉整体水压试验	H				
2.3	锅炉风压试验	H				
2.4	机炉大联锁试验	H				
2.5	锅炉灭火保护（MFT）试验	H				
3	修后机组热态下					
3.1	锅炉安全门校验	H				
4	修后机组并网后					
4.1	锅炉修后热效率试验	H				
4.2	空气预热器漏风试验	H				
4.3	重要辅机出力试验	H				

续表

序号	质检点工作内容	质检点	负责人/日期	联系人/日期	二级鉴证/日期	三级鉴证/日期
4.4	最低负荷稳燃试验	H				
4.5	锅炉燃烧调整试验	H				

表2-7　　　　　质量监督H、W点质检计划表（环保）

序号	质检点工作内容	质检点	负责人/日期	联系人/日期	二级鉴证/日期	三级鉴证/日期
1	冷态验收前					
1.1	电除尘气流分布均匀性试验	W				
1.2	集尘极和放电极振打性能试验	W				
1.3	极间距测定与空载通电升压试验	W				
1.4	振打加速度性能试验	W				
1.5	电除尘器严密性试验	H				
1.6	热态升压试验	H				
1.7	袋式除尘器过滤风速测试	W				
1.8	设备阻力试验	W				
1.9	湿式除尘器调整极间距等试验	W				
1.10	脱硫、脱硝联锁保护试验	W				
1.11	脱硫系统故障跳闸MFT试验	H				
2	修后机组并网后					
2.1	除尘器效率试验	H				
2.2	脱硫系统性能试验	H				
2.3	脱硝系统性能试验	H				

表2-8　　　　　质量监督H、W点质检计划表（电气）

序号	质检点工作内容	质检点	负责人/日期	联系人/日期	二级鉴证/日期	三级鉴证/日期
1	冷态验收前					
1.1	断路器、隔离开关传动试验	W				
1.2	发电机定子绕组的绝缘电阻、吸收比测试	H				
1.3	发电机定子绕组的泄漏电流和直流耐压试验	H				
1.4	发电机定子绕组交流耐压试验	H				
1.5	定子水分支路流量测试	H				
1.6	定子绕组端部手包绝缘表面对地电位和紫外电晕检测	H				
1.7	定子绕组端部和引线的振动特性试验	H				
1.8	发电机转子绕组通风试验	H				
1.9	电力变压器预试要求试验，如吸收比或极化指数、绕组泄漏电流、介损、绕组直流电阻、绕组绝缘电阻、短路阻抗和负载损耗试验	H				

序号	质检点工作内容	质检点	负责人/日期	联系人/日期	二级鉴证/日期	三级鉴证/日期
1.10	发电机出口、高压厂用变压器低压侧等母线耐压试验	H				
1.11	发变组保护装置校验	W				
1.12	故障录波装置校验	W				
1.13	同期装置校验	W				
1.14	厂用快切装置校验	W				
1.15	厂用系统二次装置校验	W				
1.16	直流系统试验	W				
1.17	励磁系统励磁装置校验	W				
1.18	升压站各二次装置校验	W				
1.19	保护级 TA 校验	W				
1.20	电能表现场周期误差检验	W				
1.21	互感器现场检验	W				
1.22	电测量变送器周期检验	W				
1.23	测控装置周期检验	W				
1.24	电测仪表周期检定	W				
2	启动前机组冷态下					
2.1	UPS 切换试验	H				
2.2	保安段动态切换试验	H				
2.3	双电源切换试验	H				
2.3.1	A 一次风机油站双电源切换试验	H				
2.3.2	B 一次风机油站双电源切换试验	H				
2.3.3	A 送风机油站双电源切换试验	H				
2.3.4	B 送风机油站双电源切换试验	H				
2.3.5	A 引风机油站双电源切换试验	H				
2.3.6	B 引风机油站双电源切换试验	H				
2.3.7	汽轮机电动门 MCC 双电源切换试验	H				
2.3.8	汽轮机 MCC 段双电源切换试验	H				
2.3.9	凝结水精处理 MCC 段双电源切换试验	H				
2.3.10	保安 MCC A 段双电源切换试验	H				
2.3.11	保安 MCC B 段双电源切换试验	H				
2.3.12	锅炉电动门 MCC 双电源切换试验	H				
2.3.13	锅炉 MCC 段双电源切换试验	H				
2.3.14	除尘器 MCC 段双电源切换试验	H				
2.3.15	脱硝 MCC 段双电源切换试验	H				
2.3.16	机组空冷 BZT 动态切换试验	H				
2.4	机、炉、电大联锁试验	H				
2.5	发电机整体气密性试验	H				
3	修后机组热态下					

续表

序号	质检点工作内容	质检点	负责人/日期	联系人/日期	二级鉴证/日期	三级鉴证/日期
3.1	发电机转子绕组交流阻抗、绝缘电阻试验	H				
3.2	发电机空载特性试验	H				
3.3	发电机-变压器组短路试验	H				
3.4	励磁系统闭环试验	H				
3.5	假同期及并列试验	H				
3.6	同期回路定相试验	H				
3.7	发电机轴电压、轴电流测量	W				
4	修后机组并网后					
4.1	发电机并网后复验	W				
4.2	发电机谐波定子接地保护整定试验	W				
4.3	厂用电切换试验	H				
4.4	励磁系统参数测试	H				
4.5	电力系统稳定（PSS）试验	H				
4.6	发电机进相试验	H				
4.7	自动电压控制（AVC）试验	H				

表 2-9　　　　　　　　　　　**质量监督 H、W 点质检计划表（热控）**

序号	质检点工作内容	质检点	负责人/日期	联系人/日期	二级鉴证/日期	三级鉴证/日期
1	冷态验收前					
1.1	锅炉压力开关					
1.1.1	炉膛压力低低（MFT）校验	H				
1.1.2	炉膛压力高高（MFT）校验	H				
1.1.3	炉膛压力高校验	H				
1.1.4	炉膛压力低校验	H				
1.2	锅炉变送器					
1.2.1	磨密封风/磨碗下部差压校验	H				
1.2.2	炉膛负压校验	H				
1.2.3	锅炉给水流量校验	H				
1.2.4	汽水分离器储水罐压力校验	H				
1.2.5	汽水分离器液位校验	H				
1.2.6	高温过热器出口集箱压力校验	H				
1.2.7	磨密封风/磨煤机碗下部差压校验	H				
1.2.8	冷一次风母管压力校验	H				
1.3	汽轮机压力开关					
1.3.1	给水泵汽轮机排汽压力高高校验	H				
1.3.2	高背压凝汽器真空低低低校验	H				
1.3.3	高背压凝汽器真空低低校验	H				
1.3.4	低背压凝汽器真空低低校验	H				

序号	质检点工作内容	质检点	负责人/日期	联系人/日期	二级鉴证/日期	三级鉴证/日期
1.3.5	低背压凝汽器真空低低低校验	H				
1.3.6	汽动给水泵入口压力低校验	H				
1.3.7	锅炉电动给水泵入口压力低校验	H				
1.3.8	液力偶合器润滑油压力低校验	H				
1.3.9	润滑油压低低校验	H				
1.3.10	润滑油压低校验	H				
1.3.11	跳闸阀控制油压力校验	H				
1.3.12	超速保护母管压力低校验	H				
1.3.13	EH油压低低校验	H				
1.3.14	定子绕组冷却水进出口差压校验	H				
1.4	汽轮机变送器					
1.4.1	主蒸汽压力校验	H				
1.4.2	主蒸汽温度校验	H				
1.4.3	调速级压力校验	H				
1.4.4	1号高压加热器水位校验	H				
1.4.5	2号高压加热器水位校验	H				
1.4.6	3号高压加热器水位校验	H				
1.4.7	除氧器水位校验	H				
1.4.8	高背压凝汽器真空校验	H				
1.4.9	低背压凝汽器真空校验	H				
1.4.10	汽动给水泵入口压力校验	H				
1.4.11	汽动给水泵入口流量校验	H				
1.4.12	汽动给水泵出口压力校验	H				
1.4.13	电动给水泵入口压力校验	H				
1.4.14	电动给水泵入口流量校验	H				
1.4.15	电动给水泵出口压力校验	H				
1.4.16	高缸排汽温度校验	H				
1.4.17	高中压外缸高压排汽区蒸汽温度校验	H				
1.5	汽轮机调节阀					
1.5.1	高压加热器1/急疏调校验	H				
1.5.2	高压加热器1/疏调校验	H				
1.5.3	高压加热器2/急疏调校验	H				
1.5.4	高压加热器2/疏调校验	H				
1.5.5	高压加热器3/急疏调校验	H				
1.5.6	高压加热器3/疏调校验	H				
1.5.7	除氧器/水位调校验	H				
1.5.8	轴封/溢流调校验	H				
1.5.9	给泵再循调校验	H				
1.5.10	电泵出水调校验	H				

序号	质检点工作内容	质检点	负责人/日期	联系人/日期	二级鉴证/日期	三级鉴证/日期
2	启动前机组冷态下					
2.1	分散控制系统（DCS）系统性能测试	H				
2.2	汽轮机调门整定试验	H				
2.3	数字电液控制（DEH）及汽动给水泵（MEH）系统试验	W				
2.4	一次调频静态试验	H				
2.5	辅机故障跳闸（RB）静态试验	H				
2.6	单元机组自启停控制（APS）试验	H				
3	修后机组并网后					
3.1	一次调频动态试验	H				
3.2	自动控制系统扰动试验	H				
3.3	辅机故障跳闸（RB）动态试验	H				
3.4	自动发电控制（AGC）试验	H				
3.5	汽轮机阀门流量特性试验	H				

2.2.6　检修试验工期控制

检修试验严格执行检修试验网络图、专业网络图，统筹管理检修试验进度，既要保证施工安全和检修试验质量，又要提高工作效率，有效控制检修试验时间和机组停用检修整体时间。

在检修过程中应掌握整体检修工作的进展情况，对机组检修工期的主线工作进行跟踪分析，及时修正检修试验的控制进度。

检修试验中发现重大设备或技术问题及试验条件问题，电厂要立即向上级部门汇报反应，上级部门协同相关单位与电厂一起制定解决方案，并对有关问题进行协调解决；如果该问题影响到检修的整体工期时，在检修工期过半前还应向当地电网调度部门申请延期。

2.2.7　检修单体调试

单体试运前，检修部门负责、运行部门配合，对所有阀门、转动机械设备进行传动试验，对测点进行校对。

经过检修的阀门（含风门挡板）以及电动机等转动设备在检修后必须进行单体试运。

单体调试包括阀门传动试验、转动机械启动、设备联锁保护传动试验、阀门标定、机组主保护传动等内容。

2.2.8 检修分部试运与试验

2.2.8.1 检修分部试运与试验

运行部门应根据检修工期计划和实际进度情况及时编制分部试运计划，明确工作内容、时间节点及执行要求，确定预计并网时间，并经讨论、审核和批准。

分部试运由运行部门组织，检修部门配合。试运工作期间，运行部门应每天组织召开调试例会，布置调试任务、检查调试进度、协调解决试运工作中出现的问题。

在转动设备试运及分系统试运前，运行部门组织完成该设备、系统相关的联锁保护试验，确认正常。

与分系统相关的设备单体试运结束后，方可进行该分系统的试运工作。分系统试运应包括以下设备及系统：

（1）汽轮机侧设备及系统：定冷水系统、给水除氧系统、主机润滑油系统、主机密封油系统（如采用氢冷发电机）、小汽轮机润滑油系统、EH 油系统（如采用抗燃油的电液调节方式）、循环水系统（如采用开式循环冷却）、闭冷水系统（如采用闭式循环）、真空系统、凝结水系统、凝汽器注水查漏等。

（2）锅炉侧设备及系统：送风机油系统、一次风机油系统、引风机油系统、磨煤机油系统、炉前油系统、风烟系统试转、燃煤系统、点火系统、一次风调平、锅炉水压试验、锅炉风压试验。

（3）电气设备及系统：发电机气密性试验。

（4）热工设备及系统：DCS 控制系统性能试验。

（5）脱硫除尘设备及系统：除尘系统、输灰系统、脱硫系统、脱硝系统等。

单体以及分系统试运前，检修部门应按机组分部及整套启动试运管理规定要求，并按设备试转申请单提出试转申请。

分部试运期间，检修、运行人员应共同验证设备系统功能是否正常，包括设备及系统无泄漏、联锁保护动作正确、工艺参数正常等。不具备实际动作校验条件的，可通过模拟校验。

检修、运行人员分别记录试运结果，共同对试运结果做出评价。

2.2.8.2 检修冷态验收

机组整套启动前应由生产管理部门组织进行冷态验收，并按冷态验收评价表对下列工作进行评价，形成机组冷态初步评价意见。

（1）项目执行情况（包含重大设备缺陷消除情况，不符合项处理情况，安评项目、反事故措施项目、技术监督项目整改完成情况，技改项目完成情况，检修中发现重大问题的处理情况及遗留问题等）。

（2）检修工期完成情况。

（3）安全情况。

（4）质量监督管理。

（5）检修技术管理。

（6）检修现场管理。

（7）分部试运完成情况等。

生产管理部门组织、生产副厂长或总工程师主持召开冷态验收会，参会人员至少应包括生产管理、检修、运行部门负责人及专工，安监等部门负责人，承包商项目负责人，监理单位，设备制造厂技术人员等。会议应检查冷态验收各项工作，形成机组冷态评价意见，确定机组是否具备整套启动条件。

检修部门应向运行部门提交整套试运相关试验方案，分专业作详细书面形式的检修交底，包括：

（1）异动或更改的系统设备情况。

（2）设备和系统试运情况。

（3）检修后遗留问题。

（4）需提醒运行人员的注意事项等。

运行部门应根据设备异动申请报告、检修试验方案及检修交底情况，将相关内容编入整套启动方案及试验安排，经生产管理部门审核，生产副厂长批准；同时编制运行操作注意事项，组织运行人员学习。

运行部门应根据冷态验收会确定的启动时间，按调度规程规定，经生产副厂长批准，向调度提出启动、试验申请。

2.2.9 检修整套启动与试验

2.2.9.1 整套启动试运

（1）机组整套启动应具备以下条件：

1）机组检修工作结束、分系统试运合格，工作票已办理终结手续（未消除缺陷应编写预控措施）。

2）运行部门已制定整套启动操作卡，运行人员已熟知设备异动及检修交底。

3）设备及周围环境清洁无异物、沟道孔洞盖板齐全、通道通畅。

4）现场介质流向标志、管道保温完整、设备铭牌齐全、消防到位、照明充足、通信可靠。

5）设备和系统自动投入率100%；电气发变组保护、热控横向联锁保护等校验、试验项目已完成。

6）燃料、燃油、压缩空气、除盐水等公用设备和系统正常可用。

（2）整套启动试运由基层企业生产副厂长（总工程师）主持，相关人员按照重大操作到位制度到场。

（3）机组启动期间发生重要设备问题，责任单位应立即组织分析原因、制定应对方案，及时处理。

2.2.9.2　整套启动试验

（1）整套启动试验工作由运行部门负责，检修部门配合。

（2）整套启动试验项目主要包括见表1-15、表1-16。

2.2.10　检修竣工

检修工作完成后根据调度指令，机组启动或转入备用。

机组经过整体试运行，满负荷试运行时间6～8h后，经运行、检修人员全面检查，确认机组设备系统运行正常，经生产副厂长批准，向电网调度报复役后，机组检修竣工。

2.3　检修试验总结与评价

2.3.1　总体要求

检修试验评价与总结流程如图2-6所示。

检修试验验收与评价阶段的主要工作内容是：检修试验按检修文件包相应类别验收；整理归档检修试验资料；编写机组检修试验总结报告；进行修后性能试验；热态评价；修订检修规程、图纸、检修文件包等检修文件；检修后试验评价等。

2.3.2　检修试验验收与评价

机组修后10天内，安排进行检修后一般性测试，主要测试项目有排烟温度、飞灰可燃物、真空严密性、胶球投入率、发电机及氢系统漏氢率等。

　　机组修后 20 天内，安排进行检修后性能试验，主要测试数据有锅炉、汽轮机、发电机主要运行技术指标，对检修质量进行性能评价，试验单位应出具正式试验报告。

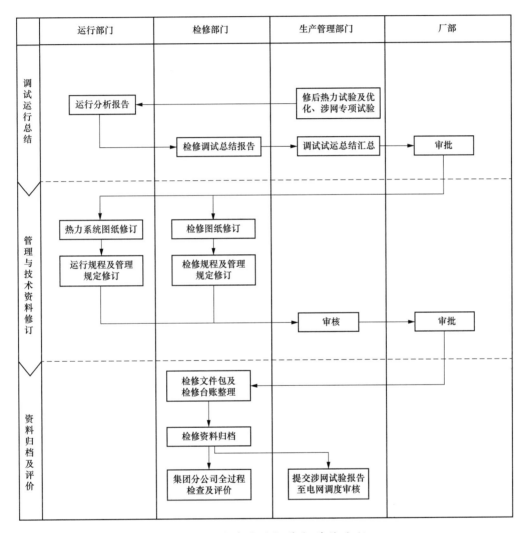

图 2-6　检修试验评价与总结流程

　　机组检修竣工 30 天内，生产管理部门应组织检修、运行等部门专工及技术人员召开热态评价验收会，分析检修效果，说明设备修后遗留的主要问题和预控措施，评价内容包括：

　　（1）运行设备的振动、泄漏、温升等情况。

　　（2）修后缺陷发生及处理情况。

　　（3）新投运设备和系统的运行情况。

（4）与修前相同工况下的主要经济指标、环保指标和运行小指标对比情况（运行参数）。

检修总结，机组检修后，各检修部门对所有检修设备的状态进行跟踪，并对设备发生的问题、原因进行分析，总结经验教训。

机组检修竣工 30 天内，编写完成修后运行分析报告。根据机组启动后的数据和运行情况，对机组自动调节品质等进行评价；对机组调试试运过程中发生的异常和故障原因进行分析，对启动过程进行总结，提出改进意见和建议。

机组检修竣工 40 天内，检修各专业编制检修试验总结，检修试验总结包含的内容：设备概况及检修前存在的主要问题、上次检修修后到本次检修前机组重大问题处理情况、本次检修试验主要项目、检修试验目标及完成情况、检修试验中发现的重大问题及采取的处理措施、检修试验前后相同工况下试验数据比较、检修后启动和运行情况、本次检修试验效果评价、修后所开展的试验尚存在的问题及准备采取的对策。

机组检修竣工 60 天内，电厂应完成燃煤机组检修总结的试验部分并上报所属集团公司生产技术管理部门。检修总结不仅包含专业检修总结内容，还包括检修试验标准化管理方面存在的不足，验证各项检修试验措施和安排是否完善和准确，不断修正检修试验管理措施和规定及标准，不断完善检修试验标准化管理体系，提升设备检修管理水平。

机组检修结束后都要进行后评价工作，对检修试验实施前提出的安全、工期与环保、质量、设备健康水平、技术经济指标以及检修试验计划制定目标等与实际完成情况进行对比、分析和评价，以提高检修管理水平。

检修后连续带负荷运行 100 天及以上，汽轮机热耗率不高于性能保证值或同类型机组 100kJ/kWh，锅炉效率不低于设计值，以及得分率在 90% 以上者，可评为检修"全优"机组。

机组检修完工 4 个月内，电厂按火电机组修后评价表要求，提交修后自评价报告，上报上级集团公司。

机组检修完工 5 个月内，电厂上级生产部门对电厂进行机组修后评价，并将查评情况报集团公司。

2.3.3　检修试验文件管理

检修结束后 1 个月内，检修部门应根据验收、反馈情况对检修文件包中试验部分进行修订和完善。

对修后试验遗留问题，检修部门、运行部门应重点分析并采取措施，保证机组安全稳定运行。

机组检修竣工 60 天内，应按检修文件资料管理规定的要求，完成检修试验记录及有关检修试验资料的整理、归档工作及台账录入工作，生产管理部门对检修等部门文件资料管理进行监督指导。

对于机组检修后涉网试验，通常电网调度部门要求，修后重新并网 3 个月内完成相应的励磁系统及 PSS 试验、调速系统参数测试试验、一次调频试验、进相试验、AVC 试验或复核性试验，并向电网调度部门提交试验报告进行审批和存档。

第3章
锅炉检修试验

火力发电厂锅炉检修试验包括修后机组冷态下试验，如炉侧辅机及燃烧系统单体试验等，冷态验收前分部试运、启动前机组冷态下试验、修后机组热态下试验和修后机组并网后试验等。

锅炉 A 级检修在机组停运前需完成的试验项目见表 3-1。

表 3-1 锅炉 A 级检修机组停运前完成的试验项目

序号	试验项目	进行阶段
1	锅炉修前热效率试验	停机前
2	空气预热器漏风试验	停机前
3	安全门排汽试验	停机过程中

锅炉 A 级检修单体调试、分部试运及冷态验收试验项目见表 3-2。

表 3-2 锅炉 A 级检修单体调试、分部试运及冷态验收试验项目

序号	试验项目	进行阶段
1	锅炉侧阀门与挡板、调整门等试验	冷态
2	锅炉辅机联锁及保护试验	冷态
3	锅炉大联锁试验	冷态

锅炉 A 级检修后机组整套启动前完成的检修试验项目见表 3-3。

表 3-3 锅炉 A 级检修后机组整套启动并网前检修试验

序号	试验项目	进行阶段
1	一次风风速调平及空气动力场试验	冷态
2	锅炉整体水压试验	冷态
3	锅炉风压试验	冷态
4	机炉大联锁试验	冷态
5	锅炉灭火保护（MFT）试验	冷态
6	CFB 锅炉灭火保护（BT）试验	冷态
7	锅炉安全门校验	热态

锅炉 A 级检修后机组并网后检修试验项目见表 3-4。

表 3-4   **锅炉 A 级检修后机组并网后检修试验项目**

序号	试验项目	进行阶段
1	热效率及空气预热器漏风试验	70%、80%、90%、100%额定负荷
2	重要辅机性能试验	100%、75%、50%BMCR 工况
3	最低负荷稳燃试验	以 3%～10%额定幅度降负荷
4	锅炉燃烧调整试验	锅炉稳燃负荷以上

3.1 修后机组冷态下锅炉试验

电站锅炉设备较多，检修任务繁重，容易出错，锅炉运行时参数较高，如果检修工作没做好，势必会增加很大的危险性，因此必须认真做好检修验收工作后方可启动。

3.1.1 锅炉试验基础性工作

锅炉冷态分部试运前应做好以下工作，主要包括：阀门/挡板试验、手动阀门试验、电动门试验、调整门试验、挡板试验、锅炉辅机联锁及保护试验、锅炉大联锁试验、脱硝系统保护及联锁试验、吹灰器进退试验等。

3.1.1.1 阀门传动

（1）阀门、挡板试验的标准。

1）就地手操，开关灵活，位置正确，高低限位可靠。

2）就地电动，开关灵活，位置正确，高低限位可靠。

3）遥控远动，开关灵活，位置正确，且远方开度与就地指示相符。

4）有停止按钮阀门应试验其停止位置动作正常。

5）电动机转动方向正确。

6）气动阀门开关灵活无漏气，压力表指示正常。

（2）手动阀门试验。

1）检查系统隔绝良好。联系检修人员到场。

2）阀门周围无杂物，铭牌、轴头线开关方向清晰准确。

3）手动开关灵活、不犯卡，压兰螺钉不松动。

4）根据具体情况，可做通水试验，掌握通水、漏流情况。

（3）电动门试验。

1）检查系统隔绝良好，联系热工及维修人员到场。

2）阀门名称标志清晰，机械转动部分无异物。

3）切换装置于手动位置，手动开关阀门，记录开关方向、总圈数及上下限，阀门开关灵活无犯卡现象。

4）送电进行电动试验，记录电动开关时间，方向与 DCS 画面相符。关的富余行程为 1/4～1/2 圈，开为 2 圈。

5）位置指示与实际相符，阀门动作特性平稳变化。

6）如果条件允许，找出调节阀门开度与流量的特性曲线。

7）如果为力矩限位的阀门，试验后不可再手动。

（4）气动门试验。

1）检查系统隔绝良好，联系热工及维修人员到场。

2）阀门名称标志清晰，机械转动部分无异物，气源管路连接完善。

3）切换装置于手动位置，手动开关阀门，记录开关方向，总圈数及上下限，阀门开关灵活无犯卡现象。

4）送电、送气进行试验，记录阀门开关时间，方向与 DCS 画面相符。

5）对于气开式气动门，使气动门电磁阀带电，气动门全开；使气动门电磁阀失电，气动门全关。

6）对于气关式气动门，则与气开式气动门动作相反，其气动门电磁阀带电关、失电开。

7）对于气动阀门应进行三断保护试验，在断电、断气、断信号情况下，阀门应按照实际现场的使用要求动作，如保位、关阀或开阀。

（5）调整门试验。

1）确认试验阀门对运行系统无影响，联系热工及维修人员到现场。

2）将操作开关置于"手动"位置，开关灵活，再置"自动"位置。

3）调出相应 CRT 画面，选择相应调整门操作器，分别进行间断和连续开、关行程各一次，核实信号指示、开度指示相符，方向正确。

4）进行自动校验，动作灵活、正确。

（6）挡板试验。

1）确认试验挡板对运行系统无影响，联系热工及检修人员到现场。

2）电、气源均送上，信号指示、开度指示正常。

3）检查各挡板执行机构的切换把手应在电（气）动位置。

4）调出相应 CRT 画面，手动操作相应的挡板，分别进行间断和连续开、关行程各一次，核实信号指示、开度指示相符，方向正确。

5）操作气动装置动作灵活、方向正确，无泄漏等异常现象。

（7）注意事项。

1）已投入运行的系统设备及承压部件不得试验。

2）试验时近、远控应有人监视，并做好开、关全程时间及角度记录。

3）执行机构连杆及销子无松动、弯曲和脱落。

4）试验过程中出现异常时应停止试验，查明原因并消除后重新试验直至合格。

5）试验完毕，应将试验结果及发现问题做好记录，向值长汇报。

6）试验过程中，应有专人就地监视阀门及挡板的动作情况。其中电动门应手动验证全开、全关位置的正确性；挡板应打开人孔门检查实际动作情况是否与就地标记及远方操作相符。

7）对于气动的阀门、挡板还要试验其在失去气源、控制电源时的状态是否正确。

3.1.1.2 辅机电机运行及联锁传动

（1）试验前的准备工作。

（2）全面检查设备，确认具备启动条件。

（3）将辅机电机电源开关送至"试验"位置（高压电机），低压电机可启动运行。

（4）实际做条件或联系热工及检修人员分别模拟信号进行跳闸保护确认（跳闸条件），静态传动跳闸逻辑及测点是否正确，检查保护动作和延迟时间是否准确。

（5）事故按钮试验。

（6）电气保护动作试验。

3.1.1.3 锅炉大联锁试验

（1）锅炉大联锁试验规定。

1）锅炉大修或联锁装置检修后做动态试验，锅炉小修后做静态试验，以验证其可靠性。

2）大联锁试验前做各转机联锁及保护试验均合格。

3）大联锁试验必须经值长同意，并汇报专业专工。

4）大联锁试验不合格禁止锅炉启动。

（2）试验前的准备。

1）试验前所有检修工作确已结束，检修工作票全部终结，转动机械具备启动条件。

2）运行人员配合电气检修、热工有关人员进行此项试验。

3）联系电气送电，静态试验时高压电机电源只送操作电源，其他设备电源送至工作位置；动态试验待转机试运完成后进行。

4）投入锅炉大联锁，解除 MFT 保护。

（3）试验方法。

1）电源送好后，依次启动两台空气预热器、引风机、送风机、一次风机、密封风机、磨煤机、给煤机、开启燃油跳闸阀，适当开启以上转机的挡板、风门及动叶。

2）停止一台空气预热器，对应侧引风机、送风机延时跳闸，并发跳闸信号；SCS 关闭跳闸空气预热器入口烟门及出口一二次风门，关闭跳闸风机动叶及入口烟门、风门，关闭送风机出口联络风门。

3）依次合上跳闸转机，同上方法，做另一侧空气预热器跳闸试验。

4）依次合上跳闸转机，停止两台空气预热器，联跳全部运行的引风机、送风机、一次风机、磨煤机、给煤机，并发跳闸信号；SCS 逻辑起作用：跳闸磨煤机的出口快关阀关闭，入口冷、热风门均关闭，燃油跳闸阀关闭，空气预热器入口烟门、出口二次风门，引风机动叶及出入口烟气挡板，送风机动叶及出口风门全开（脉冲信号）。

5）依次合上跳闸转机，停止一台引风机，同侧送风机跳闸，并发跳闸信号；SCS 关闭跳闸风机动叶及入口烟门、出入口风门。

6）依次合上跳闸转机，同上方法，做另一侧引风机跳闸试验。

7）停止两台引风机，联跳所有运行的送风机、一次风机、磨煤机、给煤机，并发跳闸信号；SCS 逻辑起作用：跳闸磨煤机的出口快关阀关闭，入口冷、热风门均关闭，引风机动叶及出入口烟气挡板、送风机动叶及出口风门全开（脉冲信号），一次风机出口风门联关，燃油跳闸阀关闭。

8）依次合上跳闸转机，停止一台送风机，此时跳闸同侧引风机，并发跳闸信号，关闭跳闸风机动叶、静叶及出入口风门、烟门。

9）依次合上跳闸转机，同上方法，做另一侧送风机跳闸试验。

10）依次合上跳闸转机，停止两台送风机，联跳全部一次风机、磨煤机、给煤机，并发跳闸信号；SCS 逻辑起作用，跳闸磨煤机的出口快关阀关闭，入口冷、热风门均关闭，送风机动叶及出口风门全开（脉冲信号），一次风机出口风门联关；燃油跳闸阀关闭。

11）依次合上跳闸转机，停止一台一次风机，SCS 关闭其出口风门。

12）启动停止的一次风机，用同上方法做另一侧一次风机跳闸试验。

13）启动停止的一次风机，停止两台一次风机运行，联跳密封风机及全部磨煤机、给煤机，并发跳闸信号；SCS 逻辑起作用：跳闸磨煤机的出口快关阀关闭，入口冷、热风门均关闭；一次风机出口风门应关闭。

14）启动一次风机、一台密封风机及各磨煤机、给煤机，停止任一磨煤机，SCS 跳闸对应给煤机，并发跳闸信号，关闭跳闸磨煤机的出口快关阀及入口冷、热风门。

15）启动各磨煤机组，一台密封风机运行，另一台切除备用，停止运行密封风机，所有磨煤机跳闸，SCS 跳闸所有给煤机，并发跳闸信号，关闭磨煤机出口快关阀及入口冷、热风门。

3.1.2 冷态验收前锅炉分部试运

冷态验收前锅炉分部试运是在单体试验完成后进行，对锅炉主要分系统进行的验证性试验，主要包括：引风机试运、送风机试运、一次风机试运、空气预热器试运、火检冷却风机试运、磨煤机油站试运、稀释风机试运、密封风机试运、流化风机试运等。本节中提到的设备、定值、逻辑为参考某特定机组制定，各厂应参照本厂机组和设备具体情况而定。

3.1.2.1 引风机试运

（1）引风机油站及冷却风机试运。

1）检查引风机轴承、液压缸冷却风管道连接完好，风机、油站及电机正常。

2）引风机轴承、液压缸冷却风机、油站联锁试验正常后，并在联锁选择站上选定需要启动的冷却风机、油站。

3）点击冷却风机、油站的启动按钮，查风机、油站运行正常后，投入冷却风机、油站联锁。

4）检查风机、油站运行稳定，无异音和摩擦声；风机及电机轴承振动、温度正常。

（2）引风机启动前的检查。

1）检查风烟系统及引风机、冷却风机工作已结束，风烟系统满足启动要求。

2）检查电机接线、接地线及事故按钮完好，地脚螺栓牢固，联轴器连接正常，防护罩完好。

3）检查各轴承油位计清晰，油质良好，油位正常。

4）检查风机动执行机构已送电且在远控位置，手动操作开关灵活，阀位与就地开度指示一致。

5）检查引风机冷却风机、油站及电机正常，风机联锁试验正常。引风机启动前 2h 投入冷却风机及油站运行。

6）经上述检查后方可通知主值启动。

（3）引风机试运。

1）启动引风机，风机达额定转速后 10s 内，引风机出入口挡板联锁开启，否则应手动打开，若 60s 内引风机入口挡板不能全开，则引风机跳闸。

2）缓慢开启引风机动叶，调节至所需工况。

3）检查引风机运行稳定，无异音和摩擦声。各风门挡板与 CRT 画面开度指示一致。

4）风机严禁在失速喘振区工作，当失速报警时，应立即关小动叶降低负荷运行，直至失速报警消失为止，同时检查其出、入口门是否在全开位置。

5）检查风机及电机轴承振动、轴承温度正常。

3.1.2.2 送风机试运

（1）送风机油站试运。

1）检查油站油箱油位正常，油质合格，冷油器冷却水畅通；油箱补油门关闭，油箱放油门关闭。液压油管道及润滑油管道连接正常，无漏油。

2）油泵联锁试验正常后，将控制开关打至"远方程控"。

3）液压润滑油箱油温大于 10℃，可启动液压润滑油泵。

4）液压润滑油泵启动正常后，检查控制油压、润滑油压正常。

5）检查送风机油站运行正常：油箱油位及油温正常，油泵工作稳定，冷却水充足畅通。滤网后控制油压大于 1.3MPa，润滑油压大于 0.11MPa，滤网后油温不大于 55℃，润滑油流量大于 3L/min，管道无漏油。

（2）送风机启动前的检查。

1）检查风烟系统及送风机工作票已终结，风烟系统满足启动要求。

2）检查电机接地线完好，地脚螺栓牢固，联轴器连接正常，防护罩完好。

3）检查送风机液压润滑油站油箱油位正常、油质合格，油泵运行正常，冷油器冷却水畅通；油箱补油门关闭，油箱放油门关闭。

4）检查液压润滑油泵联锁正常，油站各压力表及压力开关投入，限压阀定值正确，油站双温度继电器投入。

5) 检查风机动叶执行机构已送电且在远控位置，手动操作开关灵活，阀位与就地开度指示一致。

（3）送风机试运。

1) 启动送风机，送风机电机电流返回空载值，检查送风机出口门联锁开启，否则应人为打开送风机出口挡板，若 60s 内送风机出口挡板不能全开，则送风机跳闸。

2) 慢开启送风机动叶，调节至所需工况。

3) 检查送风机运行稳定，无异音和摩擦声；各风门挡板开度与 CRT 画面开度指示一致。

4) 风机严禁在失速喘振区工作，当失速报警时，应立即关小动叶降低负荷运行，直至喘振消失为止，同时检查其出口门是否在全开位置。

5) 检查风机及电机轴承振动、轴承温度正常。

6) 检查液压润滑油箱油位、油温、油压正常，油质合格，冷却水充足畅通。

3.1.2.3　一次风机试运

（1）一次风机油站试运。

1) 检查油站油箱油位正常，油质合格，冷油器冷却水畅通；油箱补油门关闭，油箱放油门关闭，润滑油管道连接正常，无漏油。

2) 油泵联锁试验正常后，将控制开关打至"远方程控"。

3) 润滑油箱油温大于 10℃，可启动润滑油泵。

4) 润滑油泵启动正常后，检查润滑油压正常。

5) 检查一次风机油站运行正常：油箱油位及油温正常，油泵工作稳定，冷却水充足畅通。

（2）一次风机启动前的检查。

1) 检修工作结束，安全措施拆除，现场清洁，工作票收回。

2) 检查风机外观及风道完整，人孔、检修孔严密关闭，地脚螺栓紧固。

3) 电机接线正确，无松动，接地线连接良好并可靠接地。

4) 联轴器连接牢靠，轴承油位正常，油质清澈透明，轴承无渗油现象，冷却水畅通，防护罩完好，地脚螺栓无松动。

5) 各挡板执行机构连接完好，开关灵活，指示与实际相符；伺服电机接线良好。

6) 各热控仪表、报警及联锁保护可靠投入，事故按钮完好。

7) 一次风机风道底部疏放水门关闭。

8）一次风机变频刀闸位置正确。

（3）一次风机试运。

1）启动一次风机，一次风机电机电流返回空载值，检查一次风机出口门联锁开启，否则应人为打开一次风机出口挡板，若 60s 内一次风机出口挡板不能全开，则一次风机跳闸。

2）慢开启一次风机入口挡板，调节至所需工况。

3）检查一次风机运行稳定，无异音和摩擦声，电流正常，各风门挡板开度与 CRT 画面开度指示一致。

4）检查风机及电机轴承振动正常。

3.1.2.4 空气预热器试运

（1）空气预热器启动前的检查。

1）全面检查转子上下油站、空气预热器内部无异物。

2）空气预热器主辅电机、减速机、液力偶合器完好。

3）辅电动机手动盘车摇把已取下。

4）齿轮箱、轴承箱油位正常。

5）观察就地表盘上所指示热端扇形板密封间隙指示值应正常。

6）消防水系统正常，消防水阀门均应关闭，系统和阀门无泄漏现象。

（2）空气预热器试运。

1）就地检查空气预热器主、辅电机及手动盘车装置转向正确。用盘车手轮人工盘动预热器转子，应无卡涩异常现象，再用辅助驱动电机低速盘转预热器数圈，检查无碰磨煤机等异常，启动空气预热器。

2）检查空气预热器运转平稳，声音正常。

3）齿轮箱油温升不超过 60℃，无异常振动和漏油现象。

4）各轴承的温度小于 70℃，导向、推力轴承油温小于 55℃；油冷却器的冷却水畅通，出口水温低于 30℃。

5）主电机电流正常，无大幅摆动现象。

3.1.2.5 火检冷却风机试运

（1）启动前的检查。

1）检查风机入口滤网清洁，通道畅通。

2）检查风机出口压力表、管道压力表投入。出口倒向挡板灵活。

3）检查开启油火检探头冷却风门12只，开启煤火检探头冷却风门20只。

4）检查各火检冷却风管道上的软管连接完好，软管无破裂漏风现象。

5）电机接线、接地线完好，控制柜完好，标志清楚。联动回路正常。

（2）火检冷却风机试运。

检查火检风机振动正常、运行无异音，火检风压正常平稳、无大幅度波动，就地检测风机振动正常，观察出口风压大于5.7kPa。

3.1.2.6　密封风机试运

（1）密封风机启动前的检查。

1）检查密封风机轴承油位正常，油质合格。

2）密封风机及电机联轴器连接完好，地脚螺钉牢固。

3）检查风机压力表、轴承温度表完好。

4）冷却水门打开，冷却水畅通，冷却水流量充足。

5）检查密封风机入口门开关灵活并关闭。

（2）密封风机试运。

1）启动密封风机，开启各磨煤机、给煤机密封风门。

2）检查密封风机振动正常、运行无异音、轴承温度不高，密封风压、电流正常平稳，无大幅波动。

3.1.2.7　磨煤机油站试运

（1）检查各磨煤机油站具备启动条件，各油泵控制在远方位。

（2）试运油泵运行良好。

（3）启动油泵后检查油压、油质、油温、滤网压差正常，无跑、冒、滴、漏现象。

3.1.2.8　稀释风机试运

（1）启动前的检查。

1）检查风机入口滤网清洁，通道畅通。

2）检查风机出口压力表、管道压力表投入。出口倒向挡板灵活。

3）检查风管道上的软管连接完好，软管无破裂漏风现象。

4）电机接线、接地线完好，控制柜完好，标志清楚。联动回路正常。

（2）稀释风机试运。

检查风机振动正常、运行无异音，火检风压正常平稳、无大幅度波动，就地检测风机振动正常。

3.2　启动前机组冷态下锅炉试验

锅炉检修启动前、单体和分系统试验完成后，需要进行冷态试验，方可启动，主要包括：一次风风速调平及空气动力场试验、锅炉整体水压试验、锅炉风压试验、机炉大联锁试验、锅炉灭火保护（MFT）试验等项目，这些试验可为锅炉热态平稳、安全、经济运行奠定基础。试验中提到的设备、定值、逻辑参考某特定机组制定，各厂应参照本厂机组和设备具体情况而定。

3.2.1　一次风风速调平及空气动力场试验

一次风风速调平及空气动力场试验适用于循环流化床锅炉、煤粉炉等火力发电汽轮机组；机组检修后启动前需进行该项试验，试验需在锅炉六大风机检修验收完成后进行，通过试验调节一次风速，摸清一次风、二次风系统特性。

一次风风速调平及空气动力场试验由电厂委托有该试验业绩的试验单位承担完成。

在锅炉送、引、一次风系统检修完成后可进行该项试验。试验需启动风机，进行风量现场标定。

3.2.1.1　试验目的

（1）通过飘带法或烟花示踪影像法了解、掌握炉内空气动力工况，一、二次风射流方向和衰减、偏斜程度，一、二风射流形成的切圆位置。

（2）通过对磨煤机出口一次风风速进行调平，保证同层一次风风速最大偏差不超过5%，为热态燃烧调整试验提供依据。

（3）标定磨煤机入口一次风量，为锅炉运行提供真实准确的一次风量数值。

3.2.1.2　依据规程和标准

《电站磨煤机及制粉系统性能试验》。

3.2.1.3　试验条件

（1）DCS控制系统能正常投运，各送、引风机、一次风机试运转合格，运转正常。

（2）各磨煤机入口一次风量的DCS表盘显示值投入。

（3）一、二次风小风门及其执行机构传动合格，炉内及烟道检修工作已结束或有可靠隔绝措施。

（4）保证磨煤机出口一次风缩孔能灵活调整。

（5）锅炉各烟风门传动完毕，开度指示正确，操作可靠。

（6）所有锅炉烟风系统检修项目完成，炉本体照明良好，所有辅机全部试运结束。

（7）各执行机构、风机、空气预热器已送电。

（8）炉膛内检修平台（炉内脚手架）准备就绪，炉内及烟道区域无检修工作。

（9）炉内、外试验用脚手架搭设牢固、合格、可靠，应能满足观测、测试的需要和保证试验人员的安全。

3.2.1.4 试验内容和方法

（1）磨煤机出口粉管风速调平试验。利用动压平衡原理，用测速管测量磨煤机出口一次风管道不同截面内的动压和静压值，计算出各一次风管中的风速。

启动引风机、一次风机，维持正常炉膛负压，通过调整一次风机开度，调整磨煤机入口风量，在一定的工况下，通过调节磨煤机出口煤粉管道上的可调缩孔，调节每根一次风管的风速，由标定过的靠背管测量风速，根据测量的每根粉管风速，调整可调缩孔的大小，使各煤粉管道风速基本相同，最终使各一次风管最大风速相对偏差（相对平均值的偏差）不大于±5%。采用同样的方法，逐台进行各磨煤机出口一次风风速调平。

（2）磨煤机入口风量标定试验。试验采用等截面法，用测速管测量磨煤机入口风道内的动压和静压值，计算出风速、风量，再与磨煤机入口风量装置显示的风量进行比较，得出风量装置的系数。

启动一次风机及引风机，在三个不同风量工况下进行测试，同时记录表盘磨煤机出入口风压、出入口风温及入口风量和冷热风门的开度值，进行磨煤机入口风量标定。

（3）飘带法、烟花示踪影像法冷态空气动力场试验。

1）飘带法冷态空气动力场试验。在上下两组燃烧器中，各选一层一、二次风燃烧器，在燃烧器喷口中心处绑上 2m 长的纱布飘带，同时在炉膛内进行等截面网格布置多个 30cm 长的小纱布飘带。按照一、二次风喷口射流冷态模拟相似条件计算，确定满足冷态模拟相似条件的喷口风速，通过观察飘带飘动的轨迹来确定燃烧器出口处空气射流轨迹，同时观察、分析炉内的空气动力工况。

一次风喷口风速按模拟试验风速 27.82m/s 调平四角一次风速，记录、观察飘带飘动的气流射流的情况。

二次风喷口风速按模拟试验风速 32.91m/s 调平四角二次风速，记录、观察飘带飘动的气流射流的情况。

2）烟花示踪影像法冷态空气动力场试验。在上下两组燃烧器中，各选一层一、二次风燃烧器，把烟花捆绑在一、二次风喷口中心处的隔板上。利用摄影、摄像技术，将烟花喷射的示踪轨迹记录下来，以此观察、分析炉内的空气动力工况。电视摄像机的拍摄位置在炉膛中心标高处，为了更好地观察炉膛中心气流轨迹，在炉膛下部标高 10m 处，以炉膛中心为准，装设五盏定位灯。

烟花的粒度可以控制得较细，从而较好地显示煤粉或气流的运行轨迹。在烟花内可以安装电点火装置，实现远距离、多组烟花同时点火。每个烟花燃放时间都要超过 60s，为降低烟花喷射速度对试验的影响，烟花出口速度尽量小，烟花水平喷射长度 1m 之内，并实现远控点火。

3.2.1.5　试验计划及进度安排

（1）提交试验方案，去现场查看测点、搭设试验平台。

（2）按照试验方案要求进行一次风速配平及磨煤机入口风量标定试验工作。

（3）按照试验方案要求进行飘带法、烟花或影像法冷态空气动力场试验。

3.2.1.6　安全及质量保证措施

（1）组织措施。管理组工作分工及要求：组织部门人员全面完成 A 级检修锅炉冷态空气动力场试验的施工任务。

1）保证安全，不发生人身轻伤及以上不安全事件。

2）保证风压质量，实现 A 级检修全优。

3）保证工期，按厂控工期进行锅炉冷态空气动力场试验。

4）保证措施认真执行。

安全组工作分工及要求：

1）所有人员必须到锅炉冷态空气动力场试验现场巡视检查，发现不安全情况按照 A 级检修安全措施的要求立即制止并记录在册，列入考核。

2）发现危及人身及设备的安全隐患，有权要求停止试验整改。

质量技术组工作分工及要求：

1）严格把好两关，工程进度关、检修质量关。

2）随时向生产管理部汇报和反应锅炉冷态空气动力场试验存在的问题。重点掌握各专业特项技术方案的制订及实施。

3）协调和解决锅炉冷态空气动力场试验现场出现的与质量、工程进度有关的疑难问题。

4）做好质量检查工作，严格把好质量关，对于锅炉冷态空气动力场试验中的质检点全部检查，查出的质量问题及时进行纠正。

（2）安全措施。

1）严格执行安全工作规程，分析锅炉冷态空气动力场试验"危险点"并有效控制，大力开展"四不伤害"活动，认真查处习惯性违章，牢固树立众多因素中安全第一的思想。

2）锅炉冷态空气动力场试验前与运行人员到现场检查安全措施是否符合安全要求。

3）各值、班组根据工作内容实际情况，制定安全措施并组织学习，做到在部署工作的同时交代清楚安全注意事项。

4）凡涉及上下层作业、交叉作业时必须看管好工作中所用的工具、物品等，防止坠物伤人。进入现场必须戴安全帽，系好下颌带，高空作业系好安全带。

5）锅炉冷态空气动力场试验现场要有足够的照明。临时电源线必须接在规定电源箱内，裸露部分要用胶布包好，严禁在照明灯上取电源。

6）锅炉冷态空气动力场试验工作中需要将安全设施移动或拆除（栏杆、孔洞等），应经安监部批准并应做好临时安全设施、设置明显标识，修后立即恢复。

7）严格执行《安全生产工作规定》电气、机械部分等规章制度。

（3）技术措施。

1）锅炉冷态空气动力场试验前应对系统内部进行全面的清理检查，确认无杂物且系统内部没有工作人员时方可将所有检查孔、检修孔、人孔等封闭。

2）凡牵涉与风机、风道连接的架管及其他物件均需拆除。

3）锅炉冷态空气动力场试验范围及风机周围的通道应畅通无杂物，妨碍安全行走的架子必须拆除。

4）参加锅炉冷态空气动力场试验的所有风门全部试验完毕，启动灵活，开、关到位，方向标示正确。

5）参加锅炉冷态空气动力场试验的所有电动门执行机构均已试验结束，且开、关灵活，开关指示与风门挡板的实际开关方向、DCS 画面上的指示一致，且开、关指示正确。

6）风门挡板的开关方向和位置在就地有明显的标志，设备和风门的标志齐全。

7）参加锅炉冷态空气动力场试验的所有风机、电机、油泵试运完毕。

8）冷却水系统能正常投运。

9）锅炉本体密封焊接完毕，空气预热器护板、密封装置安装完毕。

（4）安全及质量保证措施。

1）试验开始前，试验负责人要向全体试验人员进行技术交底、安全事项交底。

2）试验期间，各测试人员统一听从试验负责人的安排，精心测试。电厂方面需派专工进行现场协调，保证试验顺利进行。

3）试验期间，若遇意外情况发生，影响试验的准确性及人员的安全时，应立即采取措施或终止试验，并及时通知试验负责人。

4）试验时出具试验方案，试验人员不得自己操控、调整厂内设备。

5）在指定检修电源箱内，可靠、安全接通临时电源，不得采用挂线等方式，接线和拆线时，应将开关断开，接线时有专人监护，所有工作地点必须有照明设施。

6）试验仪器、仪表、工具、材料准备齐全，试验人员必须佩戴防风镜、口罩，试验人员着装应符合安全规程要求，符合职业安全健康的要求。

7）工具放在工具袋内，高空不得抛接工具。

8）本次测试，在进行高空作业时，所搭设的试验平台要安全牢固，试验中需要攀登脚手架，要注意上、下安全，正确佩戴安全带。

9）试验人员应严格遵守安全工作规程和厂内一切规章制度。

3.2.2 锅炉整体水压试验

锅炉整体水压试验适用于循环流化床锅炉、煤粉炉等火力发电汽轮机组；机组给水泵、凝结水泵及水系统检修验收后启动前需进行该项试验，验证锅炉水系统的可靠性。

锅炉整体水压试验由电厂委托有该试验业绩的试验单位承担完成，也可自己完成。

在锅炉水系统相关设备检修完成后可进行该项试验。试验需启动凝结水泵，给水泵直接上水进行，进行打压试验。

3.2.2.1 试验目的

锅炉大修后，必须进行常规水压试验，试验压力：锅炉本体为汽包工作压力，再热器系统试验压力为再热器进口工作压力。

3.2.2.2 依据规程和标准

《火力发电厂基本建设工程启动及竣工验收规程》

《火电工程启动试验工作规定》

《火电机组达标投产考核标准》

《电厂建设施工及验收技术规范（锅炉篇）》

《火电工程调整试运质量检验及评定标准》

《火电施工质量检验及评定标准（锅炉篇）》

东方锅炉厂、设计院提供的系统设备图纸、设备说明书、计算数据汇总表

锅炉系统其他制造商有关系统及设备资料

3.2.2.3 试验条件

（1）水压试验范围。锅炉本体为省煤器、汽包、水冷壁、过热器等从给水泵出口电动门至过热器出口堵阀；再热器部分为再热器入口堵阀到出口堵阀；锅炉的水位计、疏水管、排空管、加药管、取样管、仪表管、吹灰等一般打压至一次门处。

（2）水压试验的要求。

1）锅炉受热面检修工作结束，检修人员已撤离，有碍锅炉膨胀的脚手架支撑等均已拆除，受热面及系统阀门的检修工作票已办理终结手续。

2）环境温度达5℃以上，水压试验过程中保持汽包任意一点壁温≥35℃，汽包壁温差不大于50℃。

3）水压试验范围内各管系、阀门（包括现场试验措施规定的临时管阀）均已安装完毕待用，试验期间需检查的各有关部位的检查准备工作已完成。

4）化学已准备好足量合格的除盐水，并做好处理排放废水的有关准备，主要水质要求如下：联氨：$200\mu L/L$，pH：10。

5）水压试验范围内的蒸汽侧的弹簧吊架在试验前用销钉固定好。

6）水压试验前，对汽包、过热器出口安全门应加水压试验塞或做好安装夹具的准备。

7）汽包就地压力调换成1.5级以上的精密压力表，量程为试验压力的1.5～2倍。

8）再热器水压试验压力表指示正确。

9）与试验有关的热工表计校对准确投用（汽包压力、温度、省煤器出口温度、各受热面金属温度、给水、减温水流量等）。

10）电动给水泵正常。

11）过热器、再热器减温水调节阀及电动门关闭。

12）试验现场与控制室间准备好可靠的通信联系工具。

3.2.2.4 试验内容和方法

（1）水压试验的程序和方法。

1）检查锅炉各系统正常。

2）确证主、再热蒸汽管道堵阀已加装，汽轮机主蒸汽门关闭，主蒸汽管道疏水门开启，汽轮机本体疏水门开启；关闭高压旁路阀前压力取样一次门，联系检修采取措施将高压旁路阀门关严并固定，防止水压试验时高压旁路阀门突然开启。

3）锅炉及过热器的排空管开启（冒水后关闭），充氮门关闭，锅炉连排手动门开启，调整阀关严，超压时开启泄压。事故放水门关严，超压时开启泄压。锅炉及过热器的疏水、加药、取样、吹灰及其减温水隔离。

4）关闭主给水电动门，给水管道放水门，省煤器再循环门及放水门。

5）关闭定期排污各阀门。

6）关闭炉底加热各联箱进汽门及进汽总门。

7）仪表管阀中，汽包压力一、二次表测量阀开启，汽包就地水位计投用，给水流量测量阀开启。

8）主蒸汽、再热器压力表确已投入。

9）锅炉疏放水系统检查待用。

（2）锅炉上水。

1）上水应为化验合格的除盐水。

2）上水温度 35～70℃。

3）上水时间：夏季 2～3h，利用电动给水泵，锅炉本体通过主给水操作台经省煤器向锅炉上水，用给水旁路调整门控制；再热器系统通过再热器减温水管道上水，用减温水调整门控制。

4）上水前记录锅炉各膨胀指示点膨胀值。

5）上水过程应检查空气门是否冒气，如不冒气，应停止上水，查明原因。

6）当汽包水位计见水后，设专人监视空气门，待全部空气门冒水后联系上水人员停止上水后逐个关闭，以防压力突升。

7）在上水过程中，应对承压部件进行检查，如发现有泄漏现象应停止上水，待处理完毕后再上水。

8）上水后记录锅炉各膨胀指示点膨胀值。

（3）锅炉本体水压试验。

1）联系汽轮机检查电动给水泵的运行情况，关闭给水旁路调整门、前后电动门，用给水泵转速和主给水小旁路手动门控制，缓慢升压。

2）升压速度。

① 0～0.4MPa 每分钟不大于 0.098MPa。

② 0.4～11.7MPa 每分钟不大于 0.2MPa。

③ 11.7～18.873MPa 每分钟不大于 0.098MPa。

④ 升压到 4、12MPa 时，暂停升压，观察压力变化情况，联系检修检查，如无异常可继续升压。

⑤ 当压力升至汽包工作压力时，关闭主给水小旁路手动门，停止升压，进行全面检查。

⑥ 检查完毕后，关闭给水旁路电动门，5min 内压降不超过 0.5MPa，如承压部件金属壁和焊接无泄漏痕迹，无变形则试验合格。

3）进行超水压试验时，应解列水位计后继续升压至试验压力，保持 20min，将压力降至工作压力时，方可进行全面检查，有无缺陷、泄漏及异常现象，并做好记录，观察压力变化情况。

4）检查完毕后，降低给水泵转速及开启汽水取样门逐渐泄压，降压速度要控制在 0.2MPa/min，不超过 0.3MPa。

5）压力降至 1MPa 左右时，停止泄压，使之自然降压。

6）压力降至 0.15MPa 时，是否需要放水，由水压试验负责人根据具体情况决定。如需放水，开启过热蒸汽系统各疏水门和空气门，并做好有关防护和保养工作。

（4）再热器水压试验。

1）再热器系统水压试验时，过热器系统各疏水门应开启。

2）再热器系统水压试验时，再热器减温水进出口电动门及调整门全开，用给水泵勺管控制，且给水泵出口电动门全关并手动校紧。

3）升压速度按锅炉本体水压试验要求的升压速度执行，在进行超水压试验时升压速度每分钟不大于 0.098MPa。

4）试验压力以冷段再热器入口联箱就地压力表读数为准。当压力升至 2MPa 时，暂停升压，进行全面检查，如无缺陷和泄漏可继续升压。

5）当压力升至 3.76MPa 的工作压力时，停止升压，进行全面检查。

6）当进行超水压试验时，压力升至 5.64MPa 时，关闭升压控制门，记录时间，在此压力下保持 20min，记录压力下降情况。

7）降低给水泵转速逐渐泄压，将压力缓慢降至 3.76MPa，进行全面检查，有无缺陷，泄漏及异常现象，做好记录，观察压力变化情况。

8）水压试验结束后，通知热工、化学冲洗表管和取样管，以每分钟0.3MPa的速度降压，当再热器压力降至0.15MPa时，是否需要放水，由水压试验负责人根据具体情况决定。如需放水，开启再热蒸汽空气门、减温水管路疏水门，并做好有关防护和保养工作。

（5）水压试验的合格标准。

1）受压元件金属壁和焊缝没有任何水珠和水雾的漏泄痕迹。

2）受压元件无明显的残余变形。

3）关闭进水门，停止升压后，5min内汽包降压不超过0.5MPa，再热器压降不超过0.25MPa。

3.2.2.5 安全及质量保证措施

（1）组织措施。管理组工作分工及要求：组织部门人员全面完成A级检修水压试验的施工任务。

1）保证安全，不发生人身轻伤及以上不安全事件。

2）保证水压质量，实现A级检修全优。

3）保证工期，按厂控工期进行水压试验。

4）保证措施认真执行。

安全组工作分工及要求：

1）所有人员必须到大修水压现场巡视检查，发现不安全情况按照大修安全措施的要求立即制止并记录在册，列入考核。

2）发现危及人身及设备的安全隐患，有权要求停止试验整改。

质量技术组工作分工及要求：

1）严格把好两关（工程进度关、检修质量关）。

2）随时向生产管理部汇报和反应水压试验存在的问题。重点掌握各专业特项技术方案的制订及实施。

3）协调和解决水压试验现场出现的与质量、工程进度有关的疑难问题。

4）做好质量检查工作，严格把好质量关，对于水压试验中的质检点全部检查，查出的质量问题及时进行纠正。

（2）安全措施。

1）严格执行安全工作规程，分析水压试验"危险点"并有效控制，大力开展"四不伤害"活动,认真查处习惯性违章,牢固树立众多因素中安全第一的思想。

2)水压试验前与运行人员到现场检查安全措施是否符合安全要求。

3)各班组根据工作内容实际情况,制定安全措施并组织学习,做到在部署工作的同时交代清楚安全注意事项。

4)凡涉及上下层作业、交叉作业时必须看管好工作中所用的工具、物品等,防止坠物伤人。进入现场必须戴安全帽,系好下颌带,高空作业系好安全带。

5)水压试验现场要有足够的照明。凡要求使用保安照明地点,严禁使用普通照明。临时电源线必须接在规定电源箱内,裸露部分要用胶布包好,严禁在照明灯上取电源。

6)水压试验工作中需要将安全设施移动或拆除(栏杆、孔洞等),应经安监部批准并应做好临时安全设施、设置明显标识,修后立即恢复。

7)严格执行《安全生产工作规定》电气、机械部分等规章制度。

8)现场拆下的零部件要摆放整齐,防止丢失和损坏。

9)试验开始前应进行安全工器具的检验工作,对不符合安全规定的工器具严禁使用。

10)无关人员禁止进入水压试验区域。

(3)技术措施。

1)水压试验由值长统一指挥,检修要有专人配合,升压和降压须得到现场指挥及检修人员的许可后方可进行。

2)水压试验前,锅炉应做好主蒸汽、再热蒸汽管道的隔绝措施,堵阀已加装完毕,蒸汽管道疏水开启,防止水进入汽轮机。

3)水压试验前,进水系统应保持清洁,否则应进行冲洗,待合格后再进行水压试验。

4)如过热器、再热器同时进行水压试验时,应先做再热器水压试验,后做过热器水压试验。

5)试验前应对疏水门、事故放水门做开关灵活性试验,保证超压时能够快速降压。

6)设专人负责升压,严格控制升降压速度,严禁超压。

7)水压试验压力以汽包就地精密压力表为准,上下经常联系校对压力表,当压差大时,停止升压,联系热工人员检查确认后再继续升压。

8)升压过程中,如发现系统阀门漏水或未关严时,必须在得到控制室升压人员同意后方可操作。

9）水压试验时，严格控制升降压速度。

10）电动给水泵工作期间，应严密监视其工况，如入口压力、入口滤网压差、振动等。

11）水压试验结束后，应及时拆除所有临时试验措施。

12）防止超压的措施。

3.2.3　锅炉风压试验

锅炉整体风压试验适用于循环流化床锅炉、煤粉炉等火力发电汽轮机组。机组检修后启动前需进行该项试验。试验分为制粉系统、锅炉本体系统及尾部烟道风压试验两部分。锅炉整体风压试验由电厂委托有该试验业绩的试验单位承担完成或自己完成。在锅炉相关设备检修完成后可进行该项试验。

试验需启动引风机、送风机、一次风机及空气预热器，进行风压试验。

3.2.3.1　试验目的

（1）为了指导系统及设备的试验工作，保证系统及设备能够安全正常投入运行，制定本措施。

（2）检查电气、热工保护联锁和信号装置，确认其动作可靠。

（3）检查系统及设备的运行情况，发现并消除可能存在的缺陷。

（4）经过风压试验，保证制粉系统、锅炉燃烧系统等安全、顺利启动。

（5）通过试验，指导锅炉燃烧能在设计工况下安全、经济运行，满足锅炉对燃煤的需要，并对以后的正常运行提供必要的参考依据。

3.2.3.2　依据规程和标准

《火力发电厂基本建设工程启动及竣工验收规程》

《火电工程启动试验工作规定》

《火电机组达标投产考核标准》

《电厂建设施工及验收技术规范（锅炉篇）》

《火电工程调整试运质量检验及评定标准》

《火电施工质量检验及评定标准（锅炉篇）》

东方锅炉厂、设计院提供的系统设备图纸、设备说明书、计算数据汇总表

锅炉系统其他制造商有关系统及设备资料

3.2.3.3 试验条件

（1）试验范围。

锅炉系统的风压试验范围分为两部分：制粉系统、锅炉本体系统及尾部烟道等试验范围。

1）制粉系统风压试验：包括制粉系统各风门、挡板的开关度检查确认；磨煤机、给煤机本体，冷热风道，环形热风道，竖直风道，制粉系统一次风、粉管道等。

2）锅炉本体系统及尾部烟道等试验范围：包括锅炉本体、尾部烟道，空气预热器，脱硝系统，低低温省煤器系统，除尘系统。

（2）环境、职业健康安全风险因素控制措施。

1）本项目没有可能造成不良环境因素。

2）本项目可能出现的危险源识别如下：

① 生产工作场所未配备安全帽或未正确佩戴安全帽。

② 试验生产场所沟、孔、洞在基建期间多处不全，楼梯、照明不完好。

③ 生产场所未按照规定着装。

④ 试验现场脚手架比较多，可能存在高空落物被击伤。

⑤ 试验现场的旋转设备未安装联轴器的防护罩或接地装置，可能被转动机械绞住衣物，或发生触电。

3）对可能出现的危险源采取的控制措施。

① 在生产工作场所配备足够安全帽，要求所有试验人员正确佩戴安全帽。

② 进入现场时，注意警戒标志，不符合规定的走道和明显危及人身安全的工作场所禁止进入，照明不良的场所不得进入和工作。

③ 生产场所按照规定着装。

④ 正确戴好安全帽，发现高空有施工工作，禁止进入。

⑤ 检查电气设备必须有良好的接地，联轴器无防护罩禁止启动。

4）试验期间搭设的脚手架及安全防护措施应符合要求，高空作业应正确使用安全带，防止高空坠落。

5）所有参加本系统试验人员应学习本方案，并熟悉系统和设备的运行规程。

6）系统试验期间如发现异常要及时汇报，如遇设备操作问题，应听从试验人员指挥。

7）若系统试验期间发生事故等紧急情况，试验和操作人员可不经请示，采取措施进行处理，必要时应果断停止试验工作，防止事故扩大。

8）严格执行操作票、工作票制度，防止误操作。

9）在整个系统试验过程中，每个参加试验工作的人员和与试验有关的人员始终应遵守《电力安全工作规程》的有关规定，不得违反。所有人都有权并有责任制止任何违反电力安全规程的行为。

3.2.3.4 试验内容和步骤

（1）试验时联系电气将引风机、送风机、一次风机及空气预热器动力电源送电，热工逻辑条件允许后启动空气预热器、引风机、送风机、一次风机，开始做试验。

（2）检查的部位主要有：冷、热风道，烟风管道，人孔门，空气预热器，锅炉本体，炉顶密封等。

（3）风压结束后，对发现的漏点及时进行处理。

（4）空气预热器风压试验：关闭四角各二次风风门，空气预热器出口 A、B 侧热一次风、二次风出口风门、甲乙侧冷风门，维持炉膛负压－30～－50Pa，送风机出口风压 2000Pa，一次风机出口风压 2000Pa，通知检修人员对空气预热器进行检查。

（5）磨煤机风压试验：开启空气预热器出口 A、B 侧热一次风门，开启一次风机至磨煤机冷风门，按检修要求依次打开各磨煤机入口冷、热风门，关闭各磨煤机出口快关阀，维持炉膛负压－30～－50Pa，一次风总风压维持在 13kPa 左右，通知检修检查。

（6）炉膛、烟道漏风试验：

1）正压试验：停止引风机并关闭出入口挡板，制粉系统各风门及一次风门，检查孔、人孔门、看火孔关闭严密；捞渣机水封正常，启动一台送风机，向炉膛和烟风道内充压，保持炉膛负压＋500Pa 左右，通知检修检查。

2）负压试验：关闭系统各风门、检查孔、人孔门、看火孔；关闭液压关断门，启动一台引风机，保持炉膛负压－150～－200Pa，通知检修检查。

3）试验结束后，做好记录，锅炉检修队汇总汇报值长后处理泄漏点。

3.2.3.5 安全及质量保证措施

（1）组织措施。

管理组工作分工及要求：组织部门人员全面完成 1 号炉 A 级检修风压试验的施工任务。

1）保证安全，不发生人身轻伤及以上不安全事件。

2）保证风压质量，实现 A 级检修全优。

3）保证工期，按厂控工期进行风压试验。

4）保证措施认真执行。

安全组工作分工及要求：

1）所有人员必须到 A 级检修风压现场巡视检查，发现不安全情况按照 A 级检修安全措施的要求立即制止并记录在册，列入考核。

2）发现危及人身及设备的安全隐患，有权要求停止试验整改。

质量技术组工作分工及要求：

1）严格把好两关，工程进度关、检修质量关。

2）随时向生产管理部汇报和反应风压试验存在的问题。重点掌握各专业特项技术方案的制订及实施。

3）协调和解决风压试验现场出现的与质量、工程进度有关的疑难问题。

4）做好质量检查工作，严格把好质量关，对于风压试验中的质检点全部检查，查出的质量问题及时进行纠正。

（2）安全措施。

1）严格执行安全工作规程，分析风压试验"危险点"并有效控制，大力开展"四不伤害"活动，认真查处习惯性违章，牢固树立众多因素中安全第一的思想。

2）风压试验前与运行人员到现场检查安全措施是否符合安全要求。

3）各班组根据工作内容实际情况，制定安全措施并组织学习，做到在部署工作的同时交代清楚安全注意事项。

4）凡涉及上下层作业、交叉作业时必须看管好工作中所用的工具、物品等，防止坠物伤人进入现场必须戴安全帽，系好下颌带，高空作业系好安全带。

5）风压试验现场要有足够的照明。临时电源线必须接在规定电源箱内，裸露部分要用胶布包好，严禁在照明灯上取电源。

6）风压试验工作中需要将安全设施移动或拆除（栏杆、孔洞等），应经安监部批准并应做好临时安全设施、设置明显标识，修后立即恢复。

7）严格执行《安全生产工作规定》电气、机械部分等规章制度。

（3）技术措施。

1）风压试验前应对系统内部进行全面的清理检查，确认无杂物且系统内部没有工作人员时方可将所有检查孔、检修孔、人孔等封闭。

2）凡与风机、风道连接的架管及其他物件均需拆除。

3）风压试验范围及风机周围的通道应畅通无杂物，妨碍安全行走的架子必须拆除。

4）参加风压试验的所有风门全部试验完毕，启动灵活，开、关到位，方向标示正确。

5）参加风压试验的所有电动门执行机构均已试验结束，且开、关灵活，开关指示与风门挡板的实际开关方向、DCS画面上的指示一致，且开、关指示正确。

6）风门挡板的开关方向和位置在就地有明显的标志，设备和风门的标志齐全。

7）参加风压试验的所有风机、电机、油泵试运完毕。

8）冷却水系统能正常投运。

9）锅炉本体密封焊接完毕，空气预热器护板、密封装置安装完毕。

3.2.4 机炉大联锁试验

机炉大联锁试验适用于循环流化床锅炉、煤粉炉等火力发电汽轮机组。机组检修后启动前需进行该项保护联锁试验，通过试验，验证六大风机的联锁保护是否正确。

机炉大联锁试验由电厂委托有该试验业绩的试验单位承担完成，也可自己独立完成。

在机组主要设备检修完成，机组整套启动前须进行该项试验。试验需采用热控专业强制信号模拟运行工况进行。

3.2.4.1 试验条件

（1）锅炉具备启动条件，保护传动完毕并验收合格，汽轮机具备启动条件，润滑油、抗燃油等设备试转正常，热工强制部分跳闸条件，运行人员打开所有抽汽止回门，关闭相应的疏水门。

（2）热工检查控制组态，强制组态炉跳机相关条件。

3.2.4.2 试验步骤

（1）热工强制"炉跳机"保护条件，锅炉运行人员按照要求启动锅炉风机等辅助设备，汽轮机运行人员挂闸运行，同时打开所有抽汽止回门及相关疏水门。

（2）热工人员触发锅炉跳闸，同时触发"炉跳机"条件，观察汽轮机所有门的变化是否符合要求（汽轮机跳闸，抽汽止回门全关，疏水门全开）。

（3）热工强制"机跳炉"保护条件，锅炉运行人员按照要求启动锅炉风机等辅助设备，汽轮机运行人员挂闸运行。

（4）热工人员触发汽轮机跳闸，同时触发"机跳炉"条件，观察锅炉所有跳闸设备是否符合要求。

3.2.4.3 安全及质量保证措施

（1）组织措施。

1）由试验负责人、试验技术负责人、试验现场安全及文明生产负责人和试验人员组成。

2）试验时间由热工检修队统一安排，参加整套启动试验所有人员由试验负责人组织安排，全体人员必须做到听从指挥，相互配合，坚守岗位。

3）试验负责人负责试验指挥，试验技术负责人负责试验、测量中遇到的问题及提出解决方案，试验现场安全及文明生产负责人负责试验现场的试验用具的摆放及安全措施的执行情况，监督试验中各项安全情况落实。

4）运行人员负责配合试验中的操作、监护、设备巡检。

5）依照试验措施的项目进行试验、操作。

6）试验中，运行人员应配合试验人员加强巡视，发现问题及时汇报。

7）试验负责人负责试验过程中的组织和协调工作。

（2）安全措施。

1）开票后方可进行工作。

2）安全注意事项：

① 进入现场的工作人员必须戴安全帽。

② 高空作业时必须正确使用安全带。

③ 作业时要严格安全及监护制度。

④ 工作场所严禁吸烟。

⑤ 更换设备时严格按照设备退出及拆除工序，防止设备损坏。

⑥ 坚决杜绝习惯性违章和盲目、野蛮作业，做到"四不伤害"。

3）危险点控制：

① 组态备份：修改组态逻辑前要进行组态的备份。

② 防止走错间隔。

4）现场消防措施的落实。

5）现场照明充足，操作检查通道畅通，现场通信联络设备齐全。

（3）技术措施。

1）按照"启动前的检查条件"对锅炉和汽轮机及相关附属设备进行检查，检查结果具备启动条件。

2）为动态试验节省时间，动态试验次数可以根据试验项目减少，主要以静态试验方式为主，具体试验（动、静态试验项目）由运行人员制定。

3.2.5 锅炉灭火保护（MFT）试验

锅炉灭火保护（MFT）试验适用于煤粉炉等火力发电汽轮机组，是保护锅炉系统的一项重要试验。机组检修后启动前需进行该项试验。锅炉灭火保护（MFT）试验由电厂委托有该试验业绩的试验单位承担完成或自己完成。在锅炉主要设备检修完成，锅炉点火动前须进行该项试验。

试验需采用锅炉专业模拟实际运行工况结合热控专业强制信号进行，需要检查锅炉锅炉灭火保护后设备动作情况，并核实 MFT 触发条件及定值。

3.2.5.1 试验条件及要求

（1）锅炉经过检修后，应校验保护、联锁装置，以验证其可靠性。保护、联锁试验不合格禁止锅炉启动。

（2）保护联锁试验必须在检修工作已结束、工作票已回收、转动机械及风门挡板试验完毕后方可进行。

（3）保护联锁试验时需得到值长的同意，并有热控检修人员现场配合，试验中发现问题及时处理。

（4）在 A 级检修后必须经过总工程师同意后方可进行动态联锁试验，且必须在静态试验合格后进行。

（5）静态试验时 6kV 及以上电机只送操作电源（电源开关送至试验位置），380V 设备的操作电源及动力电源均送到工作位。

（6）动态试验时操作及动力电源应送电。

（7）根据锅炉 MFT 的实际接线情况，完成锅炉 MFT 所有硬线检查及传动（包括输入及输出信号），并绘制接线图。

（8）检查就地一次元件及元件取样方式是否合理（根据相关规程要求）。

（9）传动原则：自一次元件传动，相关设备能动作必须动作，保证动作正确率为100%。

3.2.5.2 试验准备工作

（1）按照"启动前的检查条件"对空气预热器、引风机、送风机、一次风机、磨煤机、给煤机及相关附属设备进行检查，检查结果具备启动条件。

（2）将参与试验的 6kV 电机的电源开关送至试验位置，380V 电机的电源开关送至工作位置；检查需要参与试验的各阀门、风门挡板的电源、气源正常，位置正确。

（3）热工人员将空气预热器、引风机、送风机、一次风机、磨煤机、给煤机的启动条件满足后，依次启动各台设备。

3.2.5.3 试验项目及实施方案

（1）电源传动。

1）传动目的：检查锅炉 MFT 交、直流电源失电报警是否准确，同时锅炉 MFT 硬跳闸板失电后，锅炉禁止启动。

2）传动方案：

① 锅炉 MFT 硬跳闸板交直流电源工作正常，手动断开交流电源，检查动作结果。

② 锅炉 MFT 硬跳闸板交直流电源工作正常，手动断开直流电源，检查动作结果。

③ 手动断开锅炉 MFT 硬跳闸板交直流电源，手动送上交流电源，检查动作结果。

④ 手动断开锅炉 MFT 硬跳闸板交直流电源，手动送上直流电源，检查动作结果。

3）验收标准：

① DCS 画面显示锅炉 MFT 交流电源失去。

② DCS 画面显示锅炉 MFT 直流电源失去。

③ DCS 画面显示锅炉 MFT 交流电源失去报警消失，同时存在跳闸条件时，相应的交流接触器动作。

④ DCS 画面显示锅炉 MFT 直流电源失去报警消失，同时存在跳闸条件时，相应的直流接触器动作。

（2）MFT 手动打闸按钮传动。

1）传动目的：检查锅炉手动 MFT 按钮动作正确性。

2）传动方案：

① 软逻辑传动，断开锅炉 MFT 应跳闸板的交直流电源，保证组态 MFT 无其他跳闸条件（相关的风机等设备可以打到试验位置运行），运行人员手动按动锅炉 MFT 按钮，检查动作结果。

② 硬线逻辑交流传动，断开锅炉 MFT 应跳闸板的交流电源，保证组态 MFT 无其他跳闸条件（强制组态手动 MFT 跳闸条件），运行人员手动按动锅炉 MFT 按钮，检查动作结果。

③ 硬线逻辑直流传动，断开锅炉 MFT 应跳闸板的直流电源，保证组态 MFT 无其他跳闸条件（强制组态手动 MFT 跳闸条件），运行人员手动按动锅炉 MFT 按钮，检查

动作结果。

3）验收标准：

① 锅炉 MFT 动作，相关设备联动正确，跳闸首出为"手动跳闸"。

② 锅炉 MFT 动作，相关设备联动正确，跳闸首出为"手动跳闸"。

③ 锅炉 MFT 动作，相关设备联动正确，跳闸首出为"手动跳闸"。

（3）火检冷却风丧失 MFT 动作传动。

1）传动目的：动态传动火检冷却风系统，保证风机联锁动作正确及保护动作正确。（定值：≤3.5kPa 联启备用火检冷却风机，≤2.5kPa 延时 120s 锅炉 MFT）。

2）传动方案：

① 启动 A 火检冷却风机，记录火检冷却风母管压力，运行人员投入火检冷却风压力低联锁，运行手动关闭 A 火冷风机入口手动门，远方监视母管压力变化，至联启 B 火检冷却风机后，停止关闭阀门，打开 A 火冷风机入口手动门，记录联启母管风压值。

② 启动 B 火检冷却风机，记录火检冷却风母管压力，运行人员投入火检冷却风压力低联锁，运行手动关闭 B 火冷风机入口手动门，远方监视母管压力变化，至联启 A 火检冷却风机后，停止关闭阀门，打开 B 火冷风机入口手动门，记录联启母管风压值。

③ 启动 A（或 B）火检冷却风机，记录火检冷却风母管压力，运行人员切除联锁信号，手动停止运行风机，观察火检冷却风母管压力变化，至火检冷却风母管压力低低保护动作延时 120s 后，导致锅炉 MFT 动作，跳闸首出"冷却风丧失"，记录风压动作值。

3）验收标准：

① B 风机联锁动作正确，联锁风压值与开关量相对应，风机联启后，保证风压合格的范围内。

② A 风机联锁动作正确，联锁风压值与开关量相对应，风机联启后，保证风压合格的范围内。

③ 锅炉 MFT 动作，相关设备联动正确，跳闸首出为"冷却风丧失"［动作条件两个：风压低低（三取二）延时 120s 跳闸］。

（4）汽包水位高高、低低 MFT 动作传动。

1）传动目的：动态传动锅炉汽包水位高高、低低保护，保证汽包水位联锁动作正确及保护动作正确。

2）传动方案：

① 保证汽包水位测量系统工作正常（电接点水位计、双色水位计及平衡容器水位

计），锅炉运行人员为锅炉上水至水位显示正常值。

② 继续为锅炉上水，至锅炉汽包水位达到高一值（100mm），高二值（150mm）、高三值（250mm），然后进行放水，直至水位在 0mm 左右，记录设备动作情况。

③ 继续对汽包水位进行放水试验，至低一值（－100mm），低二值（－150mm），低三值（－250mm）记录设备动作情况。

3）验收标准：汽包水位保护验收标准见表 3-5。

表 3-5　　　　　　　　　　　　汽包水位保护验收标准

水位动作方向	试验项目	定值（mm）	设备动作情况	是否合格
汽包上水	汽包水位高一值	100	画面报警	
	汽包水位高二值	150	联开汽包事故放水门	
	汽包水位高三值	250	MFT，首出"汽包水位高高跳闸"	
汽包放水	汽包水位下降至 75mm	75	联关汽包事故放水门	
	汽包水位低一值	－100	画面报警	
	汽包水位低二值	－150	画面报警	
	汽包水位低三值	－250	MFT，首出"汽包水位低低跳闸"	

（5）炉膛负压高高、低低 MFT 动作传动。

1）传动目的：动态传动炉膛负压保护系统及动态传动风烟系统，保证风机联锁、炉膛负压保护动作正确。

2）传动方案：由于条件限制，用短接压力开关接点方式传动。

① 炉膛负压高高保护：启动锅炉送、引风机，并调整风机挡板，保证锅炉炉膛负压在允许的范围内，短接锅炉炉膛负压高高开关（三个中的任意两个），锅炉 MFT 动作，记录过程变化情况；继续短接锅炉炉膛压力高高开关，在锅炉 MFT 后延时 15s 仍然在处于高高情况，则联跳锅炉送风机。

② 炉膛负压低低保护：启动锅炉送、引风机，并调整风机挡板，保证锅炉炉膛负压在允许的范围内，短接锅炉炉膛负压低低开关（三个中的任意两个），锅炉 MFT 动作，记录过程变化情况；继续短接锅炉炉膛压力低低开关锅炉炉膛压力在锅炉 MFT 后延时 15s 仍然在处于低低情况，则联跳锅炉引风机。

炉膛负压高高与低低传动成功后，按照"三取二"逻辑方式，可静态传动开关的两两组合如 AB、AC、BC 触发保护信号即可。

3）验收标准：炉膛压力保护验收标准见表3-6。

表 3-6　　　　　　　　　　　　　　炉膛压力保护验收标准

序号	试验项目	定值（Pa）	设备动作情况	是否合格
1	锅炉炉膛压力高三值	1960	MFT，首出"炉膛压力高高跳闸"	
	MFT后炉膛压力高三值延时 15s	1960	联跳送风机	
短接	AB		MFT，首出"炉膛压力高高跳闸"	
	AC			
	BC			
2	锅炉炉膛压力低三值	−1960	MFT，首出"炉膛压力低低跳闸"	
	MFT后炉膛压力低三值延时 15s	−1960	联跳引风机	
短接	AB		MFT，首出"炉膛压力低低跳闸"	
	AC			
	BC			

（6）总风量小于 25％MFT 动作传动。

1）传动目的：校验锅炉风量小于 25％锅炉 MFT。

2）传动方案：锅炉总风量是采用测量锅炉 A/B 侧冷一次风、热一次风、热二次风量总和通过下限输出作为保护。

① 采用组态强制或短接接点方式进行传动（原理相同），三取二后直接动作。

② 运行锅炉风机通过调节挡板的方式调节风量使风量低于 25％动作，记录风量保护动作值。

3）验收标准：锅炉 MFT 动作，跳闸首出"风量小于 25％"。

（7）炉膛火检丧失 MFT 动作传动。

1）传动目的：校验锅炉火检丧失锅炉 MFT。

2）传动方案：采用组态强制方式传动。

3）验收标准：锅炉 MFT 动作，跳闸首出"炉膛火焰丧失"。

（8）燃料丧失 MFT 动作传动。

1）传动目的：校验锅炉燃料丧失锅炉 MFT。

2）传动方案：采用组态强制方式传动。

3）验收标准：锅炉 MFT 动作，跳闸首出"燃料中断"。

（9）有煤无油时两台一次风机全停 MFT 动作传动。

1）传动目的：校验有煤无油是两台一次风机跳闸，锅炉跳闸。

2）传动方案：启动一台磨煤机、一台给煤机，保证一台磨组运行，运行手动停止两台一次风机，记录锅炉跳闸首出。

3）验收标准：锅炉 MFT 动作，跳闸首出"有煤无油是两台一次风机跳闸"。

（10）两台送风机跳闸锅炉 MFT 传动。

1）传动目的：保证两台送风机跳闸，联动锅炉 MFT 动作正确性。

2）传动方案：两台送风机正常运行，手动停止两台送风机，锅炉 MFT 动作，记录首出。

3）验收标准：锅炉 MFT 动作，跳闸首出"送风机全停"。

（11）两台引风机跳闸锅炉 MFT 传动。

1）传动目的：保证两台引风机跳闸，联动锅炉 MFT 动作正确性。

2）传动方案：两台引风机正常运行，手动停止两台引风机，锅炉 MFT 动作，记录首出。

3）验收标准：锅炉 MFT 动作，跳闸首出"引风机全停"。

（12）两台空气预热器跳闸锅炉 MFT 传动。

1）传动目的：保证两台空气预热器跳闸，联动锅炉 MFT 动作正确性。

2）传动方案：两台空气预热器正常运行，手动停止两台空气预热器，锅炉 MFT 动作，记录首出。

3）验收标准：锅炉 MFT 动作，跳闸首出"空气预热器全停"。

（13）汽轮机跳闸 MFT 动作传动。

1）传动目的：保证汽轮机跳闸，联动锅炉 MFT 动作正确性。

2）传动方案：组态强制汽轮机跳闸且负荷大于 35% 信号，锅炉 MFT 动作，记录首出。

3）验收标准：锅炉 MFT 动作，跳闸首出"汽轮机跳闸"。

（14）脱硫 FGD 故障 MFT 动作传动。

1）传动目的：保证脱硫浆液循环泵全停，联动锅炉 MFT 动作正确性。

2）传动方案：组态强制脱硫浆液循环泵全停信号，锅炉 MFT 动作，记录首出。

3）验收标准：锅炉 MFT 动作，跳闸首出"脱硫 FGD 故障"。

3.2.5.4 安全及质量保证措施

（1）组织措施。锅炉经过 A 级检修后，应校验保护、联锁装置，以验证其可靠性。保护、联锁试验不合格禁止锅炉启动。保护联锁试验必须在检修工作已结束、工作票已回收、转动机械及风门挡板试验完毕后方可进行。设置相关组织机构如下：

1）试验组织机构：由试验负责人、试验技术负责人、试验现场安全及文明生产负责人和试验人员组成。

2）试验时间由热工检修队统一安排，参加整套启动试验所有人员由试验负责人组织安排，全体人员必须做到听从指挥、相互配合、坚守岗位。

3）试验负责人负责试验指挥，试验技术负责人负责试验、测量中遇到的问题及提出解决方案，试验现场安全及文明生产负责人负责试验现场的试验用具的摆放及安全措施的执行情况，监督试验中各项安全情况落实。

4）运行人员负责配合试验中的操作、监护、设备巡检。

5）依照试验措施的项目进行试验、操作。

6）试验中，运行人员应配合试验人员加强巡视，发现问题及时汇报。

7）试验负责人负责试验过程中的组织和协调工作。

（2）安全措施。

1）开票后方可进行工作。

2）安全注意事项：

① 进入现场的工作人员必须戴安全帽。

② 高空作业时必须正确使用安全带。

③ 作业时要严格安全及监护制度。

④ 工作场所严禁吸烟。

⑤ 更换设备时严格按照设备退出及拆除工序，防止设备损坏。

⑥坚决杜绝习惯性违章和盲目、野蛮作业，做到"四不伤害"。

3）危险点控制：

① 修改组态逻辑前要进行组态的备份。

② 防止走错间隔。

③ 现场消防措施的落实。

④ 现场照明充足，操作检查通道畅通，现场通信联络设备齐全。

（3）技术措施。

1）按照"启动前的检查条件"对空气预热器、引风机、送风机、一次风机、磨煤机、给煤机及相关附属设备进行检查，检查结果具备启动条件。

2）将参与试验的 6kV 电机的电源开关送至试验位置，380V 电机的电源开关送至工作位置；检查需要参与试验的各阀门、风门挡板的电源、气源正常，位置正确。

3）联系热工人员将空气预热器、引风机、送风机、一次风机、磨煤机、给煤机的启动条件满足后，依次启动各台设备。

4）大修后为动态试验节省时间，动态试验次数可以根据试验项目减少，主要以静态试验方式为主，具体试验（动、静态试验项目）由运行人员制定。

3.2.6　CFB 锅炉灭火保护 （BT） 试验

CFB 锅炉灭火保护试验适用于循环流化床锅炉发电汽轮机组。保护分为主燃料跳闸（MFT）和锅炉跳闸（BT），MFT 通过切断入炉燃料而达到灭火目的，但 CFB 机组蓄热能力较强，当重要保护动作时，通过切断入炉风量来达到快速停炉目的。机组检修后启动前需进行该项试验。

锅炉灭火保护试验由电厂委托有该试验业绩的试验单位承担完成或由锅炉和热控等相关专业自己完成。

在锅炉主要设备检修完成，锅炉点火动前须进行该项试验。试验需采用锅炉专业模拟实际运行工况结合热控专业强制信号进行，需要检查锅炉灭火保护后设备动作情况，并核实保护触发条件及定值。

3.2.6.1　试验条件及要求

（1）锅炉经过检修后，应校验保护、联锁装置，以验证其可靠性。保护、联锁试验不合格禁止锅炉启动。

（2）保护联锁试验必须在检修工作已结束、工作票已回收、转动机械及风门挡板试验完毕后方可进行。

（3）保护联锁试验时需得到值长的同意，并有热控检修人员现场配合，试验中发现问题及时处理。

（4）在 A 级检修后必须经过总工程师同意后方可进行动态联锁试验，且必须在静态试验合格后进行。

（5）静态试验时高压电机只送操作电源（电源开关送至试验位置），低压设备的操作电源及动力电源均送到工作位。

（6）动态试验时操作及动力电源应送电。

（7）根据锅炉 BT、MFT 的实际接线情况，完成锅炉 BT、MFT 所有硬线检查及传动（包括输入及输出信号），并绘制接线图。

（8）检查就地一次元件及元件取样方式是否合理（根据相关规程要求）。

（9）传动原则：自一次元件传动，相关设备能动作必须动作，保证动作正确率为100％。

3.2.6.2 锅炉保护试验准备工作

（1）按照"启动前的检查条件"对空气预热器、引风机、二次风机、一次风机、给煤机、流化风机及相关附属设备进行检查，检查结果具备启动条件。

（2）将参与试验的高压电机的电源开关送至试验位置，低压电机的电源开关送至工作位置；检查需要参与试验的各阀门、风门挡板的电源、气源正常，位置正确。

（3）热工人员将空气预热器、引风机、二次风机、一次风机、给煤机、流化风机的启动条件满足后，依次启动各台设备。

3.2.6.3 试验项目及实施方案

（1）主燃料跳闸 MFT。

MFT 跳闸条件如下：

1）手动 MFT（软按钮）。

2）床温＞990℃［延时 120s（坏值剔除）］。

3）总风量＜25％。

4）汽轮机跳闸（脉冲）。

5）燃料丧失（脉冲）。

6）床温＜600℃且未投油。

7）风道燃烧器连续两次点火失败。

8）烟气含氧量低低（＜1％延时 120s）。

9）BT（锅炉跳闸）。

10）炉膛压力高高：延时 5s。

11）炉膛压力低低：延时 5s。

12）汽轮机跳闸：锅炉负荷＞30％或"高压旁路不可用"的情况下，出现"汽轮机

128

跳闸（自动主汽门关闭）"。

当任何一个 MFT 跳闸条件满足后，都将引起 MFT，具体的过程是：

1）跳闸 MFT 继电器。

2）跳闸所有给煤机。

3）关床上燃油供油快关阀。

4）关床下风道燃烧器供油快关阀。

5）停床上助燃油燃烧器就地控制柜。

6）停床上油燃烧器就地控制柜。

7）停风道启动燃烧器就地控制柜。

8）停冷渣器。

9）跳闸电除尘系统。

10）MFT 动作 SOE 报警。

11）切锅炉本体风量调门为手动（锅炉本体二次风量调节挡板，床下一次风量调节挡板，J 阀风量调节挡板）。

12）切一次风机、二次风机风量调门为手动（无 BT）。

（2）锅炉跳闸 BT。

BT 跳闸条件如下：

1）手动 BT（盘台硬接线按钮）。

2）炉膛压力高 3 值（三取二）。

3）炉膛压力低 3 值（三取二）。

4）汽包水位高高（三取二）。

5）汽包水位低低（三取二）。

6）所有高压流化风机全停。

7）所有引风机全停。

8）所有一次风机全停。

9）所有二次风机全停。

10）高压风机出口母管压力低于一定值，延时一定值。

11）任意 J 阀总流化风量低低。

12）蒸汽阻塞（当汽轮机高压缸或者中压缸进气切断，并且高压旁路和低压旁路没有打开时。如果锅炉燃料输入热量＞20％MCR，就延时 10s 跳闸锅炉，如果锅炉燃料输入热量＜20％MCR，就延时 180s 跳闸锅炉）。

13）给水泵停且床温高床温＞600℃时，如果给水泵全跳闸，就会引发锅炉跳闸。

14）FSSS 电源失去（DPU10 柜两路交流电源全部失去，产生 MFT）。

（3）当任何一个 BT 跳闸条件满足后，都将引起 BT，具体的过程是：

1）跳闸 BT 继电器。

2）跳闸一次风机。

3）跳闸二次风机。

4）关闭定期排污阀。

5）关闭过热器减温喷水阀。

6）关闭再热器减温喷水阀。

7）跳闸吹灰系统锅炉跳闸后，吹灰气源中断，所以联锁跳闸吹灰程控系统。

8）关闭连续排污阀。

9）BT 动作 SOE 报警。

试验时，与上节方法一致，采用逻辑强制或现场实际做条件。

3.2.6.4　安全及质量保证措施

（1）组织措施。锅炉经过 A 级检修后，应校验保护、联锁装置，以验证其可靠性。保护、联锁试验不合格禁止锅炉启动。保护联锁试验必须在检修工作已结束、工作票已回收、转动机械及风门挡板试验完毕后方可进行。设置相关组织机构如下：

1）试验组织机构：由试验负责人、试验技术负责人、试验现场安全及文明生产负责人和试验人员组成。

2）试验时间由热工检修队统一安排，参加整套启动试验所有人员由试验负责人组织安排，全体人员必须做到听从指挥，相互配合，坚守岗位。

3）试验负责人负责试验指挥，试验技术负责人负责试验、测量中遇到的问题及提出解决方案，试验现场安全及文明生产负责人负责试验现场的试验用具的摆放及安全措施的执行情况，监督试验中各项安全情况落实。

4）运行人员负责配合试验中的操作、监护、设备巡检。

5）依照试验措施的项目进行试验、操作。

6）试验中，运行人员应配合试验人员加强巡视，发现问题及时汇报。

7）试验负责人负责试验过程中的组织和协调工作。

（2）安全措施。

1）开票后方可进行工作。

2）安全注意事项：

① 进入现场的工作人员必须戴安全帽。

② 高空作业时必须正确使用安全带。

③ 作业时要严格安全及监护制度。

④ 工作场所严禁吸烟。

⑤ 更换设备时严格按照设备退出及拆除工序，防止设备损坏。

⑥ 坚决杜绝习惯性违章和盲目、野蛮作业，做到"四不伤害"。

3）危险点控制：

① 修改组态逻辑前要进行组态的备份。

② 防止走错间隔。

③ 现场消防措施的落实。

④ 现场照明充足，操作检查通道畅通，现场通信联络设备齐全。

（3）技术措施。

1）按照"启动前的检查条件"对空气预热器、引风机、二次风机、一次风机、流化风机、给煤机及相关附属设备进行检查，检查结果具备启动条件。

2）将参与试验的 6kV 电机的电源开关送至试验位置，380V 电机的电源开关送至工作位置；检查需要参与试验的各阀门、风门挡板的电源、气源正常，位置正确。

3）联系热工人员将空气预热器、引风机、二次风机、一次风机、流化风机、给煤机的启动条件满足后，依次启动各台设备。

4）大修后为动态试验节省时间，动态试验次数可以根据试验项目减少，主要以静态试验方式为主，具体试验（动、静态试验项目）由运行人员制定。

3.3　修后机组热态下锅炉试验

锅炉点火启动并网前，需要进行一些试验，主要包括：锅炉安全门校验试验等，该试验也可在并网带负荷进行。本节中提到的设备、定值为某特定机组定值，各厂应参照本厂机组和设备具体情况而定。

锅炉安全门校验：

锅炉安全门校验适用于循环流化床锅炉、煤粉炉等以蒸汽为介质，工作温度小于 630℃、工作压力在 0.35～35MPa 锅炉发电汽轮机组。机组大修启动后需进行该项试验，该试验可在机组启动并网前进行，部分试验项目也可在并网带大负荷后进行。

锅炉安全门校验由电厂委托有该试验业绩的试验单位承担完成。

该项试验在机组启动运行平稳后进行该项试验。试验应该依据自身特点进行，可在并网前、后进行该项试验。锅炉安全门校验试验需锅炉点火后，升高主、再热蒸汽压力来整定安全门定值。

1. 试验目的

锅炉进行安全阀在线校验是防止锅炉超压，保证锅炉机组安全运行的重要保护装置。根据《电力工业锅炉监察规程》的规定：在机组整套启动之前，必须对安全阀进行热态下的调整校验，以保障锅炉的安全运行。

2. 依据规程和标准

《火力发电厂基本建设工程启动及竣工验收规程》

《火电工程启动试验工作规定》

《火电机组达标投产考核标准》

《电厂建设施工及验收技术规范（锅炉篇）》

《火电工程调整试运质量检验及评定标准》

《火电施工质量检验及评定标准（锅炉篇）》

锅炉厂、设计院提供的系统设备图纸、设备说明书、计算数据汇总表

锅炉系统其他制造商有关系统及设备资料

《电站锅炉安全阀技术规程》

3. 试验条件

（1）试验对象和范围。

锅炉侧所有安全阀整定和测试工作。

（2）试验前应具备的条件和准备工作。

1）机组运行稳定，汽包水位正常。

2）现场照明应充足，必要时应装设临时照明，道路畅通，平整无杂物堆积，平台楼

梯栏杆完整。

3) 校验安全阀使用的标准压力表校验合格，检修完毕。汽包及过热器出口联箱上安装精密的标准压力表，量程为 0~25MPa；再热器出入口联箱上安装精密标准压力表，量程为 0~6MPa，并与集控室监视的压力表校对和修正。

4) 锅炉就地水位计与电子水位均正常投入，并校核指示正确。

5) 调整安全阀的压力以就地标准压力表为准，压力表经校验合格，并有误差记录，在调整值附近的误差值不大于 0.5%。

6) 安全阀校验前排汽冲洗阀座临时器具准备完整，并设专人指挥。

7) 安全阀启座用的专用卡具安装完毕。

8) 准备好炉顶与控制室联络用的专用通信设备。

9) 准备好调整用的工器具、记录表等。

10) 准备好炉顶与集控室联络用的对讲机 2 对。

11) 准备好以下工具：

① 管钳（1m）1 把；

② 手钳 1 把；

③ 活扳手（15″）1 把；

④ 活扳手（12″）1 把；

⑤ 螺丝刀（一字型）1 把；

⑥ 手电 2 把。

12) 安全阀排气疏水管畅通。

13) 炉顶通风设施投入正常运行。

14) 电梯运行正常。

（3）校验试验要求。

1) 整定时再热器压力稳定在 3~3.5MPa，汽包压力至 14.3~16.4MPa 时，保持压力稳定。

2) 根据实际情况，将汽包、过热器、再热器的安全阀上加压紧装置。

3) 解除锅炉高水位保护。

4) 解除锅炉水位自动，改由手动控制。

5) 用液压加载装置逐只对安全阀进行校验。

6) 整定顺序一般按定值由高到低逐个整定。对于整定好的安全阀应记下液压油压和折算前后的动作压力，并装上闭塞器，拧紧背帽。

4. 校验步骤及方法

（1）按照安全阀的校验压力值进行调整。

（2）本次安全阀整定为机组带负荷整定。

（3）整定时再热器压力稳定和汽包压力保持压力稳定。

（4）根据实际情况，将汽包、过热器、再热器的安全阀上加压紧装置。

（5）解除锅炉高水位保护。

（6）解除锅炉水位自动，改由手动控制。

（7）用液压加载装置逐只对安全阀进行校验。

（8）安全阀的校验顺序应先高压、后低压，即汽包＞过热器，再热器冷端＞再热器热端。校验过程中，已校验安全阀用水压卡子固定，全部安全阀校验合格就应加锁或铅封。

（9）待汽包及过热器安全阀调整好后，稳定锅炉压力在一定值并逐步降压或增压。

（10）安全阀动作时运行控制好汽包水位，根据运行指挥人员的命令调整好汽包压力，压力上升速度不宜过快。

（11）全部安全阀校验完毕后，不进行安全阀实跳。

（12）全部安全阀校验校验压力与整定压力误差不得超过 3%。

5. 安全及质量保证措施

（1）组织措施。

管理组工作分工及要求：

1）组织部门人员全面完成安全阀整定的施工任务。

2）保证安全，不发生人身轻伤及以上不安全事件。

3）保证安全阀整定质量，确保安全阀在运行中不发生误动，不动事故。

4）保证机组的运行安全，做好安全防范措施，一旦发生超压，应立即减少燃料，用对空排气泄压，必要时手动 MFT。

5）保证措施认真执行。

安全组工作分工及要求：

1）到安全阀整定现场巡视检查，发现不安全情况立即制止并记录在册，列入考核。

2）发现危及人身及设备的安全隐患，有权要求停止试验整改。

质量技术组工作分工及要求：

1）严格把好两关（工程进度关、检修质量关）。

2）随时向生产管理部汇报和反应安全阀整定试验存在的问题。重点掌握各专业特项技术方案的制订及实施。

3）协调和解决分压试验现场出现的与质量、工程进度有关的疑难问题。

4）做好质量检查工作，严格把好质量关，对于安全阀整定试验中的质检点全部检查，查出的质量问题及时进行纠正。

（2）安全措施。

1）安全阀校验期间，应听从现场各负责人的统一指挥，按照事前的分工各自坚守岗位。安全阀校验中，校验人员不得中途撤离现场。

2）安全阀校验期间、升压过程中，应派专人对锅炉严密性、膨胀情况进行巡回检查、发现问题及时处理。

3）安全阀校验时，要保持锅炉运行工况稳定，特别是压力的稳定。

4）安全阀校验期间，注意给水调节，控制好汽包水位，防止发生满水和缺水事故。

5）统一指挥升压、降压、稳压。汽包压力上限不超过 17MPa，再热蒸汽压力不超过 3.5MPa。

6）现场做好安全保卫工作，无关人员不得进入安全阀校验现场。注意高空作业安全，系好安全带，防止坠跌事故。

7）安全阀校验的制造厂代表应遵守本措施的有关要求，熟悉校验过程，做好与参加校验工作人员的配合，确保校验质量与进度。

8）在进行严密性试验及安全阀校验时，特别注意人身安全，以免烫伤。

9）安全防护用品：隔热服 2 套。

10）脚手架搭设时应在与高温管道接触的部位用石棉布进行隔离，防止脚手架板在高温下起火。

11）制定防止安全门拒动时的安全措施。

12）安排两个专人手持对讲机联系压力情况。

13）对照就地压力表与盘上压力表，记录差值。

（3）技术措施。

1）根据实际情况，将汽包、过热器、再热器的安全阀上加压紧装置。

2）整定顺序一般按定值由高到低逐个整定。对于整定好的安全阀应记下液压油压和折算前后的动作压力，并装上闭塞器，拧紧背帽。

3）解除锅炉高水位保护。

4）解除锅炉水位自动，改由手动控制。

5）用液压加载装置逐只对安全阀进行校验。

3.4　修后机组并网后锅炉试验

锅炉点火启动并网后，需要进行一些动态试验，主要包括：热效率及空气预热器漏风试验、锅炉安全门校验、重要辅机性能试验、最低负荷稳燃试验、锅炉燃烧调整试验等试验。本节中提到的设备、定值为某特定机组定值，各厂应参照本厂机组和设备具体情况而定。

3.4.1　热效率及空气预热器漏风试验

锅炉热效率及空气预热器漏风率是评价锅炉运行经济性的重要特性指标，在机组锅炉大修后，对其进行热效率及空气预热器漏风试验，试验在锅炉及空气预热器进出口烟道区域。

锅炉热效率及空气预热器漏风试验适用于循环流化床锅炉、煤粉炉等火力发电汽轮机组。机组大修启动后需进行该项试验，各工况锅炉热效率测试及检查空气预热器漏风试验。

锅炉热效率及空气预热器漏风试验由电厂委托有该试验业绩的试验单位承担完成。

在机组启动运行平稳后进行该项试验。锅炉热效率及空气预热器漏风试验需机组带负荷后，改变负荷，在不同负荷段维持机组稳定一段时间，测量各参数，并计算锅炉热效率和空气预热器漏风量。

3.4.1.1　试验目的

为掌握大修后锅炉设备的运行特性和现状，并作为大修前、后热力试验对比参数和燃烧调整依据、技术监督储备数据。综合分析、评价锅炉运行经济特性。

3.4.1.2 依据规程和标准

《电站锅炉性能试验规程》

3.4.1.3 试验条件

（1）确认锅炉机组各主、辅机正常稳定运行并满足试验要求，无检修工作。

（2）运行方式已批复，安全措施执行。

（3）对所有参与试验的仪表（仪器）已进行校验和标定。

（4）要求在每个试验负荷前，全面吹灰、打焦、除灰、定期排污各一次，试验开始后不再进行上述操作，如必须进行时，应事先与试验负责人联系。

（5）各风道挡板动作灵活，能全开全关，开关位置与外部指示以及表盘指示的读数一致。测点处有供测试人员进行测量的操作平台。

（6）表盘上的热工仪表指示要准确。

（7）锅炉运行参数稳定，参数波动范围符合要求，其波动范围见表 3-7。

表 3-7 锅炉蒸发量及蒸汽参数波动的最大允许偏差表

测量项目	观测值偏离规定值的允许偏差
蒸发量（t/h）	±3%
蒸汽压力（MPa）	±2%
蒸汽温度（℃）	+5；−10

3.4.1.4 试验仪器

试验所需仪器见表 3-8。

表 3-8 试验仪器汇总表

序号	仪器名称	型号	数量	仪器精度	单位	仪器用途
1	烟气分析仪	FASLO	2	±0.8%	台	分析烟气成分
2	烟气采样泵	HD-25	2	/	台	抽取烟道中的飞灰样
3	干湿球温度计	HM34	1	±0.5%	台	测量环境温度、湿度
4	热电偶	E 型	20	±0.5%	支	测量烟气温度
5	飞灰等速采样仪	3012 型	1	±5%	台	飞灰取样
6	数据采集仪	MV1000	2	±0.05%	台	测量排烟温度

注：以上仪器、仪表均在检定（校准）有效期内。

3.4.1.5 试验内容和方法

（1）试验方法。燃料采样及分析：燃煤采样从锅炉的原煤斗前采样。需要采样的总份数，按锅炉试验的总时间和采样的各个点均匀分布，采样开始和结束的时间应视燃料从采样点至送入炉膛所需的时间而适当提前。将所取的全部份样充分混合后缩制成一个煤样。采集的煤样和缩制煤样应立即密封保存。

烟气取样及分析：在计算锅炉热效率或测定空气预热器的漏风时，需要采集烟气，分析测定烟气成分。烟气采样采用网格法，根据烟道尺寸划分测点位置。

灰、渣采样及分析：对于煤粉炉取 $a_{lz}=10\%$，$a_{fh}=90\%$。炉渣的原始试样数量应不少于炉渣总量的千分之一，并不少于 4kg。采样应在整个试验期间等时间间隔进行，并保证样品具有代表性。飞灰采样在空气预热器出口烟道上，采用网格法等速进行。

烟气温度测试：在空气预热器出口烟道，用 PT100 型热电阻采用网格法进行测试。

（2）试验内容。将电负荷分别稳定在 100%Pe、90%Pe、80%Pe、70%Pe，锅炉带相应负荷，使用烟气分析仪测试烟气成分、使用热电偶、万用表测试分析排烟温度等，取入炉原煤进行元素及工业分析、取飞灰、炉渣化验可燃物含量，计算各项热损失，用反平衡法计算锅炉热效率。

将电负荷稳定在 100%Pe，采用电化学法，测试空气预热器进出口烟气成分，计算其漏风系数及漏风率。

试验所需工况及试验时间见表 3-9。

表 3-9 试验工况及试验时间表

试验工况	每个试验工况所需时间
100%Pe	
90%Pe	每个工况试验持续时间 120min
80%Pe	（每个工况变动后，应稳定 30min；测试时间 90min）
70%Pe	

3.4.1.6 安全及质量保证措施

（1）组织措施。管理组工作分工及要求：

1）组织部门人员全面完成修后热效率及空气预热器漏风试验的施工任务。

2）保证安全，不发生人身轻伤及以上不安全事件。

3）保证风压质量，实现 A 级检修全优。

4）保证工期，按厂控工期进行热效率及空气预热器漏风试验。

5）保证措施认真执行。

安全组工作分工及要求：

1）所有人员必须到热效率及空气预热器漏风试验现场巡视检查，发现不安全情况按照 A 级检修安全措施的要求立即制止并记录在册，列入考核。

2）发现危及人身及设备的安全隐患，有权要求停止试验整改。

质量技术组工作分工及要求：

1）严格把好两关（工程进度关、检修质量关）。

2）及时向运行部汇报和反映热效率及空气预热器漏风试验存在的问题。重点掌握各专业特项技术方案的制订及实施。

3）协调和解决热效率及空气预热器漏风试验现场出现的与质量、工程进度有关的疑难问题。

4）做好质量检查工作，严格把好质量关，对于热效率及空气预热器漏风试验中的质检点全部检查，查出的质量问题及时进行纠正。

（2）安全措施。

1）严格执行安全工作规程，分析热效率及空气预热器漏风试验"危险点"并有效控制，大力开展"四不伤害"活动，认真查处习惯性违章，牢固树立众多因素中安全第一的思想。

2）热效率及空气预热器漏风试验前与运行人员到现场检查安全措施是否符合安全要求。

3）各值、班组根据工作内容实际情况，制定安全措施并组织学习，做到在部署工作的同时交代清楚安全注意事项。

4）凡涉及上下层作业、交叉作业时必须看管好工作中所用的工具、物品等，防止坠物伤人进入现场必须戴安全帽，系好下颌带，高空作业系好安全带。

5）热效率及空气预热器漏风试验现场要有足够的照明。临时电源线必须接在规定电源箱内，裸露部分要用胶布包好，严禁在照明灯上取电源。

6）热效率及空气预热器漏风试验工作中需要将安全设施移动或拆除（栏杆、孔洞等），应经安监部批准并应做好临时安全设施、设置明显标识，修后立即恢复。

7）严格执行《安全生产工作规定》电气、机械部分等规章制度。

（3）技术措施。

1）在试验期间要求运行操作人员按运行操作规程进行调整，保证试验所要求的负荷、汽温、汽压、给水温度、燃料、风量等主要运行参数的稳定。

2）试验期间如发生影响运行的紧急情况需变更工况或操作时，运行人员应及时采取必要措施，并通知试验人员停止试验。

3）工况变动后，应稳定 30min，并对过热器后氧量进行调整，使该值保持在合理范围内（≥3.0），方可进行试验。

4）试验时出具试验方案，必须办理工作票，试验人员不得自己操控、调整设备。

5）在指定检修电源箱内，可靠、安全接通临时电源，不得采用挂线等方式，接线和拆线时，应将开关断开，接线时有专人监护，所有工作地点必须有照明。

6）试验人员着装应符合安全规程要求，取烟气、灰渣样、测试烟气温度、烟气流速时，需戴手套、穿长袖工作服，防止烫伤。

7）试验人员应严格遵守安全工作规程和厂内一切规章制度。

3.4.2　重要辅机性能试验

锅炉的重要辅机有引风机，送风机（或二次风机）、一次风机等，通过辅机性能试验，掌握重要辅机全压、流量、效率，分析运行特性。下面以引风机性能试验为例。

锅炉的重要辅机性能试验适用于循环流化床锅炉、煤粉炉等火力发电汽轮机组。机组大修启动后需进行该项试验。锅炉的重要辅机性能试验由电厂委托有该试验业绩的试验单位承担完成。

在机组启动运行平稳后进行该项试验。锅炉的重要辅机性能试验需机组带负荷后，改变辅机出力来进行试验。

机组稳定运行阶段进行，试验为 7 个工作日。

3.4.2.1　试验目的

通过试验，计算引风机全压、流量、效率，分析引风机的运行特性。

3.4.2.2　依据规程和标准

《电站锅炉风机现场试验规程》

3.4.2.3　试验条件

（1）确认锅炉机组各主、辅机正常稳定运行并满足试验要求，无检修工作。

（2）运行方式已批复，安全措施已执行。

（3）对所有参与试验的仪表（仪器）已进行校验和标定。

（4）要求在每个试验负荷前，全面吹灰、打焦、除灰、定期排污各一次，试验开始后不再进行上述操作，如必须进行时，应事先与试验负责人联系。

（5）各风道挡板动作灵活，能全开全关，开关位置与外部指示以及表盘指示的读数一致。测点处有供测试人员进行测量的操作平台。

（6）表盘上的热工仪表指示要准确。

（7）锅炉运行参数稳定，参数波动范围符合要求。其波动范围，见表3-10。

表 3-10　　　　　　　　　锅炉蒸发量及蒸汽参数波动的最大允许偏差表

测量项目		观测值偏离规定值的允许偏差
蒸发量（t/h）	＞220	±3％
蒸汽压力（MPa）	≥9.5	±2％
蒸汽温度（℃）	540	+5；−10

3.4.2.4　试验仪器

所需仪器，见表3-11。

表 3-11　　　　　　　　　　　　试验仪器汇总表

序号	仪器名称	型号	数量	单位
1	标准皮托测速管		3	支
2	靠背测速管		3	支
3	干湿球温度计		2	台
4	微压计		4	支
5	热电偶	K 型	10	支

3.4.2.5　试验内容和方法

（1）试验方法。根据风机BMCR、75％ BMCR、50％ BMCR工况，测试不同工况下的各风机的流量、风机进、出口的全压、风机的电动机功率、风机的轴功率，进而算出风机的效率。

（2）试验内容。将风机稳定在 BMCR、75％BMCR、50％BMCR 工况，锅炉带相应负荷，分析测试引风机全压、流量，同时记录各工况下的引风机电量，计算风机风机效率。

3.4.2.6 安全及质量保证措施

（1）在试验期间要求运行操作人员按运行操作规程进行调整，保证试验所要求的负荷、汽温、汽压、给水温度、燃料、风量等主要运行参数的稳定。

（2）试验期间，在确定工况下调整好风量后，风量不予再调整。

（3）试验期间如发生影响运行的紧急情况需变更工况或操作时，运行人员应及时采取必要措施，并通知试验人员停止试验。

（4）每个试验工况之间稳定运行 30～40min，每个工况稳定运行 4～6h。

（5）试验时出具试验方案，并按要求办理工作票。

（6）在指定检修电源箱内，可靠、安全接通临时电源，不得采用挂线等方式，接线和拆线时，应将开关断开，接线时有专人监护，所有工作地点必须有照明。

（7）试验人员着装应符合安全规程要求，测试烟气温度、烟气流速时，需戴手套、穿长袖工作服，防止烫伤。

（8）试验人员应严格遵守安全工作规程和厂内一切规章制度。

3.4.3 最低负荷稳燃试验

最低负荷稳燃试验是在机组大修启动带负荷后进行，考验锅炉稳燃情况下带最低负荷的能力。最低负荷稳燃试验适用于循环流化床锅炉、煤粉炉等火力发电汽轮机组。机组大修启动后需进行该项试验。

最低负荷稳燃试验由电厂委托有该试验业绩的试验单位承担完成。

在机组启动运行平稳后进行该项试验。最低负荷稳燃试验需机组带负荷后，逐步降低机组出力来检验锅炉稳燃情况下带最低负荷的能力。

3.4.3.1 试验目的

确定在不投助燃情况下，锅炉稳定燃烧最低蒸发量，为该机组今后的安全经济运行，参与电网调峰，有效开展"最小运行负荷、供热能力核查"工作找到技术依据。

3.4.3.2 依据规程和标准

GB/T 10184—2015《电站锅炉性能试验规程》

DL/T 1616—2016《火力发电机组性能试验导则》

3.4.3.3 试验条件

（1）试验前应提供入炉煤煤质工业分析及发热量化验结果，试验过程保证煤种稳定。

（2）试验前锅炉运行持续时间应大于3日。

（3）试验前，锅炉应在额定负荷的60%以上长时间连续稳定运行，所有的转动机械、热力系统等运行正常。

（4）试验前应检查炉膛火焰电视可以清晰地观察炉内火焰，燃烧器的火焰检测装置运行可靠。

（5）试验前应确认锅炉声光报警信号反应灵敏、准确；锅炉灭火保护及其他各种联锁保护性能可靠。

（6）试验前应完成锅炉本体吹灰一次，试验期间吹灰系统禁止投入。

（7）试验前确认锅炉各种监视、记录、检测仪表指示准确，如锅炉氧量、脱硝入口烟温及 NO_x 浓度等指示正确。

（8）试验前应对助燃系统进行全面检查，保证在事故情况下助燃系统能够及时、可靠投入。

（9）试验前检查汽轮机的高、低压旁路系统状态正常，并使其处于热备用状态。

（10）试验前确认热控主要自动调节系统投入，并且运行平稳，调节品质良好。

（11）试验前，运行人员要充分做好相关事故预想，如锅炉灭火、MFT保护动作、水冷壁爆管等，一旦发生事故按相关规程规定处理。

3.4.3.4 试验内容及要求

为了保证锅炉的稳定燃烧和受热面金属壁温在正常范围内运行及合适的主、再热汽温，在条件允许情况下，要求试验过程中尽量保留相邻磨煤机运行，以集中炉膛热负荷保证锅炉的稳定燃烧。

（1）值长申请调度中心，通知锅炉、汽轮机、电气专业运行人员及热工人员，锅炉开始做稳定燃烧最低蒸发量试验。

（2）机组协调控制，减负荷速率按照0.5%~1.5%进行，按照从上层至下层的顺序进行，缓慢逐步停运磨煤机及给煤机，待所停磨煤机的燃烧器全停，各给煤机的给煤量及先停运哪一层燃烧器根据机组负荷和汽温的实际变化情况决定。

（3）燃烧稳定后，机组电负荷逐步降低，试验应以3%~10%额定负荷的幅度逐级降低锅炉负荷，并在每级负荷下保持 10～30min。

（4）减煤过程应缓慢进行，同时减煤过程中应就地加强看火并及时向主控汇报着火情况，若出现燃烧不好，且所留磨煤火检不稳定，应停止减煤，待燃烧稳定后再恢复减煤。同时，注意监视炉膛出口烟温值，是否仍保持较高水平。

（5）减负荷的原则是先减煤后减风，每台磨煤机停止之后，锅炉至少应保持负荷稳定 10～30min 后再继续下滑；对已停止的一次风喷口应继续通风冷却。

（6）在减负荷过程中要注意汽温、汽压的变化，根据燃料量调整一、二次风量，尽量保证锅炉磨煤机投煤量一致、热负荷均匀、减小烟温偏差。

（7）当观察到出现不稳定的燃烧迹象时（如火焰脉动，火焰亮度下降，炉膛负压波动大），应及时停止减负荷，保证锅炉燃烧稳定，记录锅炉各系统的运行参数，确定最小的稳定燃烧最低蒸发量。

（8）如果发现燃烧恶化或炉膛压力波动过大等情况，应立即停止减少负荷，并投入助燃系统稳定燃烧，根据情况缓慢增加锅炉负荷，恢复锅炉的稳定运行。

（9）待所留磨层煤火检模拟量信号强弱变化明显时即停止减负荷，从就地看火孔观察，炉膛火焰应稳定明亮，煤火嘴着火点适宜，炉膛出口烟温不再降低，基本趋于稳定，以安全稳定运行能达到的出力作为最低出力试验结果。

（10）锅炉维持该负荷稳定运行 2h，且锅炉负荷、过热器压力和过热汽温度等基本稳定，记录此时锅炉各系统的运行参数，确定锅炉稳定燃烧最低蒸发量。

（11）按程序进行完试验后结束试验，恢复机组的正常运行。

（12）试验过程中，锅炉各项保护应全部投入，为了稳定燃烧和便于控制，磨煤机一次风量自动和各层燃烧器二次风自动可切至手动方式运行，其余自动全部投入。

（13）试验期间，运行人员应加强就地看火，加强对火检信号及炉膛负压、一次风量、二次风量、氧量、烟温以及受热面壁温等参数的监视，如有较大波动应暂时停止减燃料，调整燃烧至稳定后，再继续进行试验。

（14）试验过程中，减煤减负荷的速率主要根据燃烧强度变化及燃烧稳定的情况而定，并注意保持适当的一次风量、二次风量和氧量；减煤的同时，应适当调整该磨煤机的一次风量，以保证较合理的一次风速、煤粉浓度及较高的磨煤机出口温度；同时，适当减少二次风量，维持合理的氧量。

（15）超临界机组要控制好煤水比和分离器出口过热度，维持机组干态运行，避免转为湿态运行。

（16）试验过程中，通过配风调整，优化一、二次风及燃尽风风率，控制烟气氧量、总风量、风煤比，严格控制入炉煤质，降低脱硝入口 NO_x 浓度；低负荷或环境温度较低时，应及时投运热风再循环、暖风器，锅炉尾部烟气旁路等，提高脱硝入口烟温，保证脱硝系统安全投运；降负荷、停磨煤机过程中，及时调节脱硝系统喷氨量，精准控制出口 NO_x 浓度。

严密监视脱硝出口 NH_3 逃逸率变化、空气预热器差压增长速度；监视磨煤机出口各粉管出力均衡状况，各一次风管最大风速相对偏差值不大于 $\pm 5\%$，加强炉内配风调整，确保炉膛内热负荷均匀，提高锅炉出口 NO_x 分布均匀性；监视两侧烟气流量是否存在偏差，出现偏差及时调整两侧引风机出力，确保各负荷段两侧烟气流量均衡。

（17）试验期间每隔 15min 记录汽水、烟风、制粉、燃烧系统的主要参数。

（18）试验中应保证如下条件：

1）炉膛压力正常。

2）燃烧稳定。

3）火焰检测正常。

4）炉膛出口氧量正常。

5）汽水侧参数稳定、正常。

3.4.3.5　安全及质量保证措施

（1）组织措施。为保证现场试验工作顺利进行，须成立一个现场试验领导小组，由电厂厂级领导担任组长，电厂有关部门和试验各方参加，领导小组负责组织和协调试验时的工况调整、系统隔离和异常事故处理等工作。

1）电厂职责：

① 负责协调电网调度，调整负荷。

② 提供试验机组的相关技术资料。

③ 配合试验期间工作票的审批、试验措施的操作。

④ 负责试验时的煤质化验分析，并将化验结果提前通知试验人员。

⑤ 监督试验是否满足试验标准。

⑥ 负责监督试验数据的真实性。

2）试验单位职责：

① 负责试验方案的编写。

② 负责进行现场试验。

③ 负责试验报告的编写。

（2）安全措施。

1）试验时出具试验方案，需要时必须办理工作票，试验人员不得自己操控、调整设备；运行人员认真监视设备，随时做好恢复工况的准备；其他专业应有专人负责配合本试验，做好事故预案，发现异常及时通报试验负责人；试验当中禁止任何与试验无关的操作。

2）试验过程中，当发生意外或危及设备及人身安全时，试验应立即停止，运行人员按已经正式审批出版的规程进行处理，试验人员退出试验现场。

3）试验前及试验当中应与汽轮机、电气协调好，必要时与电网调度做好联系。

4）试验中锅炉的所有保护系统及汽轮机、电气与试验有关的保护系统均应投入。

5）试验期间，各测试人员统一听从试验负责人的安排，精心测试。电厂方面需派专工进行现场协调，保证试验顺利进行。

6）试验期间，电厂运行人员不得随意改变机组的运行方式和工况，如确有进行操作调整的必要，应与试验负责人协商后进行。

7）试验过程中，如果燃烧不稳可能发生锅炉灭火时，立即投入助燃系统，待燃烧稳定后，重新开始试验。

8）应安排有经验的锅炉专业人员在就地观察炉内燃烧情况，配备对讲机同控制室内人员随时联系；试验过程中，当发现个别煤火嘴燃烧不稳时，应停止减负荷，调整燃烧，待稳定后，方可继续减负荷。观测炉内火焰时，要佩戴防护眼镜，并站在看火孔的侧面以免烧伤。

9）锅炉燃烧不稳，可以采取以下措施：

① 试验前对助燃系统进行全面检查，油系统应进行油枪进退试验，确认油枪能随时投入，着火正常。

② 检查燃烧器火检系统，确认火检系统正常工作。如火焰强度低于75%，则应稳定负荷（必要时可投助燃系统），查找原因，根据具体情况决定试验是否继续进行。

③ 监视炉膛负压在合理范围之内，若超过运行允许范围，则立即投助燃系统稳燃，投助燃系统后，若燃烧恢复稳定，炉膛负压恢复正常，再逐步退出油枪；若燃烧还不稳定，负压波动还是超出运行允许范围，则升负荷，查找原因，根据具体情况决定试验是否继续进行。

146

④ 火焰电视如出现忽明忽暗，则应稳定负荷（必要时可投助燃系统），查找原因，根据具体情况决定试验是否继续进行。

⑤ 锅炉降负荷过程按照试验方案进行，每降负荷一次，均要稳定一段时间，确认锅炉的着火无异常，炉膛负压稳定后，再降负荷。

10）试验过程中，禁止进行锅炉本体吹灰及其他影响锅炉燃烧的工作。

11）试验过程中其他安全注意事项按《电厂锅炉运行规程》处理。

（3）危险源辨识及控制措施。

1）危险源分析。

① 低负荷燃烧不稳定造成锅炉灭火。

② 低负荷燃烧期间造成燃烧器损毁。

③ 低负荷燃烧期间由于煤量低磨煤机振动造成磨煤机损坏。

④ 低负荷燃烧期间 SCR 入口烟温低 SCR 停运造成 NO_x 超标。

⑤ 低负荷燃烧期间锅炉水循环动力破坏造成水冷壁爆管。

2）危险源控制措施。

① 确保入炉煤热值较高、挥发分较高，煤粉细度合适。遇雨雪天气，锅炉上煤时应注意做好措施防止雪块、湿煤进入原煤斗。巡检人员应加强对给煤机下煤情况的监视，发现下煤管出现粘煤迹象时，应及时振打，防止发生蓬煤、断煤事故。值长及时了解煤质情况、煤仓煤位，做好事故预想。

② 确保燃油系统稳定，检查燃油压力在正常范围内，油枪应定期试验正常，化学应定期化验油质合格。

③ 低负荷燃烧期间应保持相邻磨煤机组运行，加强对运行磨组的检查，根据掺烧煤种，磨煤机出口温度保持上限运行，液压加载力根据磨煤机振动和石子煤量进行适当调整。

④ 为避免燃烧器损毁，保证一次风压不低于一定值、二次风压不低于一定值；磨煤机保证一定台数以上通风，具体通风风量通过试验确定。

⑤ 低负荷燃烧期间应注意监视水位、给水泵流量。给水泵控制状态应为自动，需要手动控制时应保持操作幅度平稳，保证备用泵处于良好备用状态。

⑥ 低负荷燃烧期间应投入暖风器，提高送风温度，提高 SCR 入口烟温；当 SCR 入口烟温接近脱硝系统保护温度时，应及时增加负荷，防止环保指标超标。

⑦ 低负荷燃烧期间重点监视锅炉燃烧情况，应加强对火检、炉膛负压等参数的监视，发现炉膛负压波动幅度大，同时多个火检出现波动情况时，应及时投油稳燃，并检

查制粉系统是否稳定，并采取相应措施。

⑧ 低负荷燃烧期间加强对风机系统的监视调整，保证锅炉风量、氧量、炉膛负压、一、二次风压在规定值。两侧风机应同步调整，避免风量和风压不平衡，重点监视两台送风机，防止送风机发生喘振。

⑨ 低负荷燃烧期间应做好相应事故预想、如锅炉灭火、MFT 保护动作、水冷壁爆管等，一旦发生事故按相关规程规定处理。

⑩ 低负荷燃烧期间水冷壁、过热器禁止吹灰，空气预热器吹灰应连续投入，防止发生二次燃烧。

⑪ 低负荷燃烧期间，进行正常磨煤机组启停及风量调整操作时应缓慢进行，防止锅炉瞬间进入大量冷风，导致燃烧不稳定发生灭火事故。

（4）环境与职业健康安全管理。

1）助燃系统为油系统时，退油枪前，应做好锅炉灭火和事故处理预想，当锅炉发生灭火时，按照锅炉的事故处理规程进行处理。

2）在锅炉灭火以后，应对炉膛、烟风道进行吹扫，吹扫时间不少于 5min。

3）断油过程中不吹灰、不打焦，并保持机组负荷和制粉系统稳定。

4）调整过程中，出现燃烧不稳应及时投入助燃系统稳燃。

5）操作人员应坚守岗位，勤观察，勤分析，做到万无一失，确保设备和人身安全。

6）FSSS 系统必须正常投入。

7）确保现场清洁、道路畅通。

8）该试验进行过程中，应遵照以人为本的原则，健全职业健康保障体系。

9）合理安排作业时间，防止疲劳作业。

10）夏季工作应做好防暑降温措施。

3.4.4 锅炉燃烧调整试验

试验分为制粉系统调整试验、配风试验及燃烧状态诊断优化运行。

锅炉燃烧调整试验适用于循环流化床锅炉、煤粉炉等火力发电汽轮机组。机组大修并网后进行该项试验，调整测试锅炉运行的经济特性，降低各项热损失，提高锅炉效率。

锅炉燃烧调整试验由电厂委托有该试验业绩的试验单位承担完成或自己独立完成。

在机组启动运行平稳后进行该项试验。锅炉燃烧调整试验需机组带负荷后，试锅炉燃烧系统、制粉系统的运行特性，掌握锅炉燃烧状态，并使锅炉燃烧制粉系统运行状态调整到最佳。

预备性试验以及试验前的准备工作，需 3～5 工日。配平每台磨煤机一次风速和调整煤粉细度到合理范围，需工日 14～16 工日。配比一、二次风和优化磨煤机组合运行，同时观测调整后的效果，需工日 14～18 工日。

3.4.4.1　试验目的

（1）测试锅炉燃烧系统、制粉系统的运行特性，掌握锅炉燃烧状态。

（2）使锅炉燃烧制粉系统运行状态调整到最佳。

（3）调整测试锅炉运行的经济特性，降低各项热损失，提高锅炉效率，从而保证锅炉的安全、经济、稳定运行。

（4）测试制粉系统经济性及其他性能，为开展辅机节能工作奠定基础。

（5）减轻锅炉水冷壁和过热器结焦及烟气偏差。

（6）为运行人员提供燃烧调整操作卡片，指导运行。

3.4.4.2　依据规程和标准

试验标准如下：

GB 10184—88《电站锅炉性能试验规程》

DL/T 467—2019《电站磨煤机及制粉系统性能试验》

3.4.4.3　试验条件

（1）试验开始之前要求电厂校核氧量表以及其他热工测点准确性，完成一、二次风测速装置、磨煤机入口风量装置的冷态标定和配平，要对磨煤机各个运行参数进行摸底，对入炉煤进行化验，对燃烧器角度和切圆进行校核测量。

（2）试验开始之前，要求电厂确保粉管缩孔、磨煤机分离器挡板以及其他风门挡板灵活可调、位置正确，完成冷态制粉系统以及炉膛漏风检测。

（3）在试验开始之前，试验负责人应进行交底，使全体试验及运行人员熟悉试验方案，了解试验内容及方法。试验负责人应检查一切试验准备工作已经完成，安全措施符合要求。

（4）试验期间，锅炉运行稳定，烟风、制粉、燃烧系统无检修工作，负荷应能满足试验要求。

（5）试验期间，要求锅炉及辅机运行正常，锅炉主要参数保证在设计值附近；锅炉机组要严密，不存在泄漏。

（6）试验期间，燃用煤种应尽力满足设计要求或保持稳定。

（7）试验期间，运行人员应严格按照试验负责人的要求进行操作，试验中工况一经确定，运行人员不得擅自更改，如设备或系统出现问题，应及时通知试验负责人，并按有关规程处理。

（8）请电厂化学专业及时准确地将各样品（如 R_{90}、R_{200} 等）分析、化验出来，为调整试验的正常开展提供依据。

3.4.4.4 试验仪器

试验仪器见表 3-12。

表 3-12 试 验 仪 器

序号	仪器编号	仪器名称	型号	数量
1	GL-127	烟道气体分析仪	Testo350xl	1 台
2	GL-004	干湿球温度计	HM34	1 台
3	GL-132	自动飞灰取样仪	3012	2 套
4	GL-103	大气压力表		1 台
5	GL-155	U 型压力计		10 支
6		热电偶	E 型	32 支
7		滤筒		4 盒
8		靠背管（$k=0.85$）		2 支
9		煤粉等速取样装置		1 套

3.4.4.5 试验内容和方法

（1）热态一次风风速调平。运行中保证各送粉管道一次风风速相同对炉内稳定燃烧非常重要，所以首先应调平磨煤机出口各管道一次风风速。在测试一次风风速值的同时，通过调整一次风缩孔将各管一次风风速调整到设计值。同层四角一次风速偏差≤5％。

（2）磨煤机入口风量调整。磨煤机入口风量的大小决定了一次风风速值，燃烧器出口保持适当的一、二次风速，是建立正常的空气动力场和稳定燃烧所必需的。而一次风风速的高低直接影响到炉内燃烧是否稳定、安全、经济。一次风速过高会导致着火延迟及炉内燃烧不稳，水冷壁结焦；过低则使一次风刚性降低，气流偏斜，并造成喷口结焦或烧损燃烧器，甚至引起一次风风管内煤粉沉积。

根据煤量、出力，保持二次风量固定（在 270MW 负荷以下时表盘氧量维持在 5.0％～6.0％，以上维持到 3.5％～4.5％），通过调整磨煤机入口风门来改变磨煤机入口风量，使一次风风速维持在 $26\sim28\text{m/s}$，测试锅炉排烟温度、大渣及飞灰可燃物含量，并记录锅炉主要参数、磨煤机排渣量，观察炉内结焦情况。

（3）煤粉细度调整。煤粉细度既影响炉内燃烧的稳定及经济性，也影响制粉系统电耗，煤粉愈细，q_4 愈小，而制粉系统耗电率则增大，最佳的细度值应该使两种热损失之和（q_4+q_{ZF}）最小。根据电厂燃煤挥发分含量及采用中速磨煤机的特点，理论计算煤粉细度应在 $R_{90}=18\%\sim25\%$ 范围内。

通过调整分离器挡板开度，使 D、E 磨煤机 R_{90} 保持在 $18\%\sim20\%$，其余三台磨煤机 A、B、C 的 R_{90} 保持在 $21\%\sim24\%$，测试省煤器后氧量，取飞灰、大渣，化验其可燃物含量。

（4）磨煤机出口温度调整。测试磨煤机出口温度，通过调整冷热风风门开度，使磨煤出口温度达到与燃用煤种相适应的温度或设计温度。

（5）二次风压及烟温偏差调整。根据二次风系统设计阻力及运行中二次风箱的二次风压力，在观察燃烧器出口着火及燃烧状况的同时，调整二次风及周界风强度，使二次风对一次风有较强的扰动和混合作用，并使煤粉进入炉膛后能够及时着火、有合适的回流区，同时燃烧稳定均匀。调整顶部消旋风速，减少炉膛出口烟气偏差。

（6）配风方式及一、二次风率调整。通过调整各层一、二次风速的大小，找出最适合本炉的配风方式和风率配比，使锅炉各参数达到设计值，锅炉可连续、长期、稳定、经济运行，减轻炉内结焦。

（7）氧量、过剩空气系数调整。空气过剩系数的确定主要取决于锅炉燃烧的经济性，空气过剩系数过大会增加 q_2 损失，过小会增加 q_3+q_4 损失，因此它应有一个适宜值，使 $q_2+q_3+q_4$ 为最小。在一定的一次风速下，调整确定机组在各个负荷工况下，保持合理的氧量区间，避免局部缺氧燃烧。

（8）氧量场测试。进行空气预热器入口氧量场测试，掌握氧量在全烟道截面上的分布情况，为表盘氧量给出参考比对值。

（9）排烟温度场测试。进行空气预热器出口排烟温度场测试，掌握排烟温度在全烟道截面上的分布情况，为表盘排烟温度给出参考比对值。

3.4.4.6　安全及质量保证措施

（1）试验期间，试验人员应做好安全措施，高温部位测试要避免烫伤，高空作业一定要搭牢固的架子，并佩戴安全带。

（2）试验期间如发生影响运行的紧急情况需变更工况或操作方法时，运行人员应及时采取必要措施，并通知试验负责人。

（3）观察锅炉燃烧情况时，须戴防护眼镜或用有色玻璃遮着眼睛。

（4）在锅炉燃烧不稳时，不可站在看火门、检查门或燃烧器检查孔的正对面。

（5）开启锅炉的看火孔、检查门、灰渣门时，须缓慢小心，并看好向两旁躲避的退路。

（6）时刻注意锅炉承压部件的运行状况，发现泄漏马上采取措施并及时处理。

第4章

汽轮机检修试验

火力发电厂汽轮机检修试验包括修后机组冷态下试验，如机侧辅机及汽轮机单体试验等，冷态验收前分部试运、启动前机组冷态下试验、修后机组热态下试验和修后机组并网后试验等。

火电机组汽轮机检修在完成汽轮机辅机单体试验、分部试运和启动前冷态下试验后，进入汽轮机整套启动试运前，汽轮机分系统检修结束，分部试运应完成且验收签字；分部试运技术资料特别是设备、系统异动报告需移交至运行值长处以便全面掌握机组检修后情况，为安全启动做好准备；分部试运中如有个别项目未完成，不能参加机组整套启动，须由检修责任队提出申请，经调试启动试运指挥部批准后执行；准备足够供机组启动所必需的仪器、工具、材料和备品；机组整套启动调试、试验方案均已审批，已组织参与调试、试验的人员学习熟悉方案；参与机组整套启动的运行、调试、检修、管理及监督等人员确认并准备到位。

机组整套启动应逐项投入运行的汽轮机侧设备及系统主要包括汽水系统（主再热蒸汽、抽汽、除氧给水、高、低压加热器、凝结水、冷却系统）；润滑油系统、顶轴油、盘车系统；抗燃油系统；密封油系统；开、闭式冷却水系统；疏放水系统；定冷水系统；厂用蒸汽系统；轴封系统等。

汽轮机 A 级检修在机组停运前需完成的试验项目见表 4-1。

表 4-1　　　　　　　汽轮机 A 级检修在机组停运前需完成的试验项目

序号	试验项目	进行阶段
1	汽轮机热效率试验	停机前
2	真空严密性试验	停机前
3	汽轮机振动监测试验	停机过程中
4	汽轮机阀门活动试验	停机前
5	主汽门、调速汽门、抽汽止回门关闭时间测试	停机过程中
6	测取惰走曲线及金属降温曲线	停机过程中

汽轮机 A 级检修单体调试、分部试运及冷态验收试验项目见表 4-2。

表 4-2　　　　汽轮机 A 级检修单体调试、分部试运及冷态验收试验项目

序号	试验项目	进行阶段
1	汽轮机侧阀门、调整门等试验	冷态
2	汽轮机辅机联锁及保护试验	冷态
3	主机低油压保护试验	冷态
4	EH 油压低试验	冷态
5	发电机断水保护试验	冷态
6	汽轮机挂闸/打闸试验	冷态
7	高压遮断电磁阀试验	冷态
8	高压加热器保护静态试验	冷态
9	抗燃油系统耐压试验	冷态
10	汽轮机叶片测频试验	冷态

汽轮机 A 级检修后机组整套启动并网前完成的检修试验项目见表 4-3。

表 4-3　　　　汽轮机 A 级检修后机组整套启动并网前检修试验项目

序号	试验项目	进行阶段
1	汽轮机自动主汽门、调速汽门及抽汽止回门快关试验	冷态
2	主机保护（ETS）试验	冷态
3	汽轮机调速系统参数静态测试	冷态
4	自动主汽门、调速汽门严密性试验	热态
5	喷油试验	热态
6	超速试验	热态

汽轮机 A 级检修后机组并网后检修试验项目见表 4-4。

表 4-4　　　　汽轮机 A 级检修后机组并网后检修试验项目

序号	试验项目	进行阶段
1	真空严密性试验	80%额定负荷
2	自动主汽门、调速汽门活动试验	80%额定负荷
3	甩负荷试验	50%、100%额定负荷
4	汽轮机调速系统参数动态试验	75%额定负荷
5	汽轮机振动监测及动平衡试验	带初负荷至满负荷
6	汽轮机热效率试验	带初负荷至满负荷
7	机组水塔冷却幅高测试	80%额定负荷以上

4.1　修后机组冷态下汽轮机试验

4.1.1　汽轮机试验基础性工作

火电机组检修时汽轮机冷态分部试运前应完成以下工作，主要包括：手动阀门试验、

电动门试验、调整门试验，汽轮机辅机联锁及保护试验、主机保护试验、高压遮断电磁阀试验等。

4.1.1.1　阀门传动

汽轮机侧的手动阀门试验、电动门试验、气动门试验、调整门试验的标准和注意事项，可按照锅炉检修试验部分中阀门传动试验方案完成相应工作。

4.1.1.2　汽轮机辅机联锁及保护试验

（1）给水泵保护及联锁试验。

1）试验前的准备工作。

① 启动给水泵辅助油泵运行。

② 将给水泵电机电源开关送至"试验"位置。

③ 全面检查给水泵，确认具备启动条件。

2）给水泵联动试验。

① 联系热工屏蔽启动条件。

② 启动一台给水泵运行，一台给水泵投联动备用，停运行给水泵，备用给水泵应联启。

③ 依次做三台给水泵联动试验。

3）给水泵保护试验。

启动一台给水泵运行，联系热工依次短接下列条件，以下任一条件触发均跳泵：

① 除氧器水位低低。

② 给水泵入口流量低且再循环门关。

③ 给水泵入口压低，低Ⅱ值 0.8MPa。

④ 给水泵入口电动门关闭。

⑤ 给水泵润滑油压力低于 0.17MPa。

⑥ 给水泵工作冷油器入口油温 130℃。

⑦ 给水泵工作冷油器出口油温 85℃。

⑧ 给水泵润滑冷油器入口油温 60℃。

⑨ 给水泵润滑冷油器出口油温 70℃。

⑩ 给水泵推力轴承温度 95℃。

⑪ 液力偶合器 1～10 任一轴承温度 90℃。

⑫ 给水泵推力轴承上或下部轴瓦温度 95℃。

⑬ 给水泵任一径向轴承温度 90℃。

⑭ 给水泵任一轴承温度 90℃。

⑮ 给水泵电机任一相绕组温度高于 130℃。

（2）凝结泵保护及联锁试验。

1）试验前的准备工作。

① 将凝结泵电机电源开关送至"试验"位置。

② 全面检查凝结泵，确认具备启动条件。

2）凝结泵联动试验。

① 联系热工屏蔽启动条件。

② 启动一台凝结泵运行，一台凝结水泵投联动备用，停运行凝结泵，备用凝结泵应联启。

③ 依次做其他凝结泵联动试验。

3）凝结泵保护试验。启动一台凝结泵运行，联系热工依次短接下列条件，以下任一条件触发均跳泵：

① 凝结水泵轴承温度高于 95℃保护跳泵。

② 凝结水泵电机上轴承温度高于 95℃保护跳泵。

③ 凝结水泵电机下轴承温度高于 95℃保护跳泵。

④ 凝结水泵电机推力轴承温度高于 95℃保护跳泵。

⑤ 凝结水泵出口电动门关，延时 120s，保护跳泵。

⑥ 凝结泵电机 A、B、C 相绕组温度任一点高于 130℃跳泵。

（3）定冷泵联锁试验。

1）试验前的准备工作。

① 将定冷泵电机电源开关送至"工作"位置。

② 全面检查定冷泵，确认具备启动条件。

2）定冷泵联动试验。

① 启动一台定冷泵运行，另一泵投备用，停运行定冷泵，备用定冷泵应联启。

② 同样做另一台定冷泵联动试验。

（4）密封油泵联锁试验。

1）试验前的准备工作。

① 将密封油泵电机电源开关送至"工作"位置。

② 全面检查密封油泵，确认具备启动条件。

2）密封油泵联动试验。

① 热工屏蔽油压低保护，启动一台密封油泵运行，另一台泵投备用，停运行密封油泵，备用密封油泵应联启。

② 同样做另一台密封油泵联动试验。

（5）真空泵联锁试验。

1）试验前的准备工作。

① 将真空泵电机电源开关送至"工作"位置。

② 全面检查真空泵，确认具备启动条件。

2）真空泵联动试验。

① 热工屏蔽压力低保护，启动一台真空泵运行，另一台泵投备用，停运行真空泵，备用真空泵应联启。

② 同样做另一台真空泵联动试验。

（6）主机循环水泵试验。

1）试验前的准备工作。

① 将循环水泵电机电源开关送至"试验"位置。

② 全面检查循环水泵，确认具备启动条件。

2）循环水泵联动试验。

① 联系热工屏蔽启动条件。

② 进行循环水泵顺控联锁启动试验，循环水泵按照开启出口液控蝶阀、当出口液控蝶阀开到 15°启动循环水泵、当循环水泵运行继续开启出口液控蝶阀、出口液控蝶阀开到 75°等待 2s、当出口液控蝶阀全开时顺控启动结束。

③ 进行循环水泵顺控联锁停运试验，循环水泵按照关闭出口液控蝶阀、当出口液控蝶阀关到 15°停运循环水泵、当循环水泵停运继续关闭出口液控蝶阀、当出口液控蝶阀全关时顺控停运结束。

④ 启动一台循环水泵运行，另一泵投备用，停运行循环水泵，备用循环水泵应联启。

3）循环水泵保护试验。

启动循环水泵运行，联系热工强制条件，"循环水泵运行 60s 后，出口液控蝶阀仍在关位置"，触发跳泵。

循环水泵轴承温度、电机轴承温度、定子绕组温度均设为报警。

（7）辅机循环冷却水泵联锁试验。

1）试验前的准备工作。

① 将辅机循环冷却水泵电机电源开关送至"工作"位置。

② 全面检查辅机循环冷却水泵，确认具备启动条件。

2）辅机循环冷却水泵联动试验。

① 热工屏蔽压力低保护，启动一台辅机循环冷却水泵运行，另一台泵投备用，停运行辅机循环冷却水泵，备用辅机循环冷却水泵应联启。

② 同样做另一台辅机循环冷却水泵联动试验。

4.1.1.3 主机保护试验

（1）从 ETS 保护装置逐项投入保护小开关。

（2）由热控人员逐项发出超速、润滑油压低、轴向位移大、EH 油压低、排气装置真空低、DEH 故障、发电机跳闸、锅炉主燃料跳闸，胀差超限、高缸排汽温度高、轴振大、轴承振动大、轴瓦温度高、排汽装置压力高等信号，检查高、中压自动主汽门及调速汽门、各抽汽止回门、高排止回门自动关闭。

4.1.1.4 主机低油压保护试验

（1）检查工作票收回，现场无工作。

（2）检查高、中压主汽门前汽、水放净，压力到零。

（3）检查交流润滑油泵运行，顶轴油泵运行，盘车运行。

（4）启动直流油泵运行，停交流润滑油泵，检查润滑油压正常。

（5）投入润滑油压低保护开关，投入交流润滑油泵联锁开关。

（6）检查抗燃油泵运行。

（7）机组挂闸，开高、中压主汽门、调速汽门。

（8）关闭润滑油压压力开关来油门，缓慢开启放油门，当油压降至低 I 值时报警，油压降至低 II 值时交流润滑油泵应联动正常。

（9）投入直流润滑油泵联锁开关，当油压降至低 III 时报警，直流润滑油泵应联动正常，汽轮机跳闸，高中压主汽门、调速汽门关闭。

（10）油压进一步降至低 IV 时电动盘车跳闸，发出报警信号。

（11）关闭低油压压力开关放油门，开启来油门，检查润滑油压正常。

（12）启动交流油泵正常，停止直流油泵运行。

（13）投入盘车运行。

4.1.1.5 EH 油压低试验

（1）试验条件。

1）EH 液压油系统投入运行且系统油压正常。

2）系统中无其他试验项目在进行。

3）联系热工人员检查 EH 油压低四个压力开关均处于未动作状态，否则不能进行试验。

（2）试验步骤。

1）打开 DCS 中"EH 油系统"画面。

2）点"其中一台 EH 油泵试验"按钮。

3）电磁阀应动作，相应的压力开关动作。

4）按同样的步骤试验另外一组压力开关。

（3）注意事项。

1）试验时，只能每次试验一个通道，不允许同时试验两个通道。在试验过程中，如发现 EH 油压波动较大时立即终止试验。

2）试验完毕，应检查试验电磁阀均关闭严密，两组压力开关处于未动作状态。

3）本试验也可在就地打开试验电磁阀旁路门来进行，但应注意绝对不可同时打开两个电磁阀旁路门。

4）若试验开始前已有压力开关处于动作状态，禁止试验。

4.1.1.6 发电机断水保护试验

（1）发电机已充氢。

（2）请示电网调度同意，确认机组母线侧隔离开关断开，联系电气操作员合发变组主开关。

（3）投入发电机跳闸遮断汽轮机保护开关。

（4）检查高、中压主汽门前压力为零，汽水放尽；挂闸，开启主汽门。

（5）联系电气人员投入相应保护压板。

（6）由热控人员发"发电机进水流量降至 30t/h"信号或调整内冷水流量使流量降至 30t/h 以下，"发电机断水"信号发，25s 后发电机主开关跳闸，联动汽轮机跳闸。发"发电机故障停机"信号。

（7）恢复信号及保护开关。

4.1.1.7　汽轮机挂闸/打闸试验

（1）机组大、小修后，调节系统部件检修或调整后，调节系统在运行中发现异常时需做此试验。

（2）该试验应在锅炉点火前进行，主蒸汽、再热蒸汽压力为零，主汽阀前无积水，试验不能与锅炉水压试验同时进行。

（3）润滑油系统及设备、EH油系统及设备正常，油质合格、油位正常。

（4）启动交流油泵、抗燃油泵运行正常，油温、油压符合要求。

（5）将DEH手操盘"手动/自动"开关置"自动"位置。

（6）在DEH画面总图中将控制方式选择为"自动"方式。

（7）按"挂闸"按钮，DEH画面上"脱扣"灯灭，"挂闸"灯亮，检查危急遮断器各油压指示正常。

（8）开启高、中压主汽门及各调速汽门，开启各抽汽止回门并将其控制开关投"联锁"位。

（9）按下手操盘上的"手动停机"和"手动停机确认"按钮或手打机头停机按钮，DEH画面"挂闸"灯灭，"脱扣"灯亮，检查危急遮断器各油压指示到0；高、中压主汽门及调速汽门、各抽汽止回门及高排止回门关闭。

（10）保护小间"汽轮机危急跳闸装置"柜内"手动停机"试验按钮灯亮，对应可编程控制器（A、B）停机灯亮（手打机头停机按钮，柜内无显示）。

（11）复归保护，在保护小间"汽轮机危急跳闸装置"柜内按"复归"按钮（ETS保护信号动作跳闸，不需再按电磁继电器柜上"阀门遮断电磁阀组"按钮进行恢复）。

（12）复归光字及信号。

（13）对应阀门快关试验要求：

1）测定油动机自身动作时间，要求各油动机从全开到全关时间<0.15s。

2）测定总的关闭时间，要求从打闸到油动机全关时间<0.3s。

4.1.1.8　高压遮断电磁阀试验

（1）试验条件。

1）机组已挂闸，高压保安油压已建立。

2）无其他DEH试验（超速、喷油、润滑油压低、真空低、EH油压低试验）。

3）高压遮断模块上PS4、PS5压力开关已复位断开。

4）联系热工人员检查确证AST 4个电磁阀运行良好。

（2）试验步骤。

1）点击 DEH 操作员站"遮断电磁阀试验"键进入保护试验画面。

2）将钥匙开关转到"试验允许"位。

3）分别选择 6YV、7YV、8YV、或 9YV 电磁阀试验，操作画面上相应电磁阀位置将变成红色，试验完毕后，红色消失。当 6YV 或 8YV 电磁阀动作时，中间油压将升高，PS5 压力开关闭合信号发出；当 7YV 或 9YV 电磁阀动作时，中间油压将降低，PS4 压力开关闭合信号发出。不能同时进行 6YV、7YV、8YV、9YV 电磁阀试验。

4）试验成功显示"成功"（绿色），试验失败显示出"失败"（红色）。

5）试验完毕，将钥匙开关转到"正常"位，点击"遮断电磁阀试验"键，退出"遮断电磁阀试验"。

4.1.1.9 高压加热器保护静态试验

（1）热工短接 1、2、3 号高压加热器水位低Ⅰ值接点，水位"低Ⅰ值"报警；恢复后报警消失。

（2）热工短接 1、2、3 号高压加热器水位高Ⅰ值接点，水位"高Ⅰ值"报警，恢复后报警消失。

（3）短接 1、2、3 号高压加热器水位高Ⅱ值接点，水位"高Ⅱ值"报警，高压加热器危急疏水阀自动打开；恢复后水位"高Ⅱ值"报警消失，高压加热器危急疏水阀联关，恢复原运行状态。

（4）短接 1、2、3 号高压加热器水位高Ⅲ值接点，水位"高Ⅲ值"报警，联关高压加热器抽汽电动门、抽汽止回门，联开抽汽管道疏水阀，自动关闭上级高压加热器逐级疏水阀，高压加热器三通阀动作，高压加热器水侧走旁路。

4.1.1.10 抗燃油系统耐压试验

火电机组汽轮机 A 级检修时抗燃油系统检修完成且完全恢复之后，有必要进行抗燃油系统的耐压试验。

（1）试验前准备工作。

1）将 AST 电磁阀通电，AST 安全油压建立。

2）将薄膜阀的润滑油油压升至 0.6～0.7MPa，以使阀芯顶住。

3）隔离再生装置。

4）先把 EH 油站溢流阀整定压力调高，高于超压试验要求值，将安全阀的溢流压力调至 18MPa。

（2）试验步骤。

1）启动主油泵，通过调节泵上的调压螺母调整 EH 油泵出口压力，EH 油泵都是柱塞式变流量恒压泵，可由泵上部压力调整阀调整，松开锁紧螺母，用专用内六方扳手调整，顺时针为增压，逆时针为减压，调整合适将锁紧螺母拧紧。

2）将系统压力调至 14MPa，检查系统泄漏情况。10min 后，再次调节调压螺母，将系统压力调至 18MPa，维持压力 3min，检查系统所有各部件接口和焊口处，不应有渗漏和变形。

3）升压过程中，试验人员要随时监视系统，一旦发现有漏油，立即停泵，待泄漏点修复后，重新升压，直至无任何泄漏。至此，耐压试验通过。

4）耐压试验结束后，调整安全阀，使系统压力为（14.5±0.3）MPa，将安全阀锁紧，调整泵的调压螺母，使系统压力调高至安全阀动作，如系统压力稳定在（14.5±0.3）MPa，则调整结束，否则重新调整安全阀。然后调整泵的调压螺钉，将系统压力恢复至（14.5±0.3）MPa。

4.1.1.11 汽轮机叶片测频试验

汽轮机转子叶片频率测量，是对汽轮机动叶片在静态下振动特性的测试分析。试验目的是在事故发生前，检查叶片的振动特性是否影响安全运行；在事故发生后，分析事故原因是否由于振动特性不良引起。

（1）试验条件。

1）整圈连接叶片各部件应经检验合格，按产品图样及工艺要求正确安装。

2）紧装叶片的叶根紧固程度应一致。

3）停机状态、揭缸、吊出汽轮机转子至汽轮机平台。

4）试验现场需要接 220V 交流电源。

5）试验要求室温环境。

6）低压转子无其他检查及试验项目。

（2）试验方法。轮系在扰动力作用下，理论上在作用力方向上将产生振动。但在实际运行中，由于叶轮在垂直主轴平面内的刚度极大，不会产生切线反方向的振动。而在叶轮的轴向，因其刚度较差，便可能产生振动，故所说的轮系振动，通常是指向轴向的振动。一般试验测量转子整圈连接叶片-叶轮系统的静态振动频率，叶片振动特性测量、分析方法采用快速富氏分析法即 FFT 法。使用黏性材料将加速度传感器固定在叶片测点上，或使用人工方法将其固定。用力锤定点敲击汽轮机叶片上某点，使用模态分析系统如 CRAS 进行参数识别与测量，得到固有频率值。每一测点至少重复测量一次，并尽量保持锤击的方向和力度一致。试验测试系统如图 4-1 所示。

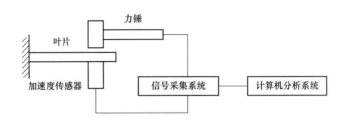

图 4-1　汽轮机叶片振动特性试验测试系统

（3）叶片调频规范。叶片测频试验按照整圈连接叶片调频规范，规定叶片-叶轮系统振动其直径节数≤8 的范围内需要进行考核，各个直径节数 m 相对应的叶片-叶轮系统振动动态频率调频规范，见表 4-5。

表 4-5　　　　　　　　　　叶片-叶轮系统振动动态频率调频规范

m	1	2	3	4	5	6	7	8
$f_m<$	47.0	94.0	141.0	188.0	235.0	282.0	329.0	376.0
$f_m>$	51.5	103.0	154.5	206.0	257.0	309.0	360.5	412.0

4.1.2　冷态验收前汽轮机分部试运

火电机组检修冷态验收前汽轮机分部试运是在单体试验完成后对汽轮机主要分系统进行的验证性试验，主要包括：凝结水系统试运、除氧与给水系统试运、真空系统试运、润滑油与顶轴油系统试运、密封油系统试运、EH 油系统试运、开式水系统试运、发电机定子冷却水系统试运、闭式水系统试运等。

4.1.2.1　凝结水系统试运

凝结水系统的启动主要包括以下内容及步骤。

（1）凝结水系统投运前的检查与准备。

1）检查检修工作结束，工作票终结，现场清洁干净无杂物，各种标志齐全正确。

2）凝结水箱、排汽装置及真空系统经清扫、冲洗合格，人孔门关闭。

3）检查就地仪表配置齐全且已投入，指示正确，DCS 画面上各参数及报警指示符合实际，联系热工投入各联锁保护。

4）检查系统各阀门状态正确。

5）开启除盐水至排汽装置补水门，将排汽装置补水至正常。

6）检查凝结水泵密封水手动门开启，轴承冷却水压保持在大于 0.3MPa。

7）检查轴承冷却水正常。

8）开启凝结水泵入口手动门及排空气门给凝结泵注水。

9）凝结水系统启动前，应联系化学进行精处理投运前的检查和准备。

10）凝结水系统各联锁试验应合格。

11）检查凝结水泵具备启动条件后，联系给凝结水泵及其出口电动门送电。

12）检查凝结泵具备启动条件后联系电气电极测绝缘合格并送电。

（2）低压加热器投运前的准备。

1）确认低压加热器系统检修工作结束，工作票已终结。

2）送上低压加热器汽水系统有关电动门电源、气动门气源。

3）检查低压加热器各表计齐全并投入，联锁保护投入。

4）检查低压加热器抽汽、疏水、空气、凝结水等系统各阀门位置正确。

5）低压加热器系统各联锁保护试验应合格。

（3）低压加热器水侧投运。

1）开启凝结水管路、低压加热器水室放空气门，关闭凝结水系统放水门。

2）开启凝结水再循环门。

3）检查低压加热器水侧旁路门在关闭位，凝结水精处理走旁路。

4）确认低压加热器疏水、空气系统均处于正常运行状态。

5）关闭凝结水至除氧器水位调整门及其旁路门。

6）启动一台凝结泵，检查各部正常，稍开凝结水至除氧器水位调整门向系统充压，空气放净见水后关闭。

7）在 DCS 上稍开低压加热器水侧入口电动门，充水排空气，空气门见水后关闭，全开低压加热器水侧入、出口电动门。

8）监视加热器水位无异常上升，确证水侧无泄漏。

9）根据需要调整凝结泵转速及排汽装置水位。

4.1.2.2 除氧、给水系统试运

（1）给水泵试运前的检查准备。

1）确认检修工作已经结束，现场清洁，设备管道完好。

2）检查仪表配置齐全、指示准确，保护及电动门送电，信号及事故报警良好。

3）冷却水、密封水系统工作正常，回路畅通。

4）给水泵及辅助油泵电机绝缘合格并送电。

5）检查给水泵系统阀门位置正确。

6）检查再循环门全开。

7）检查勺管动作灵活，就地指示与 DCS 指示一致。

8）除氧器水位正常，水质合格。

9）启动辅助油泵，检查油箱油位正常，油质合格，油压＞0.17MPa，润滑油系统工作正常，回油畅通。液力联轴器油位正常（1/2 以上）。

10）给水泵入口滤网压差正常。

11）给水泵各种保护及联动试验正常。

（2）除氧器投运前的准备。

1）除氧器启动前应确认检修工作已结束，保温完整，现场清理干净，工作票已终结。

2）系统所有阀门位置正确，有关电动门已送电，气动门气源已送上，并校验完毕。

3）各仪表齐全，就地、远方水位计均已投入，并确认指示正确，DCS 画面显示正常。

4）确认除氧器水位、压力自动控制，高、低水位保护已检验完毕，并正常投入。

5）机组凝结水系统已正常投运，凝结水水质合格。

6）确认辅汽至除氧器供汽调整门前电动门及调整门均在关闭位置。

7）确认辅汽母管已具备向除氧器供汽条件。

（3）高压加热器投运前的准备。

1）高压加热器系统检修工作全部结束，工作票终结。

2）高压加热器汽水系统有关电动门电源、气动门气源、水位计照明电源恢复。

3）检查高压加热器各表计齐全，联锁保护投入正常。

4）高压加热器水侧、抽汽、汽侧疏水与空气系统各阀门状态正确。

（4）高压加热器水侧投运。

1）关闭各高压加热器水室及管道放水门，开启各高压加热器水室放空气门；启动给水泵。

2）稍开启高压加热器出口门充压，高压加热器水室放空气门见水后全关放空气门。

3）注意检查高压加热器汽侧有无水位，防止高压加热器泄漏。

4）水侧升至定压后，缓慢打开高压加热器出口门。

5）开启高压加热器入口三通阀，给水走高压加热器。

（5）给水泵启动。

1）启动给水泵辅助油泵，确证辅助油泵联锁已投入。

2）检查给水泵辅助油泵运行正常，油温、油压、油箱油位正常。

3）将给水泵液力联轴器勺管开度放在最小位置。

4）确证给水泵再循环门开启。

5）确证给水泵出口门关闭。

6）开启给水泵进水门，排净泵内空气，检查进水压力正常。

7）检查给水泵泵体上下温差<20℃。

8）联系有关岗位，检查具备启动条件后，启泵。

9）注意电流应正常，泵组各轴承振动、声音、润滑油压、油温及各轴承温度正常，检查密封水压力、差压、密封水回水温度正常。

10）确认给水泵润滑油压正常≥0.22MPa，辅助油泵停运，监视油压正常。

11）当给水流量大于 325t/h 时再循环关闭。

12）给水泵空负荷参数正常后，缓慢开启出口门，根据需要逐步增大勺管开度，提高给水泵转速，向锅炉供水。

13）润滑冷油器出口油温>40℃，投冷油器冷却水，控制油温在 35～45℃。

14）工作冷油器出口油温>45℃时，投入冷油器冷却水门，控制工作油温 40～70℃。

15）根据电机出口风温，投电机空冷器冷却水，控制入口风温 20～45℃，出口风温在 65℃以下。

16）根据锅炉需要开启中间抽头门。

4.1.2.3　真空系统试运

（1）空冷系统投运前的检查准备。

1）检修工作结束，工作票收回，安全措施已拆除，现场清洁完整无杂物。

2）查机组抽真空系统已经运行，真空破坏阀关闭严密。

3）查机组轴封供汽系统已经运行正常。

4）查除盐水泵已运行正常，除盐水水质合格，压力正常。

5）查排汽装置内已注水完毕，水位正常。

6）查凝结水泵已启动正常。

7）查空冷风机平台各支柱、钢架、楼梯无裂缝，倾斜现象，周围整齐、清洁。

8）查空冷平台挡风墙固定良好，无倾斜、缝隙；各部件安装正确。

9）查各个空冷风机小间内照明良好，无杂物，小间内的门关闭严密。

10）查每个凝汽器管片连接牢固完好，每个空冷小间的隔断与凝汽器管片密封良好。

11）查空冷风机的防护网和风机上无灰尘、污垢和杂物；风机与空冷平台的钢架、栏杆连接牢固，稳定；各个地脚螺栓已拧紧。

12）查风机叶片与轮毂牢固，叶片无破损或布层剥离现象，叶片顶端与风筒壁无接触摩擦现象。

13）查风机电机接线，地线和振动开关等连接良好，表计齐全，指示准确，有关联锁、保护投入；轴承内已注好油脂。

14）减速器无渗漏，油位在上、下油位线之间，油质透明无杂质，油温大于5℃，每台风机电机、油泵电机及电加热装置已送电。

15）机组首次启动或风机经过检修后，应点动变频器开关，使风机转动（不超过30s），检查电机、减速器与风机叶片旋转方向正确（注意：风机叶片旋转时，风筒内及其四周严禁有人及杂物）。

16）依次开启空冷各列抽空气门、凝结水门、进汽门。

（2）真空系统投运前的检查准备。

1）查空冷系统检修工作结束，工作票收回，现场清洁无杂物。

2）查系统仪表配置齐全指示正确，各控制电源已送上，DCS画面显示正确，各参数及报警指示符合实际，联系热工投入各项保护。

3）确认辅机冷却水系统，压缩空气系统投运正常。

4）启动前检查各阀门位置正确。

5）查真空泵组地脚螺栓、联轴器防护罩牢固完整，汽水分离器水位正常。

6）按规定进行抽真空系统联锁试验合格。

7）查凝结水系统运行，轴封系统准备就绪，汽轮机盘车装置投入正常。

（3）真空系统试运。

1）系统检查完好，各阀门处于相应状态，送上真空泵及各电动门电源。

2）真空泵联锁试验正常。

3）对真空泵冷却器水侧放净空气后，开启冷却器出入口水阀。

4）启动真空泵，检查真空泵入口气动门开启。

5）将已启动真空泵汽水分离器补水至正常。

6）查真空泵电流、声音、振动正常。

7）真空泵启动后，依次试转空冷风机。

4.1.2.4 润滑油、顶轴油系统试运

（1）润滑油、顶轴油试运前检查与准备。

1）检查油系统检修工作结束，工作票终结，安全措施拆除，现场清洁无杂物。

2）油循环冲洗结束，油质合格，润滑油油质及清洁度不合格，严禁机组启动。

3）油系统就地仪表配置齐全并投入，各控制、保护电源送上并正确投入。

4）检查交流润滑油泵，直流润滑油泵，顶轴油泵，排烟风机地脚螺栓紧固无松动，防护罩安装牢固。

5）检查盘车装置良好。

6）检查主油箱油位正常，且就地与 DCS 指示一致。

7）检查润滑油、顶轴油系统各阀门位置正确，且无渗漏油现象。

8）检查润滑油冷却器的冷却水已正常备用。

9）检查润滑油箱内的油温高于 21℃，油箱电加热器投、退正常。

10）按规定进行油系统各联锁试验合格。

11）确认发电机密封油空气槽排烟风机 A、B 入口挡板开启。

（2）润滑油系统的试运。

1）润滑油系统投运前检查系统各阀门位置正确。

2）将主油箱电加热器温度控制投入"自动"方式。

3）启动一台排烟风机，将备用排烟风机投入"联锁"。

4）启动直流油泵，检查油泵出口压力、电流正常。

5）启动交流润滑油泵，检查油泵出口压力、电流正常，停止直流油泵，并将交、直流油泵联锁投自动，投低油压联锁。

6）检查整个润滑油系统无泄漏现象，油泵运行正常，油箱油位计灵活可靠。

（3）顶轴油系统的试运。

1）在盘车装置启动前，必须投入顶轴油装置。

2）交流油泵启动，润滑油压工作正常后，投顶轴油系统。

3）检查顶轴油泵进口管路油压大于 0.03MPa。

4）投入双筒回油管路过滤器的一侧。

5）开启顶轴油泵进出口阀。

6）启动顶轴油泵，检查顶轴油母管压力正常（8～14MPa）各轴承顶轴油压正常。

7）两台顶轴油泵一运一备，禁止两台同时运行。

4.1.2.5　密封油系统试运

（1）密封油系统投运前的检查准备工作。

1）确认密封油系统检修工作结束，工作票已终结。

2）检查各阀门状态如下：

① 真空油箱、浮子油箱、扩大槽底部所有放油门关闭，开启油位计上、下取样门。

② 开启差压调节阀气、油取样门，各就地压力表、压力开关及各压力变送器取样一次门；扩大槽液位开关取样门开启，液位桶下部放油门放油后关闭。

③ 检查关闭主机润滑油母管至密封油系统供油一、二次门，浮子油箱回油与真空油箱补油联络手动门、轴承润滑油至过滤器供油门关闭，真空油箱补油门、直流油泵进、出口门开启、旁路门关闭。

④ 1、2 号交流密封油泵进、出口油门开启，再循环门稍开，至过滤器进口门前手动门关闭；再循环泵进、出油门开启。

⑤ 投运过滤器进、出口油门开启，备用过滤器进油口门关闭，出口油门开启；差压调节阀进、出油门开启，旁路门关闭。

⑥ 扩大槽与浮子油箱气侧连通管一、二次门开启，连通管至室外排氢门关闭；浮子油箱进、出油门开启，旁路门关闭，注意浮子油箱不应进油。

⑦ 扩大槽至隔氢防爆风机出口管联络门关闭；真空油箱真空破坏门关闭，真空油箱水环真空泵出口汽水分离罐排气管油水窗排污门关闭，开启工业水泵至水环真空泵、罗茨真空泵供水门。

3）盘动各油泵联轴器应轻快、灵活，检查罗茨真空泵轴承润滑油位正常。

4）检查确认油泵联锁在断开状态，测各油泵、真空泵组电机绝缘合格后送电。

（2）密封油系统投运。

1）确认主机润滑油系统已投运正常，开启主机润滑油至真空油箱补油门补油至液位观察窗中线，注意浮球阀维持正常油位。扩大槽及管路无油时可稍开润滑油至过滤器入口门前手动门对系统管路充油，当有油进入浮子油箱时关闭润滑油至过滤器进口门前手动门。

2）启动真空泵组抽真空，维持真空油箱真空不低于—88kPa。

3）启动再循环泵，电流正常，逐渐开启出口门，维持出口油压 0.3MPa，进行油循环。

4）启动一台主密封油泵，正常后逐渐开启至过滤器供油门，维持泵出口油压不超过 0.9MPa，当浮子油箱有油位时，用主油泵再循环门配合调整，维持过滤器前油压 0.65～0.7MPa，注意差压阀动作正常，维持密封油压 0.056MPa 左右。

5）若浮子油箱油位高或满油时应开启浮子油箱旁路门，在发电机充气前应密切注意扩大槽液位开关筒不应有油，充氢前若高油位报警信号发出，应停止密封油泵运行，查找原因，严禁发电机进油。

6）发电机充气过程，随气压升高应注意观察浮子油箱油位，可见油位时关闭浮子油箱旁路门，检查浮子油箱浮球阀能维持正常油位。

7）分别做交、直流密封油泵低油压联动试验，合格后投入联锁。

4.1.2.6 EH 油系统试运

（1）EH 油系统投运前的检查。

1）检查 EH 油系统检修工作结束，工作票终结，现场清洁、无杂物。

2）系统仪表配置齐全并已投入指示正确，DCS 画面上各参数及报警指示正确。联系检修投入各联锁保护。

3）检查 EH 油箱油位正常，油质合格。

4）确认冷却水系统具备投入条件。

5）检查润滑油系统投运正常。

6）确认高压蓄能器已充氮，压力为 10MPa。

7）检查 EH 油系统各设备外壳清洁，各阀门、管道、法兰连接处无渗、漏油现象。

8）EH 油系统各电机外壳接地线牢固无松动，电机测绝缘合格并送上动力电源。

9）检查各阀门位置正确。

10）按规定进行系统联锁试验，合格。

（2）EH 油系统的试运。

1）确认 EH 油箱油温高于 21℃，将油温控制投"自动"。

2）启动 EH 油循环泵。检查 EH 油循环泵启动正常。

3）启动 EH 油系统再生泵，并投自动。

4）检查再生泵启动正常，无异常振动和异音。

5）启动一台 EH 油泵，另一台备用，并投入"联锁"。

6）检查 EH 油泵启动正常，出口油压（14±0.5）MPa，无异常振动和异音。

7）检查 EH 油系统各设备保护、开关、联锁均在正确位置，系统无渗、漏油现象。

8）检查 DEH 无异常报警，各阀门关闭严密。

4.1.2.7 开式水系统试运

（1）循环冷却水系统投运前的检查及准备。

1）查系统检修工作结束，工作票收回，现场清洁干净无杂物，标志齐全、照明良好。

2）查系统仪表配置齐全且已投运，指示正确，画面上各参数及报警指示符合实际。

3）检查循环水滤水器出入口阀关闭，滤水器放水电、手动阀关闭，滤水器旁路阀关闭，开式水回水门关闭。

4）前池补水门根据水位需要及时开启或关闭，以调节循环水池水位正常。

5）查前池滤网前后水位差正常。

（2）辅机循环水系统的投运。

1）开启循环水滤水器入口阀，根据需要稍开或全开启滤水器出口阀，全开开式水回水门。

2）查开始压力，回水压力降至 0.5MPa 需启动备用循环泵循。

3）检查环泵符合启动条件后，在 DCS 画面上预选循环泵，将预选循环泵的入口电动门开启，启动循环水泵，查其出口蝶阀联开正常，电机电流返回正常，泵振动、声音、出口压力正常。

4）开式水投入后，查汽机房、锅炉房各工业冷却水运行正常，系统无振动、无泄漏，将各排空气门排气后关闭。

5）投入循环泵联锁开关。

6）根据需要启动机力通风塔上的风机。

4.1.2.8 发电机定子冷却水系统试运

（1）发电机定子冷却水系统试运前检查。

1）检查定子冷却水系统检修工作结束，工作票终结，现场清洁无杂物。

2）各仪表齐全，指示正确，DCD 画面上各参数、报警指示无异常，联系保护投入。

3）检查系统各阀门状态正确，各电磁阀校验正常。

4）检查凝结水系统运行正常，联系化学确认离子交换器备用良好。

5）确认发电机内已充氢，调整进水压力小于氢压 0.05MPa。

6）检查定子冷却器冷却水备用正常。

7）检查定子冷却水箱水位正常，定子冷却水泵测绝缘合格后送电。

（2）定子冷却水系统的试运。

1）定子冷却水箱的冲洗。

① 开启定子冷却水箱的放水门。

② 开启定子冷却水箱补水电磁阀旁路门，对定子冷却水箱进行大流量冲洗，冲洗过程中注意保持水箱水位正常。注意水箱水位高低信号应正确，电磁阀开关正常。

③ 联系化学人员化验，定子冷却水箱水质合格后，停止冲洗；关闭补水电磁阀旁路门，将补水电磁阀投入"自动"。

2）定子冷却水系统的投运。

① 确认离子交换器旁路门、离子交换器出口流量计旁路门开启，定子冷却水滤网进、出口手动门开启。

② 开启发电机进口母管放水门及发电机定子冷却水出口母管放水门，开启定子线圈排污门，开启定子线圈冷却水供水手动门、回水手动门。

③ 启动定子冷却水泵，开启其出口门向系统充水冲洗（注意检查泵出口电流及流量，调节再循环门，维持母管压力低于氢压 0.05MPa，流量约为 45t/h），定子线圈排空门见连续水流后关闭。

④ 冲洗半小时后，联系化学人员取样化验水质，确认水质合格后，关闭定子线圈排污门及发电机进、出口母管放水门。

⑤ 联系化学人员确认定子冷却水离子交换器具备投运条件，打开离子交换器出口滤网的前后手动门，关闭其旁路门。

⑥ 投入定子冷却水导电度计、离子交换器出口导电度计，投入定子冷却水水温控制自动。

⑦ 系统投入前，若定子冷却水温低于氢温时，开启定冷水电加热器出入口门，投电加热装置，使定子水温应高于氢温5℃左右，停止电加热装置。

4.1.2.9 闭式水系统试运

闭式水系统试运前检查：

（1）查系统检修工作结束，工作票收回，现场清洁干净无杂物，标志齐全、照明良好。

（2）查系统仪表配置齐全且已投运，指示正确，画面上各参数及报警指示符合实际。

（3）查闭式泵的入口手动门开启，出口电动门关闭；系统各管道已连接完好。

（4）查闭式循环水泵电机测绝缘合格，转向正确且与转机连接牢固。定子冷却水泵测绝缘合格后送电。

（5）检查闭式冷却器冷却水备用正常。

（6）检查闭式水箱水位正常。

（7）启动闭式循环水泵，开启其出口门向系统充水。

机组检修后整套启动前汽轮机各分系统或设备应具备的条件是汽轮发电机组安装工作全部完毕，汽轮机分系统试运工作已完成，并经验收合格且办理大修签证手续，主要包括与分系统有关的联锁、保护及调节功能完善、仪表指示正确、全部检修试验项目合格。启动前应完成如下汽轮机分系统分部试运工作。

（1）各系统中的电动、气动、手动阀门（包括高排止回门和各段抽汽止回门）经开关试验灵活可靠，开关方向正确，传动试验完成，并相应记录开关时间或开度。

（2）机组各油系统的直流油泵经试运合格，联启保护动作正常，直流电源可靠。

（3）辅机循环水泵、管路、阀门均试验检查合格。各循环水泵均能正常投入运行。

（4）闭冷水泵、管路、阀门均试验检查合格，各闭冷水泵均能正常投入运行。

（5）凝结水泵及其系统，包含补水系统、低负荷喷水装置，都能正常投入运行。排汽装置内部经过认真清理，灌水查漏合格。排汽缸喷水系统喷水方向正确、雾化良好均匀。凝结水系统各自动投入、切除动作可靠。

（6）辅助蒸汽及轴封系统各阀门传动调整完毕，安全门经过整定，轴封系统管道吹扫、恢复、试运完毕，辅助蒸汽及轴封系统具备投入条件。

（7）主机润滑油油质达到 NAS6 级，润滑油压调整完毕，各油泵之间的联锁回路完好，低油压联动试验合格。主机润滑油、顶轴系统、盘车系统能可靠投入。

（8）抗燃油系统油循环冲洗合格，油质达到 NAS5 级。各油泵之间的联锁回路完好，系统调试完毕，可以投入运行。

（9）密封油系统油循环结束，油质达到要求标准，各油泵之间的联锁回路完好。各泵均能正常投入运行。

（10）电动给水泵系统油质达到要求标准，联锁保护试验合格，系统可靠投入，除氧器清理完毕安全门验收合格，水位计准确可靠。

（11）真空系统验收合格。真空破坏门严密且动作可靠，真空泵可靠投入。

（12）高、低压旁路路及控制系统调试完毕，模拟试验合格，系统稳定可靠。

（13）高、低压加热器回热抽汽系统调试完毕，包含安全门动作性能应良好；疏水自动调整阀门动作灵活无卡涩，系统稳定可靠。

（14）发电机定冷水调整完毕，并验收合格。补水装置、断水保护装置校验合格。

（15）汽轮机本体及疏水系统的气动门，电动门应调试完毕，相关的疏水罐液位开关动作可靠。减温水控制阀联锁动作正确可靠。

汽轮机组检修后整套启动前，需按火电机组启动规程、汽轮机组检修与运行规程要求，完成各分系统试运与试验，主要试运与试验项目见表4-6。

表 4-6   汽轮机整套启动前完成试运的主要分系统

序号	系统	主要试运与试验项目
1	闭式水系统	闭式水系统阀门传动及联动试验、闭式水泵联锁保护试验
		闭式水系统试运
2	凝结水系统	凝结水系统阀门传动及联动试验、凝结水泵联锁保护试验
		凝结水系统试运
3	给水除氧系统	给水系统阀门传动及联动试验、给水泵联锁保护试验
		除氧器水位保护试验、MEH静态调试及其联锁及保护试验
		给水除氧系统试运
4	主机循环水系统	循环水系统阀门传动及联动试验、循环水泵联锁保护试验
		循环水系统试运
5	抽汽回热系统	抽汽止回门、高排止回门等传动及联动试验
6	高低压加热器系统	高低压加热器系统阀门传动及联动试验
		高低压加热器水位保护试验
7	辅汽轴封系统	辅汽轴封系统阀门传动及联动试验、轴封风机联锁试验
		轴封风机试运
8	发电机密封油系统	发电机密封油泵联锁保护试验、发电机油氢差压整定试验
		发电机密封油系统试运
9	发电机定冷水系统	定冷水系统阀门传动及联动试验、定冷水泵联锁保护试验
		发电机定冷水系统试运
10	真空系统	空冷系统阀门传动及联动试验、真空泵联锁保护试验
		真空系统试运
11	疏水系统	汽轮机各疏水门传动及联动试验
		汽轮机防进水保护联锁试验
12	主机润滑油系统	润滑油系统阀门传动及联动试验
		交直流油泵联锁保护试验，顶轴油泵、盘车联锁保护试验
		润滑油系统试运
13	高低压旁路系统	高低压旁路系统阀门传动及联动试验
		高低压旁路系统仿真试验
14	高压抗燃油系统	抗燃油系统阀门传动及联动试验、抗燃油泵联锁保护试验
		抗燃油系统试运

4.2　启动前机组冷态下汽轮机试验

4.2.1　自动主汽门、调速汽门及抽汽止回门快关试验

在机组大修后，汽轮机的自动主汽门和调速汽门及抽汽止回门都应做快关试验，以满足《汽轮机调节控制系统试验导则》中的技术规范和要求，保证机组大修启动后若发生机组甩负荷或机组跳闸等情况时，汽轮机的自动主汽门和调速汽门及抽汽止回门能迅速关闭，切断汽轮机进汽以防止汽轮机超速和抽汽带水进入汽轮机。机组甩负荷在调节系统控制下的瞬时最高转速，以及在调节系统失控情况下的危急超速最高转速应在允许的范围内，为此，调节汽门油动机和主汽门油动机的总关闭时间必须符合要求。

汽轮机自动主汽门、调速汽门快关试验是机组冷态下实际挂闸后，对汽轮机高、中压自动主汽门和高、中压调速汽门油动机的总关闭时间进行测试，其时间是汽门油动机关闭过程中的动作延迟时间和关闭时间之和。同样，抽汽止回门关闭时间是止回门关闭过程中的动作延迟时间和关闭时间之和。

汽轮机高、中压自动主汽门和高、中压调速汽门及抽汽止回门快关试验适用于200MW等级以上大型火力发电汽轮机组。汽轮机组大修、数字电液控制系统（DEH）或分散控制系统（DCS）改造及在汽轮机阀门检修后，都应进行自动主汽门、调速汽门及抽汽止回门快关试验。

汽轮机自动主汽门、调速汽门及抽汽止回门快关试验由开展火电机组检修的电厂委托有该试验业绩的试验单位承担完成。

汽轮机自动主汽门、调速汽门及抽汽止回门快关试验在机组启动前具备挂闸条件下即可进行。试验在汽轮机静止状态下进行，分别采用机械式和电气式跳闸装置、就地和遥控等操作方式进行试验。跳闸指令要与实际运行工况相符，包括指令发出的位置和过程时间等。

在满足试验所需工作条件的情况下，由电厂相关部门通知试验人员进入现场。试验仪器的信号接入与仪器设置需要 2~4h，正常完成试验需要约 2h。

4.2.1.1　试验目的

通过阀门快关试验，检测自动主汽门、调速汽门是否符合《汽轮机调节控制系统试验导则》中关于汽门油动机关闭时间的规定，以满足汽轮机跳闸保护及甩负荷等对汽轮机调节控制系统的要求。

4.2.1.2 依据规程和标准

汽轮机自动主汽门、调速汽门快关试验依据的标准和文件：

DL/T 711—2019《汽轮机调节保安系统试验导则》

汽轮机自动主汽门、调速汽门试验关闭时间标准见表 4-7。

表 4-7 不同容量等级机组自动主汽门、调速汽门快关时间

机组额定功率（MW）	调速汽门（s）	主汽门（s）	机组额定功率（MW）	调速汽门（s）	主汽门（s）
<100（包括 100）	<0.5	<1.0	200～600（包括 600）	<0.4	<0.3
100～200（包括 200）	<0.5	<0.4	>600	<0.3	<0.3

依据 DL/T 711—2019《汽轮机调节保安系统试验导则》，"与汽轮机缸体直接连接的抽汽止回阀总关闭时间应小于 1s"的要求，抽汽止回门的总关闭时间应小于 1s。对于供热机组的采暖供热抽汽快关阀的总关闭时间应参照抽汽止回门也应小于 1s。

4.2.1.3 试验条件

（1）汽轮机数字电液控制系统功能正常。

（2）汽轮机保护系统功能正常。

（3）汽轮机润滑油系统、抗燃油系统运行正常。

（4）机组具备挂闸条件，且油温、油压在正常范围内。

（5）所有的调门整定完毕，所有主汽门行程开关调整完毕。

4.2.1.4 试验测点及仪器

试验测点清单见表 4-8。

表 4-8 试 验 测 点 清 单

序号	测点名称	测试通道名称	测试方法	测点类型
1	所有调速汽门位置反馈信号	GV1、GV2、GV3、GV4、IV1、IV2	回路串接电阻，测电压	模拟量输入
2	汽轮机 OPC 信号	OPC	干接点，测电压	开关量输入
3	自动主汽门全关信号	MSV1、MSV2、RSV1、RSV2	干接点，测电压	开关量输入
4	汽轮机跳闸信号	ETS	干接点，测电压	开关量输入
5	抽汽止回门位置反馈信号	NZ1、NZ2、NZ3、NZ4/1、NZ4/2、NZ5、NZ6、CYNZ/1、CYNZ/2	回路串接电阻，测电压	模拟量输入
6	抽汽至热网液动快关阀	CYDFK/1、CYDFK/2	干接点，测电压	开关量输入

试验所需仪器见表 4-9。

表 4-9 试 验 所 需 仪 器

序号	仪器型号	仪器名称
1	DL850	16 通道高速录波仪

4.2.1.5 试验内容及步骤

（1）启动抗燃油系统，建立安全系统和调节系统油压。

（2）汽轮机置位，开启主汽门至全开。

（3）将所有调速汽门开启至 100% 开度。

（4）触发汽轮机 OPC，记录所有调速门及抽汽止回门和抽汽快关阀关闭时间测试曲线。

（5）触发汽轮机跳闸，记录所有自动主汽门关闭时间测试曲线。

4.2.1.6 安全及质量保证

（1）接入到高速记录仪的所有信号接线都必须牢固可靠，信号间要相互隔离且不能对地短路。

（2）试验后将所有接入记录仪的信号和强制信号解除并将原信号接线恢复，拆除接线过程中，要对照原始试验前接线记录逐个恢复每一个信号，以保证机组启动后的正常运行。

（3）严格执行电力安全工作规程的有关部分及工作票制度，试验时汽轮机本体不应有工作，周围不应有人，运行人员现场检查，防止发生人身和设备损坏。

（4）试验结束后及时整理相关记录。

4.2.2 主机保护（ETS）试验

ETS 即汽轮机危急遮断系统（Emergency Trip System）。当汽轮机故障以及发电机跳闸、锅炉主燃料跳闸时，它能自动启动关断回路快速关闭进汽阀（各主汽阀、调节阀）。ETS 由机械-液压、电气-液压两种方式构成，机械-液压式危机遮断器是机械式的超速故障检测器，电气-液压式危机遮断器采用电气方式检测汽轮机的各种故障再将电气遮断信号同时作用到机械遮断电磁铁、高压遮断电磁铁以及各汽阀油动机各自的遮断电磁阀上，进汽阀的关闭最终有赖于液压调节保安系统。

ETS 接受来自 TSI 系统、DEH 以及汽轮发电机组其他系统来的报警或停机信号，进行逻辑处理，输出汽轮机遮断信号，控制输出停机信号到 AST 电磁阀，通过控制各电磁阀带电或失电，实现紧急停机，保护机组安全。

主机保护试验适用于 200MW 等级以上大型火力发电汽轮机组。汽轮机组大修、数字电液控制系统（DEH）或分散控制系统（DCS）改造及在汽轮机阀门检修后，都应进行自动主机保护试验。

主机保护试验可由火力发电厂自行开展，或者电厂委托有该试验业绩的试验单位承担完成。

主机保护试验在机组检修启动前具备挂闸条件下进行，汽轮机 ETS 在线试验在汽轮机冲转后即可进行。主机保护试验采用就地和远方等操作方式，结合信号模拟，进行实际汽轮机保护动作试验。

在满足试验所需工作条件的情况下，由电厂热工检修部门通知试验人员进行试验。正常完成试验需要 4～8h。

4.2.2.1 试验目的

通过主机保护试验，检验汽轮机保护动作的每一项条件满足时可触发汽轮机保护系统动作，迅速关闭主汽门及调速汽门，切断汽轮机进汽，保证汽轮机可靠、正确跳闸。汽轮机在线 ETS 试验测试润滑油压力开关、EH 油压力开关、低真空压力开关、AST 电磁阀、ASP 油压开关动作正确。

4.2.2.2 依据规程和标准

主机保护试验依据的标准和文件：

DL/T 658—2017《火力发电厂开关量控制系统验收测试规程》

DL/T 656—2016《火力发电厂汽轮机控制及保护系统验收测试规程》

4.2.2.3 试验条件

（1）汽轮机润滑油系统、抗燃油系统运行正常。

（2）汽轮机轴封已投入，并启动水环真空泵，使排汽装置背压达到 20kPa 以下。投入备用泵联锁。

（3）TSI 装置投入正常运行。

（4）发电机主保护装置投入正常运行。

（5）锅炉主保护装置投入正常运行。

（6）汽轮机 ETS 在线试验时，汽轮机冲车定速 3000r/min 且未并网，润滑油压力开关、EH 油压力开关、低真空压力开关、AST 电磁阀、ASP 油压开关校准合格且正常投入使用。

4.2.2.4 试验内容及步骤

（1）主机低油压保护试验主要步骤如下：

1）检查高、中压主汽门前汽、水放净，压力到零。

2）启动交流润滑油泵、检查润滑油压力显示值应正常，停止运行交流润滑油泵，观察润滑油压力变化。

3）启动直流油泵，观察润滑油压力值应正常，停止直流油泵运行，观察润滑油压力变化。

4）润滑油泵在线试验功能：启动交流润滑油泵，投入交、直流润滑油泵联锁开关；点动交流润滑油泵试验按钮，此时直流润滑油泵联动投入，试验完成，停止交流润滑油泵运行。

点动直流润滑油泵试验按钮，此时交流润滑油泵联动投入，试验完成，停止直流润滑油泵运行。

5）启动顶轴油泵，汽轮机盘车。

6）汽轮机 ETS 保护系统投入润滑油压低保护功能。

7）启动抗燃油泵运行，抗燃油压力显示在允许的范围内；汽轮机挂闸且高、中压主汽门开启。

8）关闭润滑油压压力开关进油门，开启各压力开关放油门，缓慢开启放油总门，当油压降至润滑油压低值Ⅰ时发"主机润滑油压低"信号报警。

9）当油压降至润滑油压低值Ⅱ时发"润滑油压过低停机"信号报警，汽轮机跳闸，高中压主汽门关闭。

10）当润滑油压降至低值Ⅲ时电动盘车跳闸，发出报警信号。

11）关闭低油压压力开关放油门及放油总门，开启进油门，检查润滑油压正常。

12）该项主机保护试验结束。

（2）EH 油压低保护试验主要步骤如下：

1）热工人员检查 EH 油压低四个压力开关［报警定值（11.2±0.2）MPa，跳闸定值：（9.8±0.2）MPa］均处于未动作状态。

2）该试验需要在就地操作执行，试验前运行人员至 EH 油箱检查所有一次元件二次门均处于打开状态，并且无漏油、渗油现象。

3）抗燃油泵在线试验功能：启动 A 抗燃油泵，投入抗燃油泵联锁开关；点动抗燃油泵试验按钮，电磁阀带电泄油压，相应的就地压力表应指示为 11.2MPa，A 泵出口油压低，此时 B 抗燃油泵联动投入，试验完成。

启动 B 抗燃油泵，投入抗燃油泵联锁开关；点动抗燃油泵试验按钮，电磁阀带电泄油压，相应的就地压力表应指示为 11.2MPa，B 泵出口油压低，此时 A 抗燃油泵联动投入，试验完成。

4）汽轮机 ETS 保护系统投入 EH 油压低保护功能。

5）将 A、B 抗燃油泵就地或远方控制，停运抗燃油泵运行，观察抗燃油压力变化，当抗燃油压力下降至（11.2±0.2）MPa 时，发出报"抗燃油压力低报警"，当抗燃油压力下降至（9.8±0.2）MPa 时，汽轮机跳闸。

6）该项主机保护试验结束。

（3）排汽装置压力高保护试验主要步骤如下：

1）热工人员检查排汽装置压力高四个压力开关（报警并联动备用泵定值 35kPa，跳闸定值：55kPa）均处于未动作状态。

2）水环真空泵在线试验功能：启动 A 水环真空泵，投入水环真空泵联锁开关，手动打开真空破坏门，观察背压变化情况，当上升至一定值时，发排汽装置压力高报警信号并联锁启动 B 水环真空泵，试验完成，关闭真空破坏门；或 A 水环真空泵跳闸联动 B 水环真空泵。

同样方法作 A、C 泵备用时的联动试验。

3）汽轮机 ETS 保护系统投入排汽装置压力高保护功能。

4）水环真空泵单泵运行，联锁解除，停运水环真空泵，当背压上升至排汽装置压力高 I 值时，发排汽装置压力高报警信号，继续升至排汽装置压力高 II 值时，汽轮机跳闸。

5）该项主机保护试验结束。

汽轮机 ETS 在线试验，主要包括 EH 油、润滑油、低真空通道试验和 AST 电磁阀试验。对于 EH 油、润滑油、低真空在线试验，进入试验模式后选择试验通道，再选择某一试验项目。某一通道试验时，试验项目对应压力开关动作，此通道两冗余 AST 停机电磁阀失电并报警。对于 AST 电磁阀在线试验，进入试验模式后选择某一 AST 电磁阀试验，AST 电磁阀报警，表示此电磁阀失电，同时 ASP 压力开关动作报警。

其他主机保护静态试验，从 ETS 保护装置逐项投入试验项目保护开关，如轴振大、汽轮机超速≥3300r/min、轴向位移大、高中低压胀差大、轴承金属温度高、排汽温度高、推力轴承工作或定位推力瓦温高、DEH 系统故障停机、锅炉 MFT、发电机断水、手动停机、发电机跳闸等，采用加信号或信号实际触发的方式进行保护试验。

以某 300MW 亚临界机组为例，主机保护试验项目见表 4-10。

表 4-10　　　　　　　　　主 机 保 护 试 验 项 目

序号	试验项目内容	定值	试验情况
1	EH 油压低跳机（同侧 2 取 1）两侧同时发	≤9.8MPa	
2	润滑油压低跳机（同侧 2 取 1）两侧同时发	≤0.07MPa	
3	真空低跳机（同侧 2 取 1）两侧同时发	≥65kPa	
4	电超速 110% 跳机（3 取 2）（包括 DEH、TSI）	≥3300r/min	
5	振动大跳机（同瓦的跳机值与上报警值）	>254μm 与上报警值 >125μm	
6	手动停机（集控室硬手操）		
7	轴向位移大跳机（+1mm 和 −1mm）（4 取 2）	+1.0/−1.0mm	
8	低压缸胀差大停机（−1.52mm/+16.46mm），延时 2s	−1.52mm/+15.70mm	
9	汽轮机支持轴承瓦温高停机（单点，带手动复位），延时 3s	≥113℃	
10	汽轮机推力轴承瓦温高（正、反推力 4 取 2）	≥107℃	
11	锅炉 MFT 跳机		
12	高排温度（4 取均，带速率判别 12.5℃/s，坏点切除），延时 2s	≥420℃	
13	DEH 故障（转速板超速停机，110 动作停机，系统转速故障停机，手动停机，ETS 停机，安全油压低停机，阀门整定转速超限停机，抽汽压力超限停机，抽汽门故障停机，DEH 遮断输入）		
14	发变组保护动作		
15	主油箱油位低停机	−260mm	
16	供热抽汽停机条件：①供热投入；②甩负荷；③BV 阀全关延时 30s 后，供热抽汽蝶阀全开，或供热压力>0.63，<0.2 与供热投入		

汽轮机主机保护传动记录见表 4-11。

表 4-11　　　　　　　　汽轮机主保护传动记录

试验项目	逻辑关系			保护定值	试验方法	试验结果
EH 油压低	EH 油压低 1	或	与	9.8MPa	就地手动泄油	ETS 打闸，首出为抗燃油压低停机
	EH 油压低 3			9.8MPa		
	EH 油压低 2	或		9.8MPa	就地手动泄油	
	EH 油压低 4			9.8MPa		
润滑油压低	润滑油压低 1	或	与	0.07MPa	就地手动泄油	ETS 打闸，首出为润滑油压低停机
	润滑油压低 3			0.07MPa		
	润滑油压低 2	或		0.07MPa	就地手动泄油	
	润滑油压低 4			0.07MPa		

试验项目	逻辑关系			保护定值	试验方法	试验结果
真空低	凝汽器真空低 1	或	与	65kPa 绝压	就地手动泄压	ETS 打闸，首出为真空低停机
	凝汽器真空低 3			65kPa 绝压		
	凝汽器真空低 2	或		65kPa 绝压	就地手动泄压	
	凝汽器真空低 4			65kPa 绝压		
独立 110％超速	110％超速 1	3 取 2		3300r/min	信号源模拟正弦波电压信号	ETS 打闸，首出为独立电超速
	110％超速 2			3300r/min		
	110％超速 3			3300r/min		
轴位移大	轴位移 1 大/坏点	4 取 2		跳机±1.00mm	信号源模拟直流电压信号或测点拔线后成坏点	ETS 打闸，首出为汽轮机轴位移大
	轴位移 2 大/坏点					
	轴位移 3 大/坏点					
	轴位移 4 大/坏点					
发变组保护	发变组保护 A 柜动作	或		—	发变组保护 A、B、C 柜分别模拟跳闸条件	ETS 打闸，首出为发电机跳闸
	发变组保护 B 柜动作					
	发变组保护 C 柜动作					
汽轮机振动大	X 振动值＞跳机值	与	或（6 个瓦）	报警 125μm 跳机 254μm	信号源模拟正弦波电压信号	ETS 打闸，首出为汽轮机振动大
	Y 振动值＞报警值					
	Y 振动值＞跳机值	与				
	X 振动值＞报警值					
锅炉 MFT	锅炉 MFT1	3 取 2		—	炉跳机联锁传动	ETS 打闸，首出为 MFT
	锅炉 MFT2					
	锅炉 MFT3					
集控室手动停机	集控室手动停机按钮 1	与		—	两个按钮同时按下	ETS 打闸，首出为手动停机
	集控室手动停机按钮 2					
高排温度高	高排温度高			420℃	强制高排温度大于 420℃	ETS 打闸，首出为高排温度高
汽轮机胀差大	汽轮机胀差大			≥15.7mm ≤−1.52mm	信号源模拟直流电压信号	ETS 打闸，首出为汽轮机高中压缸差胀大
DEH 110％超速	DEH 110％超速 1	3 取 2		3300r/min	信号源模拟正弦波电压信号	ETS 打闸，首出为 DEH 超速停机
	DEH 110％超速 2			3300r/min		
	DEH 110％超速 3			3300r/min		
主油箱油位低	主油箱油位低 1	3 取 2		＜−260mm	就地拨动液位开关	ETS 打闸首出为主油箱油位低
	主油箱油位低 2					
	主油箱油位低 3					
轴承金属温度高	1 号轴承温度 1、2	或		113℃	单点强制轴承温度大于 113℃	ETS 打闸，首出为轴承金属温度过高
	2 号轴承温度 1、2					
	3 号轴承温度 1、2					
	4 号轴承温度 1、2					
	发电机汽端轴承温度					
	发电机励端轴承温度					

试验项目	逻辑关系		保护定值	试验方法	试验结果
正推力瓦温度超限	正推力瓦金属温度1、2、3、4	或	107℃	单点强制轴承温度大于107℃	ETS打闸,首出为轴承金属温度过高
负推力瓦温度超限	负推力瓦金属温度1、2、3、4	或	107℃	单点强制轴承温度大于107℃	ETS打闸,首出为轴承金属温度过高
DEH失电停机	DEH机柜电源监视1、2	或	—	DEH机柜停电	ETS打闸,首出DEH失电停机
DEH停机	DEH机柜送来3个跳闸信号	3取2	—	强制DEH停机条件	ETS打闸,首出DEH停机

4.2.2.5 安全及质量保证

(1) 工作票审核通过后方可进行工作,现场已无工作。

(2) 进入现场的工作人员必须戴安全帽;高空作业时必须正确使用安全带;作业时要严格安全及监护制度;更换设备时严格按照设备退出及拆除工序,防止设备损坏;坚决杜绝习惯性违章和盲目操作。

(3) 在修改组态逻辑前要进行组态的备份,防止走错间隔。

(4) 现场消防措施的落实;现场照明充足,操作检查通道畅通,现场通信联络设备齐全。

4.2.3 汽轮机调速系统参数静态测试

随着全国电力系统联网进程的逐渐加快,电网稳定性的问题就显得愈发突出,要在稳定分析计算中获得真实可信的结果,就必须研究构成电网四大要素的数学模型,即原动机-汽轮机模型、发电机模型、励磁系统模型和负荷模型。其中,汽轮机及其调节系统模型对电力系统的静态稳定、动态稳定和暂态稳定性都有显著的影响。火电机组汽轮机及其调节系统参数测试依据电力相关技术规范对其试验目的、试验条件、试验时间、试验规范、试验内容等进行详细说明;总结提出为了试验有序顺利实施需要开展的组织、技术与安全措施;同时需要明确试验方式、试验顺序、试验单位、验收标准、适用范围;规范试验完成后的资料管理及检修后评价等内容。为检修与试验提供标准化、规范化的指导。

汽轮机及其调节系统参数测试试验适用于200MW等级以上大型火力发电汽轮机组。同步发电机组大修、原动机通流部分改造、数字电液控制系统(DEH)或分散控制系统(DCS)改造、软件升级及参数修改及在汽轮机阀门检修调门流量特性变化后,应进行汽轮机及其调节系统参数测试。

汽轮机及其调节系统参数测试试验由开展火电机组检修的电厂委托有资质的试验单位承担完成,所完成的试验结果及其技术报告应该满足该发电机组的相关并网技术性能要求,并向有关调度部门交付试验报告进行最终的考查和审核。

汽轮机及其调节系统参数测试试验在机组检修并网后进行,试验需要在机组的三个典型负荷工况开展,分别是50%、70%、90%额定负荷,因此,机组需要具备从中低负荷至高负荷,即在50%~100%额定负荷之间安全稳定运行。

启动前机组冷态下进行的汽轮机及其调节系统参数测试试验是静态仿真试验,主要验证相关控制系统及其输入输出信号的正确性,为机组并网后动态试验奠定基础。因此,需要在机组挂闸空负荷工况下,仿真完成电液伺服系统最大动作速度测试、小幅度动作特性测试、DEH 阀控方式及 DEH 功率控制方式下的一次调频静态仿真试验。

另外,汽轮机及其调节系统参数测试静态试验可以与一次调频静态试验同时进行。

该项试验需要从 DCS 控制系统采集数据至快速录波仪进行记录和分析,试验仪器的安装、设置以及采集信号与仪器的接线需要 2~4h,正常完成静态试验需要 2~4h。

4.2.3.1 试验目的

火电机组汽轮机及其调节系统参数测试的目的,是建立和规范电力系统并网机组参与电网一次调频的数学模型,为电力系统的中长期稳定性仿真分析提供真实可靠的数据。

4.2.3.2 依据规程和标准

汽轮机及其调节系统参数测试试验依据的标准和文件:

DL/T 711—2019《汽轮机调节保安系统试验导则》

DL/T 1235—2019《同步发电机原动机及其调节系统参数实测与建模导则》

PSD-BPA 暂态稳定程序用户手册

4.2.3.3 试验条件

(1)DEH 调试完毕。

(2)锅炉停炉、管道无汽压、机组冷态。

(3)润滑油、抗燃油系统(包括蓄能器)工作正常。

(4)机组具备挂闸条件,且油温、油压在正常范围内。

(5)一次调频参数设置符合相关要求。

(6)在接线全部完成的情况下,静态试验需要 2~4h。

4.2.3.4　试验测点及仪器

试验分静态试验和动态试验。静态试验测点为：一次调频转速偏差、DEH 总阀位指令输出、高压调节阀位移反馈。所有测点均需采用模拟量信号。试验人员在进行静态试验时，要落实好动态试验的测点和接线，减小在机组运行状态下动态接线的风险，以保证动态试验能够顺利开展。

信号的刷新频率要尽可能快，且要尽可能从变送器引接信号，刷新速度不能低于点 20Hz（主要针对可能需要通过 AO 输出的压力信号而言），防止录波曲线出现阶梯式变化，为建模提供尽可能精确、连续的数据。

静态试验测点清单见表 4-12。

表 4-12　　　　　　　　　　　静 态 试 验 测 点 清 单

序号	测点名称	测试通道名称	测试方法	测点类型
1	一次调频转速偏差	PC	回路串接电阻，测电流	模拟量输出
2	DEH 总阀位指令输出	FDEM	回路串接电阻，测电流	模拟量输出
3	高压调节阀位移反馈	GV1～GV4	回路串接电阻，测电流	模拟量输入

试验所需仪器见表 4-13。

表 4-13　　　　　　　　　　　试 验 所 需 仪 器

序号	仪器型号	仪器名称
1	DL850	快速录波仪

4.2.3.5　试验内容

静态试验测试工作在机组启动前进行，动态试验在机组带负荷试运期间进行。在测试技术方面由试验单位负责，电厂相关技术人员现场配合、监护。

（1）电液控制系统（DEH）控制环节参数校核：

1）将 PID 环节（重点为 DEH 功率控制回路）单独设置为 P、I、D 环节，及 PI、PD、PID 环节。

2）强制 PID 环节的输入量，测取 PID 环节的输出量。

3）强制一次调频环节的频差输入量，测取一次调频环节的输出量。

（2）协调控制系统（CCS）控制逻辑校核：

1）通过改变 CCS 控制系统各环节的输入量，录取该环节的输出量，对 CCS 控制逻辑进行校核。

2) 与 CCS 厂家人员或现场调试人员查看 CCS 逻辑和参数配置，获取详尽并准确的资料。

参数校核试验录波后要及时计算控制参数是否与设置值吻合，否则应与热工人员联系查明原因，确保参数无误。

（3）高调门动作特性测试：在混仿模式下，将机组仿真至并网状态。在高调门单阀方式下进行如下试验。

1）手动方式下，分别进行总阀位指令 90%，50%，20%，5%，2% 阶跃，也可根据现场录波情况灵活调整阶跃量。

2）以 2000Hz 以上的采样频率，记录整个过程中以下参数的变化情况：总阀位指令、高调门 CV1～CV4 的阀位反馈。

4.2.3.6 安全及质量保证

（1）静态试验前参加试验人员熟悉试验方案，且一次调频静态试验完成并且合格。

（2）由试验人员进行现场设备的操作，试验期间测点信号的接线和拆线需按接线规范进行，以免留下安全隐患，并完整记录测点信号名称和位置及接线方式。

（3）静态试验期间，试验人员需确认 DEH 控制系统仿真升速过程中不会影响汽轮机盘车运行，如有影响需做好防范措施或停止盘车运行。

（4）在整个静态试验过程中，所有人员必须服从总指挥的协调和指挥，不得擅自工作和离开工作岗位。

（5）严格执行电力安全工作规程的有关部分及工作票制度。

（6）试验结束后应进行现场工器具的清理，不得遗漏在现场及设备上造成隐患；安全恢复所有试验过程中的强制或屏蔽信号。试验结束后及时整理相关记录。

4.2.4 驱动汽轮机保护（METS）试验

METS 即小型汽轮机危急遮断系统（Microprocessor Emergency Trip System）。当驱动汽轮机故障时，自动启动关断回路快速关闭进汽阀，如主汽阀、调节阀。其接收驱动汽轮机监视系统（MTSI）、就地及其他相关系统信号，由 METS 判断后发出跳闸信号，使停机电磁阀失电，驱动汽轮机及时遮断跳闸。

驱动汽轮机保护试验在机组检修启动前驱动汽轮机具备挂闸条件下进行。驱动汽轮机保护试验采用就地和远方等操作方式，结合信号模拟，进行实际保护动作试验。

在满足试验所需工作条件的情况下，由电厂热工检修部门通知试验人员进行试验，正常完成试验需要 4～8h。

4.2.4.1　试验目的

通过驱动汽轮机保护试验，检验汽轮机保护动作的每一项条件满足时可触发驱动汽轮机保护系统动作，迅速关闭主汽阀、调节阀，切断进汽，保证驱动汽轮机可靠、正确跳闸。

4.2.4.2　依据规程和标准

驱动汽轮机保护试验依据的标准和文件：

DL/T 658—2017《火力发电厂开关量控制系统验收测试规程》

DL/T 656—2016《火力发电厂汽轮机控制及保护系统验收测试规程》

4.2.4.3　试验条件

（1）驱动汽轮机润滑油系统、抗燃油系统运行正常，具备挂闸条件。

（2）MTSI 系统中的探头以及前置放大器经过校验，由具有校验资质的单位出具校验报告，机柜相关电缆接线恢复，MTSI 装置投入正常运行且各信号显示正确。

（3）METS 控制机柜及就地设备检修后恢复到位，一次元件调校完成，如压力开关、行程开关、温度测点、盘台按钮等；METS 控制机柜电缆连接正确、无松动。

4.2.4.4　试验内容及步骤

驱动汽轮机保护静态试验，从 METS 保护装置逐项投入试验项目保护开关，如超速、轴振大、轴向位移大、排汽压力高、抗燃油压力低、润滑油压力低、排汽温度高、轴承金属温度高、推力轴承工作或定位瓦温高、除氧器水位低、前置泵入口阀关、汽泵入口流量低、前置泵跳闸、手动停机等，采用加信号或信号实际触发的方式进行保护试验。

以东方汽轮机生产的汽动给水泵为例，驱动汽轮机保护试验项目见表 4-14。

表 4-14　　　　　　　　　　驱动汽轮机保护试验项目

序号	试验项目内容	定值	试验情况
1	驱动汽轮机超速	$>5700\text{r/min}$	
2	驱动汽轮机轴振大	$\geqslant 200\mu\text{m}$	
3	给水泵轴振大	$\geqslant 200\mu\text{m}$	
4	驱动汽轮机轴向位移大	$\geqslant +0.40\text{mm}$ $\leqslant -0.62\text{mm}$	
5	排气压力高	$>70\text{kPa}$	
6	抗燃油压力低	$<9.8\text{MPa}$	
7	润滑油压低	$<0.12\text{MPa}$	
8	排汽温度高	$\geqslant 150℃$	
9	给水泵汽轮机推力轴承温度高	$>110℃$	
10	除氧器水位低	$<1000\text{mm}$	

序号	试验项目内容	定值	试验情况
11	前置泵入口阀关	—	
12	汽泵入口流量低	<390t/h	
13	前置泵跳闸	—	
14	手动停机	/	
15	给水泵汽轮机支持轴承温度高	>115℃	
16	给水泵推力轴承温度	>110℃	
17	给水泵驱动端轴承温度	>105℃	

该驱动汽轮机保护传动的具体试验方法和试验记录见表 4-15。

表 4-15　　　　　　　　　　驱动汽轮机保护传动记录

试验项目	逻辑关系			保护定值	试验方法	试验结果
驱动汽轮机超速	超速 1		3 取 2	5700r/min	信号源模拟正弦波电压信号	METS 打闸，首出为超速
	超速 2			5700r/min		
	超速 3			5700r/min		
驱动汽轮机轴向位移大	轴位移 1		3 取 2	跳机+0.40mm、−0.62mm	信号源模拟直流电压信号	ETS 打闸，首出为轴位移大
	轴位移 2					
	轴位移 3					
驱动汽轮机轴振大	X 振动值>跳机值	与	或	报警 100μm 跳机 200μm	信号源模拟正弦波电压信号	ETS 打闸，首出为小汽轮机振动大
	Y 振动值>报警值					
	Y 振动值>跳机值	与				
	X 振动值>报警值					
给水泵轴振大	X 振动值>跳机值	与	或	报警 100μm 跳机 200μm	信号源模拟正弦波电压信号	ETS 打闸，首出为给水泵振动大
	Y 振动值>报警值					
	Y 振动值>跳机值	与				
	X 振动值>报警值					
排气压力高	排气压力开关 1		3 取 2	>70kPa	压力开关接线就地断开和短接	ETS 打闸，首出为排气压力高
	排气压力开关 2					
	排气压力开关 3					
抗燃油压力低	EH 油压低 1	或	与	<9.8MPa	手停抗燃油泵	ETS 打闸，首出为 EH 油压力低
	EH 油压低 3					
	EH 油压低 2	或				
	EH 油压低 4					
润滑油压低	润滑油压力开关 1		3 取 2	<0.12MPa	压力开关接线就地断开和短接	ETS 打闸，首出为润滑油压低
	润滑油压力开关 2					
	润滑油压力开关 3					
排汽温度高	排汽温度高 1		3 取 2	≥150℃	强制排汽温度 1、2、3 两两大于 150℃	ETS 打闸，首出为排汽温度高
	排汽温度高 2					
	排汽温度高 3					

续表

试验项目	逻辑关系		保护定值	试验方法	试验结果
给水泵汽轮机推力轴承温度高	正推力轴承温度	2 取 2	>110℃	强制温度大于110℃	ETS 打闸，首出为给水泵汽轮机推力轴承温度高
	负推力轴承温度				
除氧器水位低	除氧器水位 1	3 取 2	<1000mm	强制除氧器液位1、2、3 两两小于 1000mm	ETS 打闸首出为除氧器水位低
	除氧器水位 2				
	除氧器水位 3				
前置泵入口阀关	汽泵运行，给水泵前置泵入口阀关且未开，延时 2s	与	—	强制逻辑满足条件	ETS 打闸，首出为前置泵入口阀关
汽泵入口流量低	给水泵汽轮机运行，流量低于390t/h，最小流量阀开度≤80%	与	<390t/h	强制逻辑满足条件	ETS 打闸，首出为汽泵入口流量低
前置泵跳闸	前置泵轴承温度高>100℃、前置泵电机绕组温度高>155℃、前后轴承温度高>95℃、机械密封水温度高>90℃	或	—	强制逻辑满足条件	ETS 打闸，首出为前置泵跳闸
手动停机	现场停机按钮或主控室停机按钮	或	—	按下停机按钮	ETS 打闸，首出手动停机
给水泵汽轮机支持轴承温度高	一瓦支持轴承温度	2 取 2	>115℃	强制温度大于115℃	ETS 打闸，首出给水泵汽轮机支持轴承温度高
	二瓦支持轴承温度				
给水泵推力轴承温度	正推力轴承温度	2 取 2	>110℃	强制温度大于110℃	ETS 打闸，首出给水泵推力轴承温度
	负推力轴承温度				
给水泵驱动端轴承温度	驱动端轴承温度	2 取 2	>105℃	强制温度大于105℃	ETS 打闸，首出给水泵驱动端轴承温度
	非驱动端轴承温度				

4.2.4.5 安全及质量保证

（1）严格执行工作票手续，杜绝发生信号强制错误或试验结束后忘记恢复。

（2）严格执行安全及监护制度，杜绝盲目操作。

（3）修改组态逻辑前要进行组态备份，修改时做记录，要防止误入工作间隔。

（4）现场及控制台、屏上的紧急操作按钮，均应有防误操作安全罩，机柜内电源端子排和重要保护端子排应有明显标识。

（5）机柜内应张贴重要保护端子接线简图以及电源开关用途标志铭牌。

（6）线路中转的各接线盒、柜应标明编号，盒或柜内应附有接线图，并保持及时更新。

（7）所有进入热控保护系统的就地一次检测元件以及可能造成机组跳闸的就地元部件，其标识牌都应有明显的颜色标志，防止人为原因造成热工保护误动。

（8）严格防止射频干扰。

4.3　修后机组热态下汽轮机试验

4.3.1　自动主汽门、调节汽门严密性试验

在机组大修后，汽轮机的自动主汽门和调速汽门都应做严密性试验，保证跳闸保护或甩负荷事故工况下阀门可靠关闭，截断汽轮机进汽防止汽轮机超速，确认汽门严密性满足机组安全、稳定运行需要，并为以后机组的运行提供参考。

汽轮机高、中压自动主汽门和高、中压调速汽门严密性试验适用于 200MW 等级以上大型火力发电汽轮机组。高中压主汽门、调速汽门严密性试验，根据《火力发电厂安全性评价》的要求，机组在大修后、甩负荷前和运行机组一年进行一次主汽门、调速汽门严密性试验以检验其严密性。

自动主汽门、调速汽门严密性试验可由火力发电厂自行开展，或者电厂委托有该试验业绩的试验单位承担完成。

汽轮机自动主汽门、调速汽门严密性试验在机组检修后热态下冲车定速平稳状态下进行。汽轮机自动主汽门、调速汽门严密性试验是机组的在线动态试验。主汽门、调节门严密性试验应分别进行，调速汽门严密性试验应在主汽门严密性试验结束后进行。

在满足试验所需工作条件的情况下，正常完成试验需要约 2h。

4.3.1.1　试验目的

通过主汽门、调速汽门严密性试验，检测主汽门、调速汽门严密性是否满足要求，以满足汽轮机挂闸、冲车时对汽轮机调节控制系统的要求，保证跳闸保护或甩负荷事故工况下阀门可靠关闭，截断汽轮机进汽防止汽轮机超速，确认汽门严密性满足机组安全运行需要。

4.3.1.2　依据规程和标准

汽轮机自动主汽门、调速汽门活动试验依据的标准和文件：

DL/T 711—2019《汽轮机调节保安系统试验导则》

在额定汽压、正常真空下高、中压主汽阀，高、中压调节阀分别全关时，应保证汽

轮机转速下降至 1000r/min 以下；当主蒸汽压力偏低，但不低于额定压力的 50% 时，应保证汽轮机转速下降至 n r/min 以下，汽轮机转速 n 下降值可按下式修正：

$$n = (p/p_0) \times 1000\text{r/min}$$

式中：p 为试验时主蒸汽压力；p_0 为额定主蒸汽压力。

4.3.1.3 试验条件

（1）机组解列，转速 3000r/min 运行。

（2）维持真空正常，保持主蒸汽压力在一定值以上，不低于额定值的 50%。

（3）调整锅炉燃烧及汽轮机高压旁路，维持再热蒸汽压力在一定值以上，不低于额定值的 50%。

（4）在升压、升温过程中，蒸汽温度至少有一定的过热度。

（5）解除主汽门关闭联跳锅炉主保护。

（6）各段抽汽止回门、电动门均已关闭。

（7）交流润滑油泵运行正常，低油压试验良好。

（8）DEH 控制系统在手动方式，未进行任何试验。

4.3.1.4 试验内容及步骤

（1）高、中压自动主汽门严密性试验主要步骤如下：

1）在 DEH 阀门试验画面选择阀门严密性试验。

2）选择高、中压主汽门，开始试验并计时，高、中压主汽门逐渐关闭。

3）DEH 系统根据有关参数计算出可接受转速，记录惰走时间，根据达到的可接受转速所耗费时间，判定主汽门严密性。

4）转速下降过程中，注意润滑油压的变化，转速降至一定值时，应启动顶轴油泵，监视油压力正常。

5）试验结束后退出主汽门严密性试验。

6）主汽门严密性试验结束后必须打闸后再进行冲转，重新升速至 3000r/min 定速。

（2）高、中压调速汽门严密性试验主要步骤如下：

1）在 DEH 阀门试验画面选择阀门严密性试验。

2）选择高、中压调速汽门，开始试验并计时，高、中压调速汽门逐渐关闭。

3）DEH 系统根据有关参数计算出可接受转速，记录惰走时间，根据达到的可接受转速所耗费时间，判定调速汽门严密性。

4）转速下降过程中，注意润滑油压的变化，转速降至一定值时，应启动顶轴油泵，监视油压力正常。

5）试验结束后退出调速汽门严密性试验，DEH自动开启调速汽门，维持当前转速；全部试验完毕，将试验开关置正常位。

4.3.1.5 安全及质量保证

（1）在操作开启阀门时，要有监护人一起确认正确，严禁盲目操作，造成误开阀门的事故发生。

（2）避免在临界转速附近长时间停留。

（3）在试验过程中，确保锅炉燃烧正常，汽轮机超速跳闸后，及时打开高低压旁路，避免出现再热器干烧现象。

（4）在转速重新恢复至3000r/min过程中，保证蒸汽过热度不低于50℃。

（5）试验时，运行人员严密监视汽轮机轴向位移、轴承振动、胀差、轴承金属温度、汽轮机转速等参数，发现异常应及时处理并汇报；严密监视汽轮机各温度测点，严防进冷汽、冷水，就地检查人员注意倾听汽轮发电机组各部分声音正常，发现异常应及时汇报并处理。

（6）密切监视高、低压旁路，汽包、除氧器、凝汽器水位正常。

（7）试验期间时尽量保持主、再热汽压力及背压稳定。

（8）汽轮机大修后首次启动过程中，检修人员必须就地检查汽轮机的运行情况，出现异常时，应立即通知运行人员采取措施。

（9）汽轮机冲转、升速等操作前，应有检修人员检查确认无异常并得到检修人员的许可后，方可进行操作。

（10）试验期间，热工人员采取可靠措施，避免调门来回摆动。

（11）主汽门严密性试验结束后必须打闸后再进行冲转。

（12）如转速不能下降至规定转速以下时，应在停机后全面检查汽门，并进行处理。

（13）转速下降过程中要注意时间、转速、蒸汽参数。

汽轮机高、中压主、调门严密性试验记录见表4-16。

表4-16　　　　　　　　汽轮机高、中压主、调门严密性试验记录

机组		日期	
开始时间		结束时间	
主蒸汽压力		再热蒸汽压力	
主蒸汽温度		再热蒸汽温度	

机组		日期	
盘车转速		凝汽器真空	
主汽门试验时转速		调门试验时转速	
结果评价			
异常情况记录			

4.3.2 喷油试验

在机组大修启动后，应对汽轮机做喷油试验，喷油试验通过将润滑油注到与撞击子底部连通的孔里面，产生一定的压力，实现在额定转速下能够将撞击子推出，确保机械超速撞击子在安装或检修后整定值在设计范围内，并能灵活动作、无卡涩。当汽轮机转速超过额定转速一定值时机械撞击子飞出，机械超速保护动作汽轮机快速跳闸。一般汽轮机有OPC超速保护，电气超速保护和机械超速保护。做机械超速试验之前首先完成主汽门、调门严密性试验，然后要做喷油试验，在完成OPC试验、电超速试验，最后才可做机械超速试验，进行喷油试验与机械超速试验时，两次机械超速试验间隔的时间最好大于30min，喷油试验之后严禁立即做机械超速试验，否则机械超速的动作转速可能不能反映真实情况。

汽轮机喷油试验适用于200MW等级以上大型火力发电汽轮机组。喷油试验应在机组大修后、甩负荷前进行一次喷油试验以检验其动作正确性。

汽轮机喷油试验在机组检修后热态下冲车定速平稳状态下进行。汽轮机喷油试验是机组的在线动态试验。喷油试验应在完成主汽门、调门严密性试验后、机组机械超速试验或甩负荷试验之前进行。

在满足试验所需工作条件的情况下，正常完成试验需要约1h。

4.3.2.1 试验目的

通过喷油试验，确保危急遮断器飞环在机组一旦出现超速时，能够迅速飞出，遮断汽轮机。

4.3.2.2 依据规程和标准

汽轮机喷油试验依据的标准和文件：

DL/T 863—2016《汽轮机启动调试导则》

喷油试验后进行机械超速保护试验时，危急遮断器动作转速值应调整至额定转速的109%～111%，两次机械超速试验动作转速之差不大于0.6%。

4.3.2.3 试验条件

（1）机组转速 3000r/min 稳定运行。

（2）自动主汽门、调速汽门、各段抽汽止回门、高排止回门关闭时没有卡涩或严密性合格。

（3）就地和远方危急遮断器打闸试验完成。

（4）汽轮机就地转速表、油压表和远方转速表、油压表均检验合格且显示正常。

（5）交、直流润滑油泵处于联锁备用状态。

4.3.2.4 试验内容及步骤

喷油试验主要步骤如下：

（1）试验准备工作就绪，就地将危急遮断系统隔离，将手动喷油试验手柄压在试验位置，并确认试验手柄已到试验位，注意隔膜阀上部油压变化情况。

（2）确认隔膜阀上部油压正常后，缓慢开启危急遮断器喷油试验阀，向危急遮断器充油，使润滑油注入飞环内部，使飞环飞出，撞击遮断连杆，当危急遮断器动作后立即关闭喷油试验阀，此时手动喷油试验手柄不得松开，还在试验位，记录危急遮断器动作的充油压力及隔膜阀上部油压，此时隔膜阀上部油压突降至零，充油压力为某一值，太高太低时机械超速将不合格，需重新调整。

（3）危急遮断器动作后停留几秒钟，确认充油压力已到零，危急遮断器撞击子回位后，用复位遮断手柄将危急遮断器复位。

（4）确认危急遮断器确已复位，隔膜阀油压正常后，缓慢放开手动喷油试验手柄至正常位置，并确认位置正确。

（5）在做机械超速试验时需进行两次，跳闸转速在 109%～111% 额定转速之间，且两次超速跳闸时机组的转速之差不大于 0.6%，否则需重新调整机械间隙和做喷油试验，直到满足要求。一般电超速动作整定值比危急机械超速的危急遮断器动作转速高 1%～2%。

（6）两只危急遮断器应分别试验两次，记录动作安全油压和转速，为下次做试验提供参考。

4.3.2.5 安全及质量保证

（1）试验中严密监视机组就地转速、机头各安全油压等参数变化。

（2）喷油试验前必须完成主汽门、调门严密性试验。

（3）超速试验前进行喷油试验，严禁喷油试验后立即做机械超速试验。

（4）试验人员需分工明确，试验操作和监视转速、油压及与集控室联络需安排不同人员协调配合。

4.3.3　超速试验

机组通常设计有两套超速保护：一套为电超速保护，动作定值为110％额定转速；另一套为机械超速，在机组转速达到110％～112％额定转速时保护动作。汽轮机的机械超速时，危急遮断器飞环飞出，打击危急遮断器，造成低压安全油泄油，高压抗燃油系统跟随动作，主汽门和调节汽门瞬间关闭，迅速切断汽源，实现快速停机。此外机组还设计OPC超速预保护功能，当汽轮机做超速试验时，如转速超过103％，则OPC动作，使所有高、中压调节阀全部关闭，当转速低于103％后，各调门开启维持额定转速。机组大修后需完成OPC、电超速和机械超速试验。

汽轮机超速试验适用于200MW等级以上大型火力发电汽轮机组。机组在大修后、甩负荷前进行超速试验以检验其调节控制系统性能满足安全要求。

汽轮机超速试验可由火力发电厂自行开展，或者电厂委托有该试验业绩的试验单位承担完成。

汽轮机超速试验在机组大修后启动并网带25％额定负荷4h后再解列，维持冲车定速平稳状态下进行。汽轮机超速试验是机组的在线动态试验。机械超速及103％、110％电气超速要分别进行。

在满足试验所需工作条件的情况下，正常完成试验需要约0.5h。

4.3.3.1　试验目的

核对103％超速保护动作转速的定值、准确性并整定动作转速；检查危急遮断器动作转速的可靠性、准确性并整定其动作转速；核对电超速保护动作定值、准确性。

4.3.3.2　依据规程和标准

汽轮机超速试验依据的标准和文件：

DL/T 711—2019《汽轮机调节保安系统试验导则》

DL/T 863—2016《汽轮机启动调试导则》

（1）103％超速试验合格标准。

1）103％超速限制动作值3090r/min，保护动作后，各高、中压调节汽门、供热蝶阀关闭，转速降至3090r/min以下时开启。

2）调速系统应能自动维持转速在3000r/min左右。

（2）电气超速试验合格标准。

电气超速保护动作值3300r/min，汽轮机跳闸后，各主汽门、调节汽门、供热蝶阀、高排汽止回门、各抽汽止回门、供热快关阀迅速关闭。

（3）机械超速试验合格标准。

1）机械超速保护动作值 3300～3360r/min 之间，汽轮机跳闸后，各主汽门、调节汽门、供热蝶阀、高排汽止回门、各抽汽止回门、供热快关阀迅速关闭。

2）连续两次试验，两次动作转速差不超过 18r/min。

4.3.3.3　试验条件

（1）试验前应查阅上次试验报告及实验结果作为试验参照依据。

（2）机组并网后，接带 25％额定负荷，运行 4h 以上，然后解列机组，维持 3000r/min。

（3）已经进行了就地和远方危急遮断器打闸试验。

（4）自动主汽门、调速汽门、各段抽汽止回门、高排止回门关闭时没有卡涩或严密性合格。

（5）调速系统可维持空负荷运行。

（6）汽轮发电机组任一轴承振动小于 0.05mm，任一轴承温度不高于限定值。

（7）汽轮机就地转速表和远方转速均检验合格显示正常。

（8）交直流油泵、顶轴油泵正常备用，轴承进油温度应保持在 40～45℃。

（9）主蒸汽压力不高于一定值，主蒸汽温度在一定值以上，高排和凝汽器排汽温度在一定值以下，高、低压旁路应同时开启，保持中压缸进汽参数压力和温度合适，差胀应小于 3mm，夹层加热装置停运。

4.3.3.4　试验内容及步骤

（1）103％超速限制试验主要步骤如下：

1）运行人员将操作画面切换到"超速试验"画面，并将"试验开关"钥匙置于"电气"位。

2）设转速目标值为 3090r/min。

3）设定升速率为 50r/min；当转速升至 3090r/min 时，将"试验开关"钥匙置于"正常"位；OPC 超速保护动作；关闭高、中压调速汽门，DEH 自动将转速目标值置为 3000r/min，并维持机组转速在 3000r/min。

（2）电气超速试验主要步骤如下：

1）运行人员将操作画面切换到"超速试验"画面，并将"试验开关"钥匙置于"电气"位。

2）设转速目标值为 3300r/min。

3）设定升速率为 180r/min；当转速升至 3300r/min 时，电气超速保护动作停机，关闭各高、中压主汽调门、抽汽止回门、抽汽快关阀。

4）将"试验开关"钥匙置于"正常"位；机组转速降至 3000r/min 以下后，挂闸维持机组转速在 3000r/min。

（3）机械超速保护试验主要步骤如下：

1）汽轮机转速维持在 3000r/min，热工人员在监护人员的监督下将 DEH 超速保护屏蔽。

2）运行人员将操作画面切换到"超速试验"画面，并将"试验开关"钥匙置于"机械"位。

3）设转速目标值为 3360r/min。

4）设定升速率为 180r/min；当转速升至 3300r/min 以上，机械超速保护动作停机，关闭各高、中压主汽调门、抽汽止回门，记录动作转速值，机组转速降至 3000r/min 以下后，挂闸维持机组转速在 3000r/min。超速试验数据记录见表 4-17。

表 4-17　　　　　　　　　　　超速试验数据记录单

试验名称					试验时间：			
试验前主要参数	主蒸汽压力 （MPa）		主蒸汽温度 （℃）		再热汽压 （MPa）		再热汽温 （℃）	
	轴向位移 1 （mm）		轴向位移 2 （mm）		偏心 （μm）		高中压胀差 （mm）	
	低压胀差 （mm）		缸胀左 （mm）		缸胀右 （mm）		振动峰值 （μm）	
	高压旁路开度 （%）		低压旁路开度 （%）		润滑油压 （MPa）		润滑油温 （℃）	
	真空 （kPa）		轴封压力 （MPa）					
操作记录	汽轮机目标转速 （r/min）				升速率 （r/min）			
试验后主要参数	主蒸汽压力 （MPa）		主蒸汽温度 （℃）		再热汽压 （MPa）		再热汽温 （℃）	
	轴向位移 1 （mm）		轴向位移 2 （mm）		偏心 （μm）		高中压胀差 （mm）	
	低压胀差 （mm）		缸胀左 （mm）		缸胀右 （mm）		振动峰值 （μm）	
	高压旁路开度 （%）		低压旁路开度 （%）		润滑油压 （MPa）		润滑油温 （℃）	
	真空 （kPa）		轴封压力 （MPa）		动作最高转速 （r/min）			

试验名称		试验时间：	
试验 结论			
试验 失败 原因 分析			

注：在对每一次试验必须核对历史趋势。

4.3.3.5　安全及质量保证

（1）试验中严密监视机组转速、振动、胀差等汽轮机本体参数。

（2）提升转速试验之前，必须先做打闸停机试验，确认打闸停机系统良好。

（3）超速试验前严禁进行喷油试验。

（4）机械超速动作转速 110％～111％ 额定转速应进行两次，两次动作转速之差不应超过 0.6％；若转速达 3330r/min 危急保安器仍不动作，应立即停机。

（5）试验时间应控制在 30min 内。

（6）每次提升转速在 3200r/min 以上的高速区停留时间不得超过 1min。

（7）每次升速过程中，运行设专人核对汽轮机转速变化情况，并及时核对就地转速表与盘前转速（DEH 转速及 TSI 转速）是否统一，就地监视汽轮机是否存在异音，如果存在异常声音及任意转速故障可停机终止试验。

（8）在机组滑停过程中不能进行该试验。

4.4　修后机组并网后汽轮机试验

4.4.1　真空严密性试验

火力发电厂真空系统严密性对机组经济运行尤为重要，真空严密性差将会带来机组煤耗上升、厂用电率升高及凝结水溶氧增加等问题，甚至可能会威胁汽轮机的安全稳定运行。

汽轮机组正常运行时，汽轮机低压缸排汽排到凝汽器，经循环冷却水带走部分热量，真空泵抽走漏入负压系统不凝结气体，维持负压系统真空。由低压缸、排汽装置、疏水系统、阀门法兰、抽真空系统、水封系统构成的庞大真空负压系统可能存在很多泄漏点，在内外压差作用下吸入不凝结气体，影响凝汽器的换热效果、凝汽器的真空、凝结水溶氧，降低了机组带负荷能力和经济性。通过真空负压系统检漏，查找封堵泄漏点，提高机组负压系统严密性，提高冷端换热效率和真空，减少汽轮机冷源损失，使机组运行经济性得到提高。

火电机组真空系统、容器因材料本身缺陷或焊缝、机械连接处存在孔洞、裂纹或间隙等缺陷，外部大气进入系统内部，致使系统达不到预期的真空度，这种现象称为漏气，造成漏气的缺陷称为漏孔。真空检漏就是用适当的方法判断真空系统、容器是否漏气、确定漏孔位置及漏率大小，相应的仪器称为检漏仪，通常检漏采用氦质谱检漏方法，可实现机组不停机检漏。通常发现漏点可通过适当调整轴封系统供汽压力，加大轴封系统供汽量减少轴封处空气吸入量，消除阀门内漏对系统真空的影响，或者对漏点进行堵漏处理。

真空严密性试验适用于 200MW 等级以上大型火力发电汽轮机组。机组大小修后，或者发现真空系统不正常以及定期工作都应进行真空严密性试验。

真空严密性试验在机组检修并网后进行的动态试验，试验需要在 80% 额定负荷工况下开展。

真空严密性试验需要约 2h；真空检漏试验包括仪器的安装、设置以及检测，全部过程需要约 6h。

4.4.1.1　试验目的

真空严密性试验的目的是检查机组系统是否漏气、严密性程度，为机组运行经济性分析提供数据。

4.4.1.2　依据规程和标准

真空严密性试验合格标准是背压下降率不大于 100Pa/min 为合格，否则大于 100Pa/min 时应查找原因及时消除。

真空严密性试验依据的标准和文件：

DL/T 932—2019《凝汽器与真空系统运行维护导则》

DL/T 1052—2016《电力节能技术监督导则》

真空检漏试验时要根据检漏仪漏率判定系统漏点大小。漏点大小由检漏仪实际测取漏率衡量，漏点判定标准，见表 4-18。

表 4-18   漏 点 判 定 标 准

序号	漏率（mba/s）	漏点判定结果
1	$<1\times10^{-10}$	微漏点
2	$\geqslant1\times10^{-10}$、$<5\times10^{-9}$	小漏点
3	$\geqslant5\times10^{-9}$、$<5\times10^{-8}$	中漏点
4	$\geqslant5\times10^{-8}$	大漏点
5	$\geqslant5\times10^{-6}$	特大漏点

4.4.1.3　试验条件

（1）将机组负荷维持在 80% 以上稳定运行。

（2）确认工业、供热抽汽处于解列状态。

4.4.1.4　检漏试验仪器

检漏使用仪器设备见表 4-19。

表 4-19   检漏使用仪器设备

序号	仪器型号	仪器名称
1	PHOENIX-L300	氦质谱检漏仪
2	LKS-1000	设备维护探测器

4.4.1.5　真空严密性试验内容及步骤

（1）试验前记录负荷、背压、排汽温度。

（2）停运真空泵。

（3）每分钟记录一次排汽温度和背压的数值。

（4）试验 8min，启动真空泵，背压应恢复。

（5）试验完毕后，汇报值长。

（6）背压下降速度取第 3~8min 的平均值，若真空系统不合格，应查找原因，配合检修处理。

4.4.1.6　真空检漏试验内容及步骤

氦质谱检漏仪适用于湿冷及空冷机组真空检漏工作，利用真空负压漏点将氦气吸入负压系统，最后经真空泵汽水分离器排气口排出氦气，检漏仪通过吸枪吸入氦气，并经高速分子泵进行空气分子分离，产生信号，根据信号数值判断漏量大小。检测原理是依据仪器对氦原子的敏感性进行漏点排查，检测期间要求机组抽真空设备运行正常。

真空系统泄漏可能有真空严密性下降、凝汽器压力升高、凝汽器端差升高等现象，泄漏点可能发生在低压缸本体、轴封系统、凝结泵、保温内管道阀门法兰等位置，真空系统检漏应对以下范围重点进行检测。

（1）低压缸轴封。

（2）低压缸水平中分面。

（3）低压缸安全阀。

（4）真空破坏门及其管路。

（5）凝汽器汽侧放水阀。

（6）轴封加热器水封。

（7）低压缸与凝汽器喉部连接处。

（8）给水泵汽轮机轴封。

（9）给水泵汽轮机排汽蝶阀前、后法兰。

（10）给水泵排汽管与凝汽器连接法兰或焊缝、膨胀节法兰或焊缝。

（11）给水泵密封水回水至凝汽器管路。

（12）负压段抽汽管连接法兰。

（13）低压加热器疏水管路。

（14）凝结水泵盘根、滤网、法兰。

（15）低压加热器疏水泵盘根。

（16）热井放水阀。

（17）冷却管损伤或端泄漏。

（18）低压旁路隔离阀及法兰。

（19）真空系统测量仪表的管路及接口。

（20）加热器事故放水管路。

（21）凝结水再循环管道。

（22）真空泵入口管路及真空泵本体。

真空检漏主要步骤如下：

（1）以水环真空泵附近平整干燥、噪声小处，作为检漏仪器摆放位置，由电厂工作人员在水环真空泵排汽母管钻孔（$\phi 8$），插入吸枪，作为氦质谱检漏仪的监测点。

（2）现场检漏仪使用220V交流电源作为动力，由电厂电气人员进行接线，接入仪器前要对电源进行验电后方可使用。

（3）仪器启动开机键后进入升速检测模式，首先对运行的真空泵进行检测，并根据仪器反应时间、显示数据判断漏量大小，对于反应时间较为迟钝，显示数据久久不能归零的真空泵，不建议参与机组检漏试验，只限于本泵检测时使用，需要使用其他真空泵参与检漏工作。

（4）在确定检漏所使用的真空泵后，需要依据自上而下，先里后外原则，由低压缸上部开始检测，检测人员用对讲机与仪器操作员进行联系（无线手操器接收区域可直接远程操作），做好记录；记录要标明：项目名称、日期、漏点名称、显示数据、漏量大小、位置，待显示数据归零后，仪器操作员通知检测人员进行下一处检测。

（5）按检漏范围进行真空系统检漏工作。

4.4.1.7 安全及质量保证

（1）参加试验的所有工作人员应严格执行《安全生产工作规定》及现场有关安全规定，确保试验工作安全可靠地进行。

（2）试验中若出现故障如排汽压力异常升高应立即停止试验，恢复原工况运行，高背压运行试验时背压不宜超过 30Pa。试验过程中出现故障的需要查明原因并及时处理。

（3）试验中应加强监视；如发现异常情况，应及时调整，并立即汇报指挥人员。

（4）试验期间消防系统应投运正常；灭火器材齐备，并有消防人员值班。

（5）试验全过程均应有各专业人员在岗，以确保设备安全运行。

（6）所有实验项目应成立独立的试验小组，所有参加试验人员应熟悉试验项目及各项技术措施和安全措施。

4.4.2 自动主汽门、调速汽门活动试验

在机组大修后，汽轮机的自动主汽门和调速汽门都应做活动试验，防止汽门卡涩动作不正常，保证机组大修启动后正常升降负荷或发生机组甩负荷甚至跳闸等事故时，自动主汽门和调速汽门能及时关闭。自动主汽门和调速汽门可进行部分行程及全行程活动试验。

试验过程中，当阀门开始关闭时，如果是部分行程活动试验，主汽门试验到位信号发出时停止关闭，恢复至原始状态。或可以将阀位保持在当前位置，如果继续试验阀门会继续关闭，也可以在试验过程中随时取消试验，即可完成部分行程活动试验，阀位开启恢复至原始状态。如果是全行程活动试验，在试验开始阀门关闭过程中不需要将阀位保持在某一位置，阀门会持续关闭然后再开启恢复至原始状态。

汽轮机高、中压自动主汽门和高、中压调速汽门活动试验适用于 200MW 等级以上大型火力发电汽轮机组。汽轮机组大修、数字电液控制系统（DEH）或分散控制系统

（DCS）改造及在汽轮机阀门检修后，都应进行自动主汽门、调速汽门活动试验。

汽轮机自动主汽门、调速汽门活动试验在机组并网后进行的在线动态试验。

在满足试验所需工作条件的情况下，正常完成试验需要约 2h。

4.4.2.1　试验目的

通过阀门活动试验，检测自动主汽门、调速汽门是否有卡涩或开关不到位情况，以满足汽轮机升降负荷、跳闸保护及甩负荷等对汽轮机调节控制系统的要求。

4.4.2.2　依据规程和标准

汽轮机自动主汽门、调速汽门活动试验依据的标准和文件：

DL/T 863—2016《汽轮机启动调试导则》

4.4.2.3　试验条件

（1）机组并网，高中压主汽门均开启。

（2）功率回路控制投入，汽轮机控制在单阀运行方式。

（3）主汽门活动试验时负荷在 1.5%～105% 之间。

（4）主蒸汽压力在 25%～105% 额定主蒸汽压力之间。

4.4.2.4　试验内容及步骤

主汽门及调节汽门活动试验主要步骤如下：

（1）在 DEH 阀门试验画面选择阀门活动性试验，选择部分行程活动试验。

（2）选择某一主汽门，开始试验，主汽门逐渐关闭。

（3）当主汽门关闭到位信号返回后，可恢复主汽门再次开启至全开。

（4）试验结束后退出该主汽门试验。

（5）可依次对各主汽门、调门进行活动试验，其他主汽门、调门活动试验与上述主汽门试验步骤相同。

（6）全部阀门活动试验结束后退出部分行程活动试验。

主汽门、调门全行程试验主要步骤如下：

（1）在 DEH 阀门试验画面选择阀门活动性试验，选择全行程活动试验。

（2）全行程活动试验画面选择某一主汽门，开始试验，主汽门逐渐关闭。

（3）当高压主汽门逐渐关闭，对应同侧高压调节阀也逐渐全关，对侧高压调阀逐渐全开。

（4）当高压主汽门全关后，可恢复试验高压主汽门再次开启至全开，所有高压调节阀恢复到原有开度。

（5）试验结束后退出该主汽门全行程试验。

（6）另一高压主汽门全行程试验步骤相同。

（7）全部阀门活动试验结束后退出全行程活动试验。

4.4.2.5　安全及质量保证

（1）试验前机组负荷及蒸汽参数符合阀门试验要求的范围，但试验时机组负荷不宜带太高负荷。试验过程中，避免机组负荷、蒸汽参数或汽包水位、高低压加热器水位等大的波动。无其他试验进行。

（2）试验前应对相关试验的组态逻辑检查，确保正常，防止试验过程中机组误跳闸。

（3）禁止同时对两个或两组阀门进行活动试验。每一阀门试验结束，工况稳定后才能进行下一项试验。

（4）试验前检查 DEH 功率回路投入，防止在试验时产生较大负荷波动。

（5）阀门活动试验时，应派专人就地检查确认阀门动作情况，确认阀门动作正常。

（6）阀门试验时应严密监视机组主要参数，发现参数异常达到报警值时，应立即终止试验。

（7）在试验中防止由于前后压差过大导致中压主汽门不能开启，否则调整运行参数，降低压差，使中压主汽门顺利开启。

（8）试验完成后，将 DEH 活动性试验开关置于解除位置。

4.4.3　甩负荷试验

当由于电力系统设备、线路故障或其他原因导致汽轮发电机组甩去全部负荷时，汽轮机应能维持空负荷运行，不应由于超速或其他调节系统故障致使汽轮机跳闸。汽轮机甩负荷试验是断开发电机出口开关，机组甩去全部负荷之后，机组调节系统动态过程应能迅速稳定，机组的最高转速不超过额定转速的 110%，能有效地控制在 3000r/min 额定转速下运行。

汽轮机甩负荷试验适用于 200MW 等级以上大型火力发电汽轮机组。汽轮机调节系统经重大改造，或已投产但尚未进行甩负荷试验，可在机组大修后进行甩负荷试验。没有设计 FCB 功能，电网或建设单位也没有特殊要求的机组，可不进行甩 100% 负荷试验。

汽轮机甩负荷试验可由火力发电厂自行开展，或者电厂委托有该试验业绩的试验单位承担完成。

汽轮机甩负荷试验在机组并网带 50％以上额定负荷后进行。

汽轮机甩负荷试验是机组并网后的在线动态试验。甩 50％负荷试验和甩 100％负荷试验可依据机组设计情况和相关要求选择进行。

在满足试验所需工作条件的情况下，正常完成试验需要约 1h。

4.4.3.1 试验目的

汽轮机甩负荷试验是检验汽轮机调节系统是否符合设计及运行要求，同时通过试验测取汽轮机调节系统动态特性参数，用以评价汽轮机调节系统动态调节品质。

4.4.3.2 依据规程和标准

汽轮机甩负荷试验依据的标准和文件：

DL/T 1270—2014《火力发电建设工程机组甩负荷试验导则》

DL/T 863—2016《汽轮机启动调试导则》

4.4.3.3 试验条件

(1) 机组带负荷稳定运行，各主辅设备、系统运行良好，热工保护、自动能投入且动作、调节正常，各主要监视仪表指示正确。

(2) 汽轮机抗燃油油质合格，符合相关规定，各油泵联锁启动正常，DEH 系统静态试验合格，运行正常；DEH 的甩负荷识别功能动作正确。

(3) 高中压主汽门、调速汽门、油动机无卡涩，关闭时间满足要求，从打闸到全关时间不大于 0.3s。

(4) 各主汽门、调门严密性试验合格。

(5) 超速试验合格、机头紧急停机保护动作正常。

(6) 主辅机各主要联锁保护正常可靠。

(7) 重要的自动调节能正常投运。

(8) 各抽汽止回门、高排止回门应关闭严密，动作灵活、可靠，联锁动作正常。

(9) 轴封蒸汽参数满足要求。

(10) 点火系统能正常投入，各磨煤机启停及负荷调节正常。

(11) 再热器安全阀校验完毕、动作可靠。

(12) 柴油发电机组空负荷试验正常，柴油发电机组能可靠投用，自启动联锁功能经试验正常，能正常投退，甩负荷试验前处于热备状态，自动励磁调节器调试完成。

(13) 能提供合格的辅助蒸汽。

(14) 汽轮机旁路系统能正常投入运行，汽轮机旁路系统应处于备用状态。

（15）厂用电源可靠。

（16）发电机主变压器出口开关、发电机灭磁开关跳合正常，电力系统电压和频率正常，并留有备用容量。

（17）试验已取得电网调度的同意。

（18）试验方案已经技术交底。

（19）做好运行操作技术措施及事故预想，试验运行操作卡编制完毕，并经电厂总工批准。

（20）试验用记录表格已准备就绪。

（21）试验中所需的通信联系已建立，确认各主要岗位均能听到试验命令。

（22）试验所需测量仪器、仪表均已经校验，各试验测点与仪器、仪表的连接工作已完成。

（23）对机、电、炉各主辅设备及系统进行全面检查，确认运行状况良好，各仪表指示正确。

（24）解除发电机保护跳汽轮机信号和锅炉 MFT 跳汽轮机信号、高压旁路快开功能、DEH 主蒸汽压力控制回路。

（25）检查消防设施完好。

（26）检查现场事故照明完好，并备有足够数量的应急照明灯。

（27）试验领导机构成立，职责分工明确。

（28）试验前应请示调度，调度认可系统已具备试验条件并同意试验。

4.4.3.4 试验内容及步骤

汽轮机甩负荷试验主要步骤如下：

（1）断开发电机主开关，如果灭磁开关没有动作，手动断开灭磁开关。

（2）甩 50% 负荷时可带额定负荷磨煤机台数的一半，汽轮机旁路系统配合调整；甩 100% 负荷时，若锅炉参数不能满足汽轮机要求，磨煤机全停。

（3）甩负荷后及时调整凝汽器、除氧器水位。

（4）根据过热器、再热器压力，及时手动调整高低压旁路，确保锅炉不超压。

（5）甩负荷后，注意调整炉膛压力。

（6）检查确认各抽汽止回门关闭，检查确认高排通风阀打开。

（7）甩负荷试验完成后，尽快重新并网带负荷。在甩 50% 负荷时，尽快恢复负荷；在甩 100% 负荷时，如果锅炉运行参数异常则停炉停机。

试验主要数据通过接入高速数据采集仪记录、其他数据以 DCS、DEH 画面为准。数采仪记录参数名称见表 4-20。

表 4-20　　　　　　　　　　　　　　甩负荷试验记录参数明细

序号	记录参数名称	单位
1	汽轮机转速	r/min
2	机组负荷	MW
3	调门开度	%
4	发电机开关信号	—
5	主蒸汽压力	MPa
6	主蒸汽温度	℃
7	再热汽压力	MPa
8	再热汽温度	℃
9	调节级温度	℃
10	调节级压力	MPa
11	高排压力	MPa
12	高排温度	℃
13	排汽真空	kPa
14	排汽温度	℃

4.4.3.5 安全及质量保证

（1）在集控室及就地均设专人监视机组转速，甩负荷试验前先对就地显示转速与 DEH 系统显示转速进行核对，确保两者显示值一致，甩负荷后一旦发现机组转速超过 3300r/min，立即手动紧急停机。

（2）设专人监视旁路系统的动作情况，严密监视主蒸汽压力、再热汽压力及低压旁路后压力的变化情况，必要时切至手动方式进行操作，确保系统安全。

（3）严密监视抽汽止回门、高排止回门、高排通风阀的动作情况，如汽轮机甩负荷后，抽汽止回门未关，应立即手动关闭。

（4）专人监视机组振动状况，试验中若发现机组突然发生强烈振动、轴振突增 $50\mu m$ 时立即紧急停机（必要时破坏真空），在机组连续盘车 2h 以上，且振动原因已查明，并经处理后，方可重新启动。

（5）专人监视轴承金属温度状况，同时加强对汽轮机推力轴承温度和轴向位移的监视；在试验中若发现汽轮发电机组。轴承金属温度达到 107℃或推力轴承金属温度达到 130℃即紧急停机（必要时破坏真空）。

（6）严密监视低压缸排汽温度的变化情况，若温度大于 90℃而低压缸喷水阀未自动打开，应立即手动打开。

（7）拉发电机开关时，如发生单相拒动或两相拒动，则应停止试验，由运行人员进行事故处理。

（8）发电机并网开关拉掉后，如发电机超压保护或过励磁保护动作，灭磁开关未动作，应立即拉掉灭磁开关。

（9）试验中若发生运行规程中规定需紧急停机（炉）处理的情况，则由运行人员按规程紧急停机（炉）。

（10）试验中若发生事故，应立即停止试验，由运行人员按运行规程处理，试验人员撤离现场。

（11）试验中若机组跳闸，由试验总指挥决定是否继续试验。

（12）试验时若发生锅炉MFT，则在试验结束后手动跳汽轮机，若在试验过程中汽轮机侧主再热汽温度突降（10min内急剧下降50℃），应立即手动停机。

（13）试验过程中应严密监视高压缸排汽温度并及时汇报试验总指挥，若高压缸排汽温度过高超跳闸值，汽轮机高压缸未自动跳闸，应立即手动停机。

（14）试验期间6kV或10kV开关室严禁进入，与试验无关人员不得进入集控室及试验现场。

（15）试验人员应严格执行《电业安全工作规程》及现场工作的有关规定，确保人身安全。

另外，在整个汽轮机甩负荷试验过程中必须要特别关注以下工作要点或事项：

（1）甩负荷试验前确保DEH调节系统静态特性合格，系统稳定；抗燃油油质合格，调节系统执行机构动作灵活无卡涩现象。

（2）甩负荷试验前确保高、中压自动主汽门关闭时间≤0.3s。

（3）甩负荷试验前确保主汽门、调门严密性试验合格。

（4）甩负荷试验前确保TSI电超速、DEH电超速仿真试验合格。

（5）甩负荷试验前确保主汽门、调节汽阀活动试验合格。

（6）甩负荷试验前确保汽轮机监测系统TSI投入正常，机组各参数无异常。

（7）高排止回止回阀及各段抽汽止回止回阀动作灵活，关闭严密，联动关系正确，开关信号正常，以防蒸汽倒流引起超速。

（8）高压加热器保护试验合格，保护全部投入。

（9）检查确认高、低压旁路在手动位，联锁正常，减温水控制在自动方式，将高低压旁路疏水打开暖管，具备投入条件。

（10）辅助蒸汽联箱汽源由其他机组供给，除氧器汽源切换为辅助蒸汽联箱供给，维持辅汽联箱压力正常值，保证甩负荷后轴封汽源的可靠供给。

（11）轴封系统自动可靠投入，减温水能可靠切除。

（12）停机后若机组转速不能正常下降时，应采取一切措施切断汽轮机进汽。

（13）若锅炉超压时应立即紧急停炉，待压力恢复正常后，及时点火，汽轮机冲转。

（14）电气专业提前做好准备，以便试验后快速再次并网。

4.4.4　汽轮机调速系统参数动态试验

汽轮机及其调节系统参数测试动态试验是在其静态试验完成且合格的基础上方可进行。在前面部分对汽轮机及其调节系统参数测试试验的静态试验做了详细介绍，本节针对动态试验与静态试验在试验顺序、试验方式、试验方案、试验安全措施等方面的差异进行说明。

汽轮机及其调节系统参数测试动态试验在机组检修并网后带负荷试运期间进行。试验需要在机组的三个典型负荷工况开展，分别是 50％、70％、90％额定负荷，因此，机组需要具备从中低负荷至高负荷，即在 50％～100％额定负荷之间安全稳定运行。

大修后机组并网以后进行的汽轮机及其调节系统参数测试试验是动态试验，主要获得实际汽轮机调节系统、执行机构、汽轮机本体数学模型及其参数，需要进行电液伺服系统最大动作速度测试、小幅度动作特性测试、DEH 阀控方式及 DEH 功率控制方式下的一次调频试验。

另外，汽轮机及其调节系统参数测试试验可以与一次调频试验同时进行。

试验仪器的安装、设置以及采集信号与仪器的接线需要 2～4h，完成动态试验需要 2～4h。

4.4.4.1　动态试验条件

（1）调速系统工作正常，机组并网且已经稳定运行在稳燃负荷以上。

（2）试验所需负荷为 75％额定负荷。

（3）DEH 阀位控制方式、DEH 功率控制方式及机组协调控制方式可以正常投入。

（4）机组运行稳定，调节品质满足要求。

（5）一次调频功能可以正常投入，一次调频试验合格。

（6）机组的各项保护正常投入。

（7）试验期间尽量维持主蒸汽参数在额定值附近。

（8）在接线全部完成的情况下，动态试验需要 3～4h。

4.4.4.2 试验测点及仪器

动态试验需在静态试验测点的基础上增加有功功率、调节级压力、高排压力、再热压力、中排压力。

所有测点均需采用模拟量信号，其中有功功率及再热器压力必须使用就地变送器至机柜的模拟量输入信号（AI 点），其余可使用机柜内的跳线引至空接点，并将 4～20mA 电流的原信号通过串接的电阻转换为电压信号送入采集系统。

试验人员在进行静态试验时，要落实好动态试验的测点和接线，减小在机组运行状态下动态接线的风险，以保证动态试验能够顺利开展。

信号的刷新频率要尽可能快，且要尽可能从变送器引接信号，刷新速度不能低于点 20Hz（主要针对可能需要通过 AO 输出的压力信号而言），防止录波曲线出现阶梯式变化，为建模提供尽可能精确、连续的数据。

动态试验测点清单见表 4-21。

表 4-21　　　　　　　　　　动 态 试 验 测 点 清 单

序号	测点名称	测试通道名称	测试方法	测点类型
1	一次调频转速偏差	PC	回路串接电阻，测电流	模拟量输出
2	DEH 总阀位指令输出	FDEM	回路串接电阻，测电流	模拟量输出
3	高压调节阀位移反馈	GV1～GV4	回路串接电阻，测电流	模拟量输入
4	机组功率	P	回路串接电阻，测电流	模拟量输入
5	调节级压力	P_{tj}	回路串接电阻，测电流	模拟量输入
6	高排压力	P_{gp}	回路串接电阻，测电流	模拟量输出
7	再热压力	P_{zr}	回路串接电阻，测电流	模拟量输入
8	中排压力	P_{zp}	回路串接电阻，测电流	模拟量输出

试验所需仪器见表 4-22。

表 4-22　　　　　　　　　　试 验 所 需 仪 器

序号	仪器型号	仪器名称
1	DL850	快速录波仪

4.4.4.3 试验内容

DEH 阀控方式频率扰动试验主要内容及步骤如下：

（1）将 DEH 控制方式切换至阀控方式，投入一次调频功能，通过强制 DEH 一次调频环节的频差输入，对机组进行频率扰动试验。根据现场情况，可以进行±10r/min左右的频差扰动。

（2）进行阶跃试验时，运行人员尽量维持主蒸汽压力稳定。一次扰动后必须等待机组运行状况稳定，方可进行下一次扰动试验。

（3）以2000Hz以上的采样频率，记录整个过程中以下参数的变化情况：功率、总阀位指令，一次调频转速偏差、高调门反馈、主蒸汽压力、调节级压力、高排压力、热再压力、中排压力。

DEH功率闭环控制方式频率扰动试验主要内容及步骤如下：

（1）并网状态下，DEH投功率闭环回路运行，退出机组协调控制方式。

（2）通过强制DEH一次调频环节的频差输入，对机组进行频率扰动试验。根据现场情况，可以进行±10r/min左右的频差扰动。

（3）进行阶跃试验时，运行人员尽量维持主蒸汽压力稳定。一次扰动后必须等待机组运行状况稳定，方可以进行下一次扰动试验。

（4）以2000Hz以上的采样频率，记录整个过程中以下参数的变化情况：功率、总阀位指令，一次调频转速偏差、高调门反馈、主蒸汽压力、调节级压力、高排压力、热再压力、中排压力。试验中注意频率阶跃扰动时功率超调不宜过大。

CCS功率闭环频率扰动试验主要内容及步骤如下：

（1）并网状态下，CCS控制方式投入。

（2）通过强制一次调频环节的频差输入，对机组进行频率扰动试验。根据现场情况，可以进行±10r/min左右的频差扰动。须注意CCS和DEH一次调频环节的配合情况。

（3）进行阶跃试验时，运行人员尽量维持主蒸汽压力稳定。一次扰动后必须等待机组运行状况稳定，方可进行下一次扰动试验。

（4）以2000Hz以上的采样频率，记录整个过程中以下参数的变化情况：功率、总阀位指令，一次调频转速偏差、高调门反馈、主蒸汽压力、调节级压力、高排压力、热再压力、中排压力。试验中注意频率阶跃时功率超调不宜过大。

4.4.4.4 安全及质量保证

（1）动态试验前进行技术交底，参加试验人员应熟悉试验方案。机组所有应投保护均投入运行，一次调频动态试验合格，具备投运条件。

（2）由试验人员进行现场设备的操作，试验期间特别是负荷扰动试验时接线和拆线需按接线规范进行，并留下完整记录，以防止操作不当，留下安全隐患。

（3）对所有接入的测点需检查与其有关的逻辑和保护，防止对机组造成干扰甚至保护误动作。

（4）动态扰动试验前，需对一次调频回路逻辑及其参数设置进行确认检查。

（5）动态扰动试验前，保证机组所有保护正常投入。

（6）动态扰动试验前，运行人员应做好主蒸汽压力越限、超速、机组跳闸等事故预想。

（7）动态扰动各项试验过程中，频差扰动数值逐渐由低到高，先强制扰动±4、±6r/min进行试验，确认低频差扰动一次调频动作正常后，最后进行±10r/min频差扰动。

（8）试验过程中值班人员要密切监视汽轮机各部温度、调门开度、主蒸汽压、煤量等波动，如有异常，立即停止试验，待查明原因后再决定是否继续进行试验。

（9）在整个试验过程中，所有人员必须服从总指挥的协调和指挥，不得擅自工作和离开工作岗位。

（10）严格执行电力安全工作规程的有关部分及工作票制度。

（11）严格按照试验方案的步骤和参数设置进行操作，试验过程中如有不清楚的地方，如参数修改等，必须熟悉后方可进行。

（12）参加试验的各成员要认真履行自己的职责，严禁违章操作和违章指挥，发现违章作业要及时纠正处理。要正确处理安全与进度的关系；各参试人员要自觉遵章守纪，自觉接受他人的监督，加强自我防范保护意识；在整个试验过程中要始终坚持执行事故预想，确保不发生人身轻伤及以上事故和设备损坏事故。

（13）试验结束后应进行现场工器具的清理，不得遗漏在现场及设备上造成隐患；在不影响机组运行的情况下解除信号线，并安全恢复所有试验过程中的强制或屏蔽信号。试验结束后要加强总结，及时整理相关记录。

4.4.5 汽轮机振动监测及动平衡试验

汽轮发电机组的轴系主要由高中压转子、低压转子和发电机转子、励磁机转子组成。高中压转子、低压转子是无中心孔合金钢整锻转子。低压转子调端与高中压转子刚性连接，电端与发电机转子同样采用刚性连接，构成了轴系，其中高中压转子、低压转子和发电机转子均为双支撑结构，励磁机转子采用单支撑方式。

振动是汽轮发电机组的重要运行参数，它直接影响机组的安全、可靠运行。通过对大修后机组的振动监测，对出现的各种振动状况做出评价，对机组的轴系振动状况进行总结评定，协助机组大修后的启动运行工作，为今后机组运行和检修提供振动原始记录等。对机组在运行过程中可能发生的振动故障进行分析诊断，提出处理建议措施，对转子由动不平衡引起的振动进行分析诊断，制定现场高速动平衡方案，采用现场高速动平衡进行相应消振处理，以保障机组安全稳定运行。

汽轮机振动监测及动平衡试验适用于 200MW 等级以上大型火力发电汽轮机组。汽轮机机组大修后需进行汽轮机振动监测及动平衡试验。

汽轮机振动监测及动平衡试验由电厂委托有该试验业绩的试验单位承担完成。

汽轮机振动监测及动平衡试验在机组盘车、冲转定速直至并网带额定负荷期间进行。汽轮机振动监测及动平衡试验是机组启动后的在线动态试验。外接振动测试分析仪器进行监测。

负荷工况下振动不超标时监测试验时间为 2～4h；振动有波动时，监测试验依据振动波动周期，可能连续监测 24～48h；启停机时，随启停机过程进行连续振动监测。动平衡工作计划时间为 24h 左右。

4.4.5.1　试验目的

汽轮机振动监测及动平衡试验是对大修后机组振动进行监测和记录，对机组的轴系振动状况进行评价，对出现的振动故障分析诊断。对因动不平衡引起的振动分析，并采用现场高速动平衡实施方案进行相应消振处理，以保障机组带负荷稳定运行。

4.4.5.2　依据规程和标准

机组振动状态通常根据在非旋转部件上的测量和旋转轴上的测量综合评价。

试验依据的标准和文件：

GB/T 11348.2—2012《机械振动在旋转轴上测量评价机器的振动　第 2 部分：功率大于 50MW，额定转速 1500r/min、1800r/min、3000r/min、3600r/min 陆地安装的汽轮机和发电机》

GB/T 6075.2—2012《机械振动在非旋转部件上测量评价机器的振动　第 2 部分：功率 50MW 以上，额定转速 1500r/min、1800r/min、3000r/min、3600r/min 陆地安装的汽轮机和发电机》

（1）轴振限值区域。

根据国家标准 GB/T 11348.2—2012《机械振动在旋转轴上测量评价机器的振动　第 2 部分》提供的振动测量和评定标准如下：

1）区域 A：新投产的机器，振动通常在此区域内。

2）区域 B：通常认为振动在此区域内的机器，可不受限制地长期运行。

3）区域 C：通常认为振动在此区域内的机器，不宜长期连续运行。一般来说，在有适当机会采取补救措施之前，机器在这种状况下可以运行有限的一段时间。

4）区域 D：振动在此区域内一般认为其剧烈程度足以引起机器的损坏。

上述标准对应转速为 3000r/min 汽轮机和发电机转轴相对位移峰－峰值的各区域边界值 A/B＝90μm，B/C＝120～165μm，C/D＝180～240μm。

（2）瓦振限值区域。根据国家标准 GB/T 6075.2—2012《机械振动在非旋转部件上测量评价机器的振动 第 2 部分》，推荐的转速为 3000r/min 汽轮机和发电机轴承座振动速度均方根值的各区域边界值 A/B＝3.8mm/s，B/C＝7.5mm/s，C/D＝11.8mm/s。近似折算工频为主情况下，对应的位移峰－峰值 A/B＝34μm，B/C＝68μm，C/D＝106μm。

（3）关于"慢转"偏摆。测量时，传感器所在轴应光滑无不连续、均匀无剩磁，系统应满足低频特性；在此条件下，电气和机械组合"慢转"偏摆不宜超过额定工作转速下 A/B 边界值的 25%（即 22.5μm）。

（4）稳态工况报警与停机。报警值可设置为基线值（参考运行稳定值而定）＋边界 B/C 值的 25%，但不宜超过边界 B/C 值的 1.25 倍。

停机值设置在区域 C 或 D 内，应不超过区域边界 C/D 值的 1.25 倍。

（5）变转速瞬态工况振动量值。根据国家标准 GB/T 11348.2—2012《机械振动在旋转轴上测量评价机器的振动 第 2 部分》，当没有可靠有效数据时，变速期间振动量值不宜超过以下值：

转速大于 0.9 倍额定转速时，振动量值为额定转速区域 C/D 边界值。

转速小于 0.9 倍额定转速时，振动量值为额定转速区域 C/D 边界值的 1.5 倍。

4.4.5.3 试验条件

（1）确认机组结构及转子临界转速、轴系连接、轴承、油挡、轴封信息及 TSI 测量系统、TDM 信息；查看运行信息，如启停、主要运行参数变化情况尤其异常进排汽情况等；查看检修信息，即近期针对轴系连接、轴承、通流间隙等的检修情况、检修前后振动变化情况等。

（2）机组盘车状态，应检查确认振动传感器、振动监测仪器的安装情况。

（3）确认 TSI 仪表信号显示正确，并检查 408 型振动数据采集分析仪上所显示的参数正确，仪器工作正常。

4.4.5.4　试验仪器

试验使用仪器设备明细见表 4-23。

表 4-23　　　　　　　　　　　试验使用仪器设备明细

序号	仪器型号	仪器名称
1	BENTLY 408 型	本特利振动测试仪
2	ADRE	振动测量软件
3	日本理音 VM-63	手持式振动表
4	联想 E40	笔记本电脑

4.4.5.5　试验内容及步骤

对于使用美国 Bently 公司生产的 408 型振动数据采集分析仪采集数据从而进行振动监测，该仪器可实时进行综合测量和故障诊断。振动信号采用汽轮机组 TSI 监测装置的缓冲输出信号，同时接入键相信号，利用 ADRE 专用软件对振动信号进行测取、分析及存储。振动监测以测量稳定转速工况及带负荷工况各瓦振动为主，兼顾测量瞬态运行工况的振动，对于已知的振动故障点可以实行重点监测。机组振动监测测点示意如图 4-2 所示。

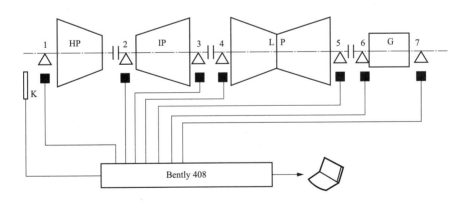

图 4-2　机组振动监测测点示意图

汽轮机振动监测试验主要内容如下：

（1）轴系晃动的近似测取。机组盘车状态时记录机组晃动值或偏心值；如机组不设偏心测点时，可在机组冲转时，应在 200r/min 及 400r/min 工况下，测取各轴承处轴振，近似作为该机组轴系的原始晃动，并对测试结果进行记录。

（2）启停变速阶段的振动监测与分析。机组冲车至 3000r/min 的升速过程及停机时进行振动监测，主要监视机组在该阶段各轴承处的振动、相位及变化趋势；升速阶段振动值超限时，应立即停机。通过转子临界转速时应注意记录轴系各临界转速下的振动值，并测取轴系实际临界转速区域。

使用测试仪记录升速过程波德图。对启动过程出现的异常振动进行诊断分析。

（3）额定转速阶段的振动监测。机组在空负荷额定转速运行时，测取并记录机组稳定转速工况下各轴瓦瓦振通频振幅、基频振幅和相位值，全面记录各轴承处的轴振数据及机组主要运行参数。

（4）机组超速阶段的振动监测。机组超速试验过程中，全面记录各轴承处振动通频振幅、基频振幅和相位数据。

（5）机组带负荷工况下的振动监测。按机组启动程序，在机组不同负荷点全面记录机组各轴承处的振动数据及机组主要运行参数，并注意与并网前值的比较，了解变化情况。

汽轮机振动分析诊断主要内容：对于异常振动和超限振动，提取振动特征和相关信息，必要时进行振动分析专项试验以进一步提取振动特征，从而诊断故障原因，提出处理建议、措施。

（1）振动初步评价。监测试验完成后，对数据进行汇总，依据试验标准，根据在非旋转部件上和旋转轴上的各测点数据综合评价，判断是否有超标振动，机组是否可长期运行。

（2）频谱分析。不同故障有对应的频率，如强迫振动的频率为基频（1X），自激振动的频率为半频（0.5X）或一阶临界转速对应频率，电磁振动、截面不对称振动的频率为 2 倍频等。通过频谱分析，识别主要振动频率，可以初步进行故障排查分类。

多数振动的频率主要表现为基频；对出现最大轴振、瓦振或不稳定振动的测点，分析该测点轴振 X、轴振 Y、各向瓦振的基频振幅和相位的变化，分析与相邻测点基频振幅、相位的相互关系，以对转子振型、不平衡位置进行分析。

（3）相关趋势分析。通过波德图观察振动与转速变化的相关性，即观察升降速过程振动变化情况，分析一阶、二阶振动状况，观察振动复现性等。

观察故障点及相邻测点各方向振动随时间变化的相关性，如突变、快变、慢变等。

观察故障点振动与运行参数如负荷、转子电流的相关变化情况。

观察故障点振动与其他相关参数如进汽、排汽、轴封的压力、温度、油温油压、膨胀、胀差、阀序及阀门开度等。

4.4.5.6　高速动平衡方案

准备工作，确认键相探头、轴振 X、轴振 Y 方向，并在低发间裸轴处贴反光纸标记键槽位置，并量出裸轴周长。电厂备好配重工具、平衡块、天平、皮尺、记号笔等相关工具。

（1）从机头看，确认机组 X/Y 轴振测点方向和键相测点方向。

（2）停机状态下，根据机组振动数据，计算出首次配重的加重质量、位置，在现场机组转轴上标记位置，并进行配重块的安装，具体计算方案本书不做详细介绍。

（3）根据裸轴光标位置确定加重点。

（4）启动盘车将裸轴标记处旋转到水平方向，于对应位置配重。

（5）首次动平衡配重后，机组按启动曲线正常启动。机组启动过程中记录临界转速区振动情况，当轴振超过 250um 或瓦振超过 $100\mu m$ 时，建议打闸停机。

（6）机组定速 3000r/min 后，记录振动数据，与配重前数据结合进行计算，视情况确定是否进行二次动平衡配重调整。

4.4.5.7　安全及质量保证

（1）振动监测试验在机组具备启动条件或运行工况下进行，办理工作票或联系单后方可进行。

（2）从机组 TSI 机柜缓冲输出口接线时，由电厂确认 TSI 缓冲输出工作正常并监护接线，由电厂振动监督工程师协助完成。

（3）在现场轴承盖临时安装测点时，由电厂人员监护接线，由电厂振动监督工程师协助完成。

（4）对于因振动故障而停运的机组，在未查明原因无法判断机组是否正常的情况下，不得盲目重新启动机组。

（5）试验负责人配合值长负责安排好试验及配合人员的具体工作，并核对紧急情况下现场的整体人员布置工作，确保汽轮机振动超标时可及时停运。

（6）进行汽轮机动平衡前，安排专人对汽轮机本体进行检查并对危险部位进行警戒隔离。

（7）汽轮机加装配重时，必须确保汽轮机转子完全停止转动并采取可靠防转动措施后，方可进行相关工作。

（8）在汽轮机排汽缸内加装平衡块时，进入汽缸人员必需两人以上，一人干活，一人监护，且进入汽缸前，检查所有身上带的东西均要掏出，不许带进汽缸。

（9）汽轮机、发电机、励磁机及联轴器上加装试加平衡块要铆牢，加装永久平衡块要铆牢并点焊。

（10）进行振动监测的汽轮发电机组应投入机组振动保护。

（11）进行振动故障处理的机组（如进行高速动平衡时），可参照相关标准适当考虑放宽振动保护限值，但需报厂总工程师批准。

（12）试验人员应熟知并严格按照发电厂转动机械安全作业规程开展工作。

4.4.6　汽轮机热效率试验

汽轮机热效率是评价汽轮机运行经济性的重要特性指标，在汽轮机组大修后应对机组进行热耗率、热效率及高、中、低压缸效率试验。

汽轮机热效率试验适用于亚临界、超临界火力发电汽轮机组。汽轮机组大修前、后需进行该项试验。

汽轮机热效率试验由电厂委托有该试验业绩的试验单位承担完成。

汽轮机热效率试验在机组并网带负荷且平稳运行后进行该项试验。汽轮机热效率试验是机组并网后在不同稳定负荷工况下测取试验所需热力参数，并计算相应工况下汽轮机热耗率、热效率及高、中、低压缸效率。

在满足试验所需工作条件的情况下，正常完成试验需要约26h。

4.4.6.1　试验目的

掌握大修后汽轮机组的运行特性，且作为机组大修前、后汽轮机热力试验对比参数和运行调整的依据，对汽轮机运行经济特性综合分析与评价。

4.4.6.2　依据规程和标准

汽轮机热效率试验依据的标准和文件：

DL/T 8117.2—2008《汽轮机热力性能验收试验规程　第2部分：方法B　各种类型和容量的汽轮机宽准确度试验》

GB/T 8117.4—2017《汽轮机热力性能验收试验规程　第4部分：方法D　汽轮机及其热力循环简化性能试验》

DL/T 904—2015《火力发电厂技术经济指标计算方法》

4.4.6.3 试验条件

（1）试验机组试验测点满足试验要求。

（2）试验机组主、辅机运行正常，不应进行不适于汽轮机正常和连续运行的调整。

（3）系统隔离满足不明漏量≤主蒸汽流量的 0.3%。

（4）试验工况稳定，试验期间机组的运行参数在额定值或接近额定值下运行，避免对试验结果进行修正或使修正值最小。

4.4.6.4 试验测点及仪器

对于机组已经预留有试验测点的参数采用安装试验测量元件进行测量；对于未留试验测点而 DCS 系统中具有监视测点的参数，电厂需在试验期间拆除监视测点测量元件并安装试验用测量元件进行参数测量；对于偏离试验条件的测点需进行确认是否影响试验结果。

对于功率测量，采用校准的功率仪在发电机输出二次端口测量发电机输出功率，如电厂不具备安装条件采用电厂发电机的输出端口功率数值；流量测量，如主流量测量采用标准喷嘴测量主凝结水流量或主给水流量，流量测量元件安装在四号低压加热器出口至除氧器入口之间的凝结水直管道上或高压给水出口直管道上，直管段长度满足仪表安装要求。测量装置的差压测点采用精度为 0.1 级的差压变送器测量。辅助流量采用现场的流量孔板测量，这些流量包括：过热器减温水、再热器减温水、小汽轮机低压进汽汽源。对于没有安装孔板的其他流量的计算，按设计值进行，包括门杆漏汽流量、轴封蒸汽流量等；压力测量，压力测点采用精度为 0.1 级的压力变送器进行测量，测量值须进行大气压力、高差修正；温度测量，预留温度套管的测点温度高于 300℃采用 E 型热电偶，温度低于 300℃采用 Pt100 热电阻进行；液位测量，除氧器水箱、凝汽器热井和锅炉汽包等系统内储水容器水位的变化，均采用现场 DCS 测点，考虑到水位波动产生的影响，试验起始及终止时刻的液位读数采用多点平均数。

试验所需仪器见表 4-24。

表 4-24　　　　　　　　　　试验所需仪器

序号	仪器型号	仪器名称	精度
1	ZY-35954U	数据采集仪	—
2	35951C	数据采集板	0.05 级
3	3051	压力变送器（TA）	0.1 级
4	3051	压力变送器（TG）	0.1 级

序号	仪器型号	仪器名称	精度
5	248HA	温度变送器	$U=13\mu A(k=2)$
6	E 型	热电偶	Ⅰ级
7	Pt	铂电阻	A 级
8	3051	差压变送器	0.1 级

4.4.6.5 试验内容及步骤

汽轮机热效率试验前主要准备工作如下：

（1）试验时切断与机组试验无关的汽水系统。

（2）锅炉的蒸汽吹灰，定期排污应在试验前 10min 关闭。

（3）系统相关阀门应关闭，达到严密不漏，如有缺陷应消除后方可进行试验。需要在试验过程中关闭的阀门主要有：主蒸汽、再热蒸汽管道旁路门，汽缸和管道上的疏水门，凝结水再循环门，给水泵至除氧器给水再循环门，旁路系统的汽水阀门，高、低压加热器疏水旁路门、事故放水门，高、低压疏扩上的所有手动门、电动门、除氧器的事故放水门、溢流水门，疏水器、低压缸的减温水门、给水旁路门，加热器壳体放水、水室排气手动门。试验过程中需要隔离的设备和流量有：锅炉排污流量，锅炉吹灰蒸汽流量，隔离与其他机组的连通管，关闭冷再、辅汽汽源，隔离启动旁路系统和辅助蒸汽管道，隔离主流量测量装置的旁路管道，主汽阀、截止阀和调节阀的疏水管，加热器的凝结水或给水旁路，加热器疏水旁路等。

（4）进行试验前将凝汽器、除氧器水位补至高水位，关闭凝汽器、除氧器及热网补水手动门、电动门、旁路门（补水可在两次试验中进行），凝结泵变频运行稳定，调整除氧器进水流量至稳定状态，运行人员密切监视除氧水位，防止水位保护动作而跳机。

（5）汽轮机各段抽汽阀门，各加热器进汽阀门应全开，各回热加热器按设计回热系统运行。

3VWO 工况机组热效率试验主要内容及方法步骤如下：

3VWO 工况即三阀 VWO 工况，是指机组主蒸汽及再热蒸汽等参数维持在额定工况，保持 1、2、3 号高压调节阀全开，4 号高压调节阀全关。

（1）3VWO 工况试验项目。

1）测定计算机组在 3VWO 工况的热耗率，并进行参数修正。

2）测定计算机组在 3VWO 工况高压缸效率、中压缸效率及低压缸效率。

3）测定计算机组在 3VWO 工况机组的热效率。

（2）3VWO 工况试验方法。

机组按设计原则热力系统运行，根据试验工况的要求，进行汽轮机组参数调节，试验过程中保持参数稳定不变。其中 3VWO 工况采用阀点工况，稳定 30min，试验记录大于 60min，测量记录机组运行参数，计算机组热耗率、热效率等。

试验过程中，100％额定工况下要求主蒸汽参数保持稳定，如主蒸汽压力、主蒸汽温度、再热蒸汽温度、低缸排汽压力等接近于额定值，主蒸汽压力允许偏差±3％，主蒸汽温度允许偏差±5℃，再热蒸汽温度允许偏差±5℃，低缸排汽压力允许偏差±2.5％。

顺阀工况机组热效率试验主要内容及方法步骤如下：

（1）顺阀工况试验项目。

1）测定计算机组在 100％、75％、50％额定工况的热耗率，并进行参数修正。

2）测定计算机组在 100％、75％、50％额定工况高、中缸效率及低缸效率。

3）测定计算机组在 100％、75％、50％额定工况工况机组的热效率。

（2）顺阀工况试验方法。

机组按设计原则热力系统运行，根据不同试验工况的要求，进行汽轮机组参数调节，试验过程中保持参数稳定不变，稳定 30min，试验记录 120min，测量记录机组运行参数，计算机组热耗率、热效率等。

试验过程中，100％额定工况下要求主蒸汽参数保持稳定，如主蒸汽压力、主蒸汽温度、再热蒸汽温度、低缸排汽压力等接近于额定值。

4.4.6.6　安全及质量保证

（1）在试验过程中，试验人员不得操作现场一次侧阀门及预留试验测点外的其他任何设备。

（2）试验中运行人员不得随意改变机组的运行方式和工况，如确有进行操作调整的必要，应与试验技术负责人协商后进行。

（3）安装试验仪表前应严格履行工作票制度，功率仪安装应由电厂电气人员操作接入二次回路，高温、高压测点安装前应确保二次侧阀门关闭严密，一次侧阀门应由电厂运行人员操作开启或关闭。

（4）仪表安装或拆除应实行监护制度，由电厂派专人监护并严格执行检修现场文明作业管理制度。

（5）试验完毕后恢复系统至正常运行方式。

4.4.7 驱动汽轮机试验

驱动汽轮机作为大型辅机的动力设备，在火力发电厂的应用越来越广泛，如利用主汽轮机抽汽的汽动给水泵或汽动引风机。机组大修后再次启动并网带负荷时，需要对驱动汽轮机进行试验，试验合格后，驱动汽轮机带负荷运行。

在满足试验所需工作条件的情况下，正常完成试验需要约 2h。

下面以东方汽轮机的汽动给水泵汽轮机为例介绍驱动汽轮机相关试验。

4.4.7.1 试验目的

通过对驱动汽轮机挂闸、启动、停止、调节控制及遮断保护等功能的试验，满足机组升降负荷、跳闸等对驱动汽轮机调节控制系统的要求。

4.4.7.2 依据规程和标准

试验依据的标准和文件：

DL/T 711—2019《汽轮机调节保安系统试验导则》

DL/T 863—2016《汽轮机启动调试导则》

4.4.7.3 试验条件

（1）各指示、记录仪表已装设齐全，各种表计经校验安装完毕。

（2）驱动汽轮机 METS 及相关联锁保护、信号都已校验合格，定值正确。

（3）驱动汽轮机保护试验及其他各项试验完毕。

（4）润滑油及抗燃油油质合格。

4.4.7.4 试验内容及步骤

（1）汽动给水泵汽轮机挂闸和运行。

1）汽动给水泵汽轮机挂闸前需要满足汽动汽轮机已跳闸、所有进汽阀门全关、无打闸信号的条件，且需要满足汽动给水泵的启动条件。

2）操作员按挂闸按钮后，电磁阀 1YV、2YV、3YV、4YV、5YV 带电，高压保安油建立，低压主汽门保持全关，挂闸操作完成，此时操作界面字样显示"已挂闸"。

3）点击运行后，转速控制选择"自动"状态，然后输入所要求的转速升速率，按下"输入"按钮确认，设定目标转速，按下"输入"按钮确认，即按设定速率升到暖机转速，进行暖机。根据冷、热态的不同的启动方式，机组的暖机时间会有所不同。暖机完成后，输入转速设定值，即按设定升速率升至目标转速。

（2）转速自动控制。

1）通过在操作画面上设定目标转速和升速率产生给定转速。

2）给定转速和实际转速之差，经转速 PID 调节器运算后，通过伺服系统控制油动机开度，使实际转速随给定转速变化。

3）操作员可通过修改目标转速、升速率，对升速过程进行控制。MEH 由 PID 调节器自动控制转速。

4）给定转速进入临界转速区内时，程序将自动修改升速率，使给定转速以 1200r/min 的升速率冲过临界区。

（3）转速遥控方式。

1）当汽动给水泵转速大于 2800r/min 时，汽动给水泵的遥控控制允许投入。

2）汽动给水泵 MEH 系统接收来自 DCS 发来的汽动给水泵遥控方式的请求信号，经过逻辑判断后，MEH 画面中协调请求灯亮，即可投入汽动给水泵遥控控制方式。点击 MEH 画面中 CCS 方式，汽动给水泵转速由 DCS 来的指令信号控制。

3）投入给水自动控制后，MEH 系统的给定转速由锅炉给水自动控制系统根据汽泵给水自动 PID 调节器运算结果得来。

4）遥控的给定转速信号与实际转速的差值作为 MEH 转速 PID 调节器的输入，经过 PID 调节器的运算，输出指令通过伺服系统控制油动机开度。

5）当给水泵汽轮机遥控方式切除后，MEH 系统可以实现无扰动切换。

（4）阀门试验。

1）点击 MEH 画面中"主汽阀试验按钮"低压主汽阀活动性试验投入。

2）汽动汽轮机的低压主汽阀试验电磁阀 5YV 带电，低压主汽阀缓慢关闭。

3）低压主汽阀试验位信号返回后，低压主汽阀活动性试验成功。

（5）超速保护。

1）汽动给水泵运行，当转速升至设定转速后，按下 MEH 操作界面上的"超速试验"按钮，开始进行电气超速试验。

2）硬回路超速保护试验：设定目标转速 5750r/min，升速率 300r/min，MEH 电超速保护软回路保护定值暂时修改为 5730r/min。当转速升至 5701r/min 后，硬回路电气超速保护动作，电磁阀 1YV、2YV、3YV、4YV 失电遮断，汽动汽轮机跳闸。

3）软回路超速保护试验：MEH 电超速保护软回路保护定值暂时修改为 4000r/min。设定目标转速 4050r/min，升速率 300r/min，当转速升至 4001r/min 后，软回路电气超速保护动作，电磁阀 1YV、2YV、3YV、4YV 失电遮断，汽动汽轮机跳闸。试验结束后将软回路超速保护定值修改回 5700r/min。

（6）手动停机。汽动汽轮机挂闸升速至 400r/min 分别进行远方及就地打闸；汽动汽轮机转速降至 3000r/min，就地或远方手动打闸，遮断电磁阀失电，高压保安油泄掉，低压主汽阀关闭，汽动汽轮机停机。

4.4.7.5　安全及质量保证

（1）试验中严密监视驱动汽轮机进汽压力、转速、振动、轴向位移等参数。

（2）升转速之前，先做打闸试验，确认就地和远方打闸良好。

（3）每次升速过程中，运行设专人核对驱动汽轮机转速变化情况，并及时核对就地转速表与 MEH 转速及 MTSI 转速是否统一，就地监视驱动汽轮机是否存在异音，如果存在异常声音及任意转速故障，可停机终止试验。

（4）超速试验过程中，转速飞升超过设计机械超速转速时，应立即打闸停机，若转速仍继续上升时，应立即破坏真空紧急停机；超速试验过程中，应派专人守候在手动危急保安器处。

（5）汽缸或泵体内有明显的金属摩擦声或异常噪声，应立即打闸停机。

（6）升速过程中，应注意泵出口压力不超限。如运行中发现给水泵汽化、设备或管道发生剧烈振动以及运行参数明显超标等，应立即紧急停泵，终止试验。

（7）在汽泵启动前要充分暖管，在正常运行期间进行切换时注意两种汽源的温度匹配，避免造成水击。

4.4.8　机组水塔冷却幅高测试

火力发电厂循环水湿式冷却塔的冷却性能，如冷却幅高，进入冷却塔的热水与被冷却后的水之间的温度差值，即冷却水温差，应在机组大修后做该项试验，以测试冷却塔的冷却能力。

机组水塔冷却幅高测试适用于湿式机械通风和自然通风的工业循环水冷却塔的火力发电汽轮机组。

机组水塔冷却幅高测试是在机组并网后 80% 额定负荷以上进行的试验。

在满足试验所需工作条件的情况下，正常完成试验需要约 2h。

4.4.8.1　试验目的

检测机组循环水冷却塔的冷却效果。

4.4.8.2　依据规程和标准

机组水塔冷却幅高测试依据的标准和文件：

DL/T 1027—2006《工业冷却塔测试规程》

水塔冷却幅高合格标准通常应不大于 7℃，电厂可依据所属发电集团相关的规定和标准执行。

4.4.8.3　试验条件

（1）试验应在符合或接近设计的气象条件下进行。

（2）试验过程中气象条件应稳定，雨天或风速大于 4.0m/s 时不应进行测试。

（3）试验中各项参数条件符合或接近设计条件。

（4）确定各测点位置、架设临时电源、备好测试时放置仪表的台架。

4.4.8.4　试验仪器

大气湿球温度用 testo610 湿球温度计测试，水塔的进出水温度采用玻璃管温度计和 testo735-2 电子接触式测温仪同时测试。大气压力采用校核过的 testo511 压力表测试，风速采用 testo410-2 测试。

试验使用仪器设备明细见表 4-25。

表 4-25　　　　　　　　　　试验使用仪器设备明细

序号	仪器型号	仪器名称
1	testo610	大气湿球温度计
2	testo735-2	电子接触式测温仪
3	testo511	压力表
4	testo410-2	风速仪

4.4.8.5　试验内容及步骤

（1）机组负荷稳定在 80％额定负荷以上，冷水塔现场测取大气湿球温度、大气的干球温度、水塔的进出水温度、大气压力、环境风速。

（2）记录此时机组负荷、低压缸排汽温度、凝汽器真空、凝结水温度、凝汽器端差、循环水入口/出口温度、循环水泵台数、循环泵频率。

（3）测试计算水塔的冷却幅高。

4.4.8.6　安全及质量保证

（1）测试前应到冷却水塔现场调查，对实际气象条件和环境条件全面检查。

（2）对冷却塔实际运行中存在的问题了解清楚，按设计和测试要求消除冷却塔各部分的缺陷，保证在良好的运行工况下进行测试。

（3）冷却塔的进水管阀门、冷却塔之间的联络管阀门应启闭灵活，便于调节。

（4）机械通风冷却塔的风机、电动机和减速装置应运转正常。

（5）冷却塔集水池内水位应处于正常运行水位或测试要求的水位。

第5章
电气检修试验

　　火力发电厂电气检修试验从专业上分为电气一次检修试验、电气二次检修试验以及电测检修试验。从时间顺序上可以分为修后机组冷态下试验如发电机、主变压器、开关、厂用电气一、二次单体试验和冷态验收前分部试运、启动前机组冷态下试验、修后机组并网前试验和修后机组并网后试验。

　　电气检修主要包括对发电机、变压器、升压站、厂用等系统的一次设备及其附属二次设备、系统的单体及分系统进行检修调试和相关试验，也包括在火电厂并网后与电网相配合的试验等。

　　发电机系统，是将汽轮机动能转化为电能的设备。其附属设备繁多，不同型号、不同容量的发电机型式也不尽相同。目前按冷却方式分为空冷、水冷、水氢氢式冷却发电机。发电机除日常巡检维护外主要以检修期间预防性试验结果评判发电机性能的好坏。以试验结果有针对性地对发电机进行检修，同时进行二次设备的检验。

　　主变压器系统，是将发电机出口的低电压升高至同并网点电网同等级电压，起到升压作用。按冷却方式可以分为自然冷却、风冷、油冷以及间接风冷变压器。另变压器附属设备如温度表、压力释放阀、气体继电器等设备确保变压器稳定运行。变压器除日常巡检维护外也以检修期间预防性试验结果作为评判变压器性能的好坏。以试验结果有针对性地开展变压器检修。

　　厂用电气系统，是使用电能供自身厂内辅机用电的系统。根据不同负荷、不同设备的容量大小所使用电压等级也不相同。按电压等级主要分为 10kV、6kV、380V 等厂用系统。厂用电气设备可以概括为变压器、开关、电力电缆、电动机及其附属的二次设备及系统。常用电气设备除日常巡检维护外也以检修期间预防性试验结果作为评判设备性能的好坏，有目的地进行检修，同时进行二次设备的检验。

　　升压站系统，是为满足不同运行方式的将并网机组与电网连接的设备组合。升压站的运行方式要严格遵守调度的要求，其检修也要结合电网的停电计划进行。确保满足不同方式下的运行要求。目前主流升压站接线方式为 500kV 3/2 接线方式、500kV 三角形接线方式、200kV 双母线接线方式以及 110kV 单母分段方式。有的厂站还需维护对侧电网变电站内相应间隔的设施。升压站按设备可以分为母线、开关、避雷器、互感器、电力电缆、支柱绝缘子等，应结合电网停电计划及厂内自身的检修计划进行预防性试验，试验结果作为评判设备性能的好坏，有目的地进行检修，同时应进行相应的二次设备检验。

由于电气专业与机务专业有明显的区别性，具有自身专业的特点。电气设备试验有自己的试验周期且其检修工作基本都是在机组冷态下完成，分部试运及整套启动与机务专业联系较少。因此在机组检修期间应结合厂内电气设备的运行工况、试验进行情况，提前制定好相应的检修计划及试验安排。

电气 A 级检修在机组停运前需完成的试验项目见表 5-1。

表 5-1 电气 A 级检修在机组停运前需完成的试验项目

序号	项目	参考规程	进行阶段
1	同步发电机及调相机部分预试要求内容	DL/T 1768	停运前

电气 A 级检修单体调试、分部试运及冷态验收阶段试验项目见表 5-2。

表 5-2 电气 A 级检修单体调试、分部试运及冷态验收阶段试验项目

序号	项目	参考规程	进行阶段
1	同步发电机和调相机预试要求试验	DL/T 1768	冷态
2	交流励磁机预试要求试验	DL/T 1768	冷态
3	直流励磁机及动力类直流电动机预试要求试验	DL/T 1768	冷态
4	交流电动机预试要求试验	DL/T 1768	冷态
5	电力变压器和电抗器预试要求试验	DL/T 596	冷态
6	互感器（包括 TA、TV）预试要求试验	DL/T 596	冷态
7	开关预试要求试验	DL/T 596	冷态
8	套管预试要求试验	DL/T 596	冷态
9	支柱绝缘子和悬式绝缘子预试要求试验	DL/T 596	冷态
10	电力电缆线路预试要求试验	DL/T 596	冷态
11	电容器预试要求试验	DL/T 596	冷态
12	绝缘油和 SF$_6$ 气体预试要求试验	DL/T 596	冷态
13	避雷器预试要求试验	DL/T 596	冷态
14	母线预试要求试验	DL/T 596	冷态
15	1kV 以下的配电装置和电力布线预试要求试验	DL/T 596	冷态
16	接地装置预试要求试验	DL/T 596	冷态
17	电除尘器预试要求试验	DL/T 596	冷态
18	各电压等级保护装置检验及相关回路检查	DL/T 995	冷态
19	各电压等级自动装置的检验及相关回路检查	DL/T 995	冷态

序号	项目	参考规程	进行阶段
20	励磁系统静态试验	DL/T 843	冷态
21	计量及保护级 TA、TV 试验	JJG 1021	冷态
22	厂内各电压等级电能表及计量装置检验	DL/T 448、DL/T 1664	
23	厂内各电压等级变送器检验	JJG 126、DL 410	
24	直流、UPS 及蓄电池试验	DL/T 724	冷态
25	柴油发动机启动试验、动态联动试验		冷态
26	母线备自投（BZT）装置动态试验、交流失电连起直流电源试验		冷态
27	配合机务专业传动		冷态
28	分系统试运	DL/T 838	冷态

电气 A 级检修后机组整套启动后并网前需完成的检修试验项目见表 5-3。

表 5-3　　　电气 A 级检修后机组整套启动后并网前需完成的检修试验项目

序号	项目	进行阶段
1	UPS 切换试验	冷态
2	保安段带负荷切换、母线备自投（BZT）装置切换及交流失电连起直流电源试验	冷态
3	机、炉、电大联锁试验	冷态
4	发电机气密性试验	冷态
5	发电机转子绕组交流阻抗、绝缘电阻试验	热态
6	发电机-变压器组短路试验	热态
7	发电机空载特性试验	热态
8	励磁系统闭环试验	热态
9	发电机轴电压、轴电流测量	热态
10	同期回路定相及假同期试验	热态

电气 A 级检修后机组并网后检修试验项目见表 5-4。

表 5-4　　　　　　电气 A 级检修后机组并网后检修试验项目

序号	项目	进行阶段
1	发电机谐波定子接地保护整定试验	并网后
2	厂用电切换试验	30％额定负荷
3	励磁系统并网后试验、励磁系统建模及电力系统稳定器（PSS）试验	80％额定负荷或与上次试验时带负荷相同
4	发电机进相试验	50％、75％、100％额定负荷
5	自动电压控制（AVC）试验	50％、75％、100％额定负荷

5.1 修后机组冷态下电气试验

5.1.1 电气试验基础性工作

（一）电气一次

5.1.1.1 一般要求

（1）依据设备实际运行状况、绝缘状况和相关规程、规范、反事故措施等制定检修实施细则，确定检修周期和项目。

（2）每年根据高压电气设备实际绝缘情况和运行状况，依据检修实施细则制定年度检修计划，检修计划应包括检修的原因、依据、拟开展的项目、目标等。重点关注项目是否完备，技术措施是否完善。

（3）发电机应结合 DL/T 838 和各项反事故措施要求，安排检修周期和确定检修项目。必要时，依据 DL/T 596、DL/T 1768、DL/T 735、JB/T 6228、JB/T 10392、DL/T 492的要求，由具备相应资质的单位负责实施定子铁芯磁化试验检查，定子绕组端部绕组、引线部位试验检查，水系统流通性检验，定子铁芯、机座模态试验分析，绝缘老化鉴定等工作。

（4）变压器和电抗器的检修应符合 DL/T 573 和相关反事故措施的有关规定，并特别加强检修前试验检查、检修过程中工艺、质量的控制。A 级检修时应特别注意大气状况的影响，控制器自身暴露时间。A 级检修后应进行的局部放电测试，必要时进行的空载、负载、感应耐压等重要试验项目，应该由具备相应资质的单位负责实施。

（5）变压器分接开关的检修应符合 DL/T 574 的要求。

（6）各类高压电气设备检修关键工序必须指定人员签字验收。检修后应按照 DL/T 596 等相关规程和各项反事故措施的要求进行验收试验，试验项目应齐全。上述试验结果合格、设备达到检修预计目标后方可投入运行。

（7）及时编写检修报告并履行审批手续，有关检修资料应归档。

5.1.1.2 试验项目、内容及方法

机组进入检修期后，电气专业一次检修人员应根据前期制定的检修试验计划逐步进行。试验计划应依据 DL/T 838、DL/T 596、DL/T 1768、DL/T 735、JB/T 6228、JB/T 10392、DL/T 492 的要求制定，项目的制定应按厂内设备比对相关规程，防止缺项漏项。

（1）发电机预防性试验。

1）试验计划。发电机预防性试验项目、周期和要求应按照 DL/T 1768 的规定和制造厂技术要求执行。试验方法可参照 GB/T 1029 执行。试验项目、周期以及本次是否需要进应记录明确，如表 5-5 所示。

表 5-5　　　　　　　　　　　　　　　发电机预防性试验计划

序号	项目	周期	本次大修是否进行，如不进行其原因为何
1	定子绕组绝缘电阻、吸收比或极化指数	（1）B 级检修、C 级检修时。 （2）A 级检修前、后。 （3）必要时	
2	定子绕组直流电阻	（1）不超过 3 年。 （2）A 级检修时。 （3）必要时	
3	定子绕组泄漏电流和直流耐压	（1）不超过 3 年。 （2）A 级检修前、后。 （3）更换绕组后。 （4）必要时	
4	定子绕组工频交流耐压	（1）A 级检修前。 （2）更换绕组后	
5	转子绕组绝缘电阻	（1）B 级检修、C 级检修时。 （2）A 级检修中转子清扫前、后。 （3）必要时	
6	转子绕组直流电阻	（1）A 级检修时。 （2）必要时	
7	转子绕组交流耐压	（1）凸极式转子 A 级检修时和更换绕组后。 （2）隐极式转子拆卸护环后，局部修理槽内绝缘和更换绕组后	
8	发电机和励磁机的励磁回路所连接设备（不包括发电机转子和励磁机电枢）的绝缘电阻	（1）A 级检修、B 级检修、C 级检修时。 （2）必要时	
9	发电机和励磁机的励磁回路所连接的设备（不包括发电机转子和励磁机电枢）交流耐压	A 级检修时	
10	定子铁芯磁化试验	（1）重新组装或更换、修理硅钢片后。 （2）必要时	
11	发电机组和励磁机轴承绝缘电阻	A 级检修时	
12	灭磁电阻器（或自同期电阻器）直流电阻	A 级检修时	

序号	项目	周期	本次大修是否进行，如不进行其原因为何
13	灭磁开关并联电阻	A 级检修时	
14	转子绕组的交流阻抗和功率损耗	(1) A 级检修时。 (2) 必要时	
15	检温计绝缘电阻	A 级检修时	
16	隐极同步发电机定子绕组端部动态特性和振动测量	(1) A 级检修时。 (2) 必要时	
17	定子绕组端部手包绝缘施加直流电压测量	(1) A 级检修时。 (2) 现包绝缘后。 (3) 必要时	
18	定子绕组内部水系统流通性	(1) A 级检修时。 (2) 必要时	
19	定子绕组端部电晕	(1) A 级检修时。 (2) 必要时	
20	转子气体内冷通风道检验	A 级检修时	
21	气密性试验	(1) A 级检修时。 (2) 必要时	
22	水压试验	(1) A 级检修时。 (2) 必要时	
23	轴电压	(1) A 级检修时。 (2) 必要时	
24	环氧云母定子绕组绝缘老化鉴定	(1) 累计运行时间 20 年以上且运行或预防性试验中绝缘频繁击穿时。 (2) 必要时	

2) 试验方法。以上海电气集团股份有限公司生产的 QFSN-300-2 型、水氢氢冷却、静态励磁汽轮发电机为例，几种重要试验的试验方法如下：

① 定子绕组绝缘电阻、吸收比或极化指数。

a. 水内冷定子绕组用专用绝缘电阻表，测量时发电机引水管电阻在 100kΩ 以上，汇水管对地绝缘电阻在 30kΩ 以上；额定电压为 12000V 以上，用 2500~10000V 绝缘电阻表，量程一般不低于 10000MΩ。

b. 1min 的绝缘电阻在 5000MΩ 以下时需测量极化指数。

c. 拆开发电机出口和中性点连线。

d. 将发电机各个测点元件短接接地。

e. 接入被试绕组测量绝缘电阻和吸收比及极化指数，有条件时应分相测量。

f. 试验结束后将被试绕组接地放电。

g. 拆除各个短接线。

h. 在试验中读取绝缘电阻数值后，应先断开接至被试品的连接线，然后再将绝缘电阻表停止运转。

② 定子绕组直流电阻。

a. 在定子膛内放置 3~5 支温度计 15min 以上，记录并计算平均值作为绕组平均温度。在冷态下测量，绕组表面温度与周围空气温度之差不应大于 ±3℃；测量并记录环境温度和湿度，如果绕组温度与环境温度相差较大应测量定子膛内平均温度作为绕组温度。

b. 发电机每相直流电阻进行测量，相差值与历年比较大于 1％ 时应引起注意，测量的值不得大于最小值的 2％。

各相直流电阻值互差不得大于 1％。

$$各相直流电阻互差 = \frac{|最大值 - 最小值|}{最小值} \times 100\%$$

与初次（出厂或交接时）测量值比较，相差不得大于 1％。

$$测量值互差 = \frac{|测量值 - 初次值|}{初次值} \times 100\%$$

③ 定子绕组泄漏电流和直流耐压。

a. 发电机定子绕组引出线及中性点连接线全部拆除，定子膛内干净无杂物，必须保证定子绕组通以导电率为 $1\mu S/cm$ 的冷却循环水（或经过吹管吹干净内部积水），氢冷发电机应在充氢后氢纯度为 96％ 以上或排氢后含氢量在 3％ 以下时进行，严禁在置换过程中进行试验。

b. 按照技术标准，发电机运行 20 年及以下，大修前、后试验电压为 $2.5U_n$。

c. 发电机大轴及各测温点测温元件应短接接地。

d. 记录绕组温度、环境温度和湿度。

e. 被试绕组首尾短接，非被试绕组首尾短接接地，转子绕组在滑环处接地。发电机出口 TA 二次绕组短路接地。埋置检温元件在接线端子处电气连接后接地。

f. 准备试验，保证所有试验设备、仪表仪器接线正确、指示正确。

g. 先空载分段加压至试验电压以检查试验设备绝缘是否良好、接线是否正确。

h. 试验电压按每级 $0.5U_n$ 分阶段升高，每阶段停留 1min，记录微安表数值。

i. 在规定试验电压下，各相泄漏电流的差别不应大于最小值的 100％；最大泄漏电

流在 $20\mu A$ 以下者（水内冷定子绕组在 $50\mu A$ 以下）相差可不考虑。

j. 试验时，微安表应接在高压侧，并对出线套管表面加以屏蔽。水内冷发电机汇水管表面有绝缘者，应采用低压屏蔽法接线；汇水管直接接地者，应在不通水和引水管吹净条件下进行试验。冷却水质应透明纯净，无机械混杂物，导电率在水温 20℃时要求：对于开启式水系统不大于 $5.0\times10^2\mu S/m$；对于独立的密闭循环水系统为 $1.5\times10^2\mu S/m$。

k. 试验结束和中断时需用放电棒充分放电，记录微安表数值时需等指针稳定。

l. 试验过程中，若有击穿、闪络、放电声、微安表大幅度摆动等现象发生时，应立即降压，进行放电，并查明原因后再试。

④ 定子绕组工频交流耐压。

a. 试验电压符合技术标准中运行 20 年及以下发电机，试验电压为 $1.5U_n$。

b. 发电机大轴及各测温点测温元件应短接接地。

c. 将发电机定子绕组引出线及中性点连接线全部拆除，发电机膛内干净无杂物，必须保证定子绕组通以导电率为 $1\mu S/cm$ 的冷却循环水，氢冷发电机应在充氢后氢纯度为 96％以上或排氢后含氢量在 3％以下时进行，严禁在置换过程中进行试验。

d. 过电压整定：按 1.1 倍试验电压整定，应试验三次，每次保护均能正确动作。

e. 测量被试绕组绝缘。

f. 接入被试绕组，接通电源，均匀升到 1kV，核对电流，情况正常后将电压升到试验电压值，持续 1min，同时记录各表计读数。

g. 实验结束，将被试绕组接地放电，并测量绝缘电阻。

h. 试验过程中，如发现电压表摆动很大，电流急剧增加，绝缘冒烟或机内有响声等异常现象时，应立即降低电压，断开电源，将绕组接地后进行检查。

⑤ 转子绕组绝缘电阻。

a. 分静态和动态空转两种情况。站在绝缘垫上，将绝缘电阻表的相线接于转子滑环上、地线接于转子轴上。

静态测量前将滑环短路接地放电，提起电刷测量。

动态空转测量时，断开灭磁开关到电刷架的励磁母线或电缆，将电刷提起，测量不同转速下的绝缘电阻。该项目试验结束后发电机加励磁前恢复接线。

b. 不宜将绝缘电阻表的地线接在机座或外壳上，动态空转高转速测量时绝缘电阻值可能会降低较多，应进行综合分析，水内冷转子绕组室温时一般不小于 $5k\Omega$，就认为试验通过。

⑥ 转子绕组直流电阻。

a. 冷态测量，绕组表面温度与周围空气温度之差不应大于±3℃。

b. 测量绕组表面温度（困难时可用转子表面温度代替），测点不少于 3 点，取平均值作为绕组的冷态温度。

c. 将测量设备或仪表接到滑环上进行测量。转子滑环光滑不易接线，应注意把测量线接牢，否则读数不稳定。

d. 与初次值（交接或大修）所测结果比较，在相同温度下一般不超过 2%。

其中测量值为换算到同一温度 t_0（初次值的绕组测量温度）后的值 R_0

$$R_0 = \left(\frac{235 + t_0}{235 + t_a}\right)R_a \tag{5-1}$$

式中：t_a 为测量时绕组平均温度；R_a 为测量值。

（2）交流励磁机。如有交流励磁机的电厂应按照 DL/T 1768 的规定和制造厂技术要求的预防性试验项目、周期和要求执行。试验项目、周期以及本次是否需要进应记录明确，见表 5-6。

表 5-6　　　　　　　　　　　交流励磁机预防性试验计划

序号	项目	周期	本次大修是否进行，如不进行其原因为何
1	绕组绝缘电阻	（1）A 级检修； （2）B 级检修； （3）C 级检修时	
2	绕组直流电阻	A 级检修时	
3	绕组交流耐压	A 级检修时	
4	旋转电枢励磁机熔断器直流电阻	A 级检修时	
5	可变电阻器或启动电阻器直流电阻	A 级检修时	

（3）直流励磁机、动力类直流电动机。如有直流励磁机的电厂应按照 DL/T 1768 的规定和制造厂技术要求的预防性试验项目、周期和要求执行。试验项目、周期以及本次是否需要进应记录明确，见表 5-7。

表 5-7　　　　　　直流励磁机、动力类直流电动机预防性试验计划

序号	项目	周期	本次大修是否进行，如不进行其原因为何
1	绕组绝缘电阻	（1）A 级检修； （2）B 级检修； （3）C 级检修时	

序号	项目	周期	本次大修是否进行，如不进行其原因为何
2	绕组直流电阻	A 级检修时	
3	电枢绕组片间直流电阻	A 级检修时	
4	绕组交流耐压	A 级检修时	
5	磁场可变电阻器直流电阻	A 级检修时	
6	磁场可变电阻器绝缘电阻	A 级检修时	
7	电刷中心位置调整	A 级检修时	
8	电枢及磁极间空气间隙测量	A 级检修时	
9	直流发电机特性	(1) 更换绕组后； (2) 必要时	
10	直流电动机空转检查	(1) A 级检修后； (2) 更换绕组后	

（4）交流电动机。交流电动机预防性试验项目、周期和要求应按照 DL/T 1768 的规定和制造厂技术要求执行。试验项目、周期以及本次是否需要进应记录明确，见表 5-8。

表 5-8 交流电动机预防性试验计划

序号	项目	周期	本次大修是否进行，如不进行其原因为何
1	绕组的绝缘电阻和吸收比	(1) 大修时； (2) 小修时	
2	绕组的直流电阻	(1) 不超过 2 年（1kV 及以上或 100kW 及以上）； (2) 大修时； (3) 必要时	
3	定子绕组泄漏电流和直流耐压试验	(1) 大修时； (2) 更换绕组后	
4	定子绕组的交流耐压试验	(1) 大修后； (2) 更换绕组后	
5	绕线式电动机转子绕组的交流耐压试验	(1) 大修后； (2) 更换绕组后	
6	同步电动机转子绕组交流耐压试验	大修时	
7	可变电阻器或启动电阻器直流电阻	大修时	
8	可变电阻器与同步电动机灭磁电阻器的交流耐压试验	大修时	
9	同步电动机及其励磁机轴承的绝缘电阻	大修时	
10	转子金属绑线的交流耐压	大修时	
11	定子铁芯试验	(1) 全部更换绕组时或修理铁芯后； (2) 必要时	

（5）变压器预防性试验。

1）试验计划。变压器预防性试验项目、周期和要求应按照 DL/T 596 的规定和制造厂技术要求执行。试验项目、周期以及本次是否需要进应记录明确，见表 5-9 和表 5-10。

表 5-9　　　　　　　　　　　　　变压器预防性试验计划

序号	项目	周期	本次大修是否进行，如不进行其原因为何
1	油中溶解气体色谱分析	（1）220kV 及以上的所有变压器，容量在 120MVA 及以上的发电厂变压器和 330kV 及以上的电抗器在投运后的 4、10、30 天（500kV 设备还应增加 1 次在投运后 1 天）。 （2）运行中： 1）330kV 及以上变压器和电抗器为 3 个月； 2）220kV 变压器为 6 个月； 3）120MVA 及以上的发电厂主变压器为 6 个月； 4）其余 8MVA 及以上的变压器为 1 年； 5）8MVA 以下的油浸式变压器自行规定。 （3）大修后。 （4）必要时	
2	绕组直流电阻	（1）1～3 年或自行规定； （2）无励磁调压变压器变换分接位置后； （3）有载调压变压器的分接开关检修后（在所有分接侧）； （4）大修后； （5）必要时	
3	绕组绝缘电阻、吸收比或（和）极化指数	（1）1～3 年或自行规定； （2）大修后； （3）必要时	
4	绕组的 $\tan\delta$（介质损耗因数）	（1）1～3 年或自行规定； （2）大修后； （3）必要时	
5	电容型套管的 $\tan\delta$（介质损耗因数）和电容值	（1）1～3 年或自行规定； （2）大修后； （3）必要时	
6	绝缘油试验	（1）1～3 年或自行规定； （2）大修后； （3）必要时	
7	交流耐压试验	（1）1～5 年（10kV 及以下）； （2）大修后（66kV 及以下）； （3）更换绕组后； （4）必要时	

序号	项目	周期	本次大修是否进行，如不进行其原因为何
8	铁芯（有外引接地线的）绝缘电阻	(1) 1～3 年或自行规定； (2) 大修后； (3) 必要时	
9	穿心螺栓、铁轭夹件、绑扎钢带、铁芯、线圈压环及屏蔽等的绝缘电阻	(1) 大修后； (2) 必要时	
10	油中含水量		
11	油中含气量		
12	绕组泄漏电流	(1) 1～3 年或自行规定； (2) 必要时	
13	绕组所有分接的电压比	(1) 分接开关引线拆装后； (2) 更换绕组后； (3) 必要时	
14	校核三项变压器的组别或单相变压器的极性	更换绕组后	
15	空载电流和空载损耗	(1) 更换绕组后； (2) 必要时	
16	短路阻抗和负载损耗	(1) 更换绕组后； (2) 必要时	
17	局部放电测量	(1) 大修后（220kV 及以上）； (2) 更换绕组后（220kV 及以上、120MVA 及以上）； (3) 必要时	
18	有载调压装置的试验和检查 (1) 检查动作顺序，动作角度。 (2) 操作试验，变压器带电时手动操作、电动操作、远方操作各两个循环。 (3) 检查和切换测试：①测量过渡电阻的阻值。②测量切换时间。③检查插入触头、动静触头的接触情况，电气回路的连接情况。④单、双数触头间非线性电阻的试验。⑤检查单双数触头间放电间隙。 (4) 检查操作箱。 (5) 切换开关室绝缘油试验。 (6) 二次回路绝缘试验	(1) 1 年或按制造厂要求； (2) 大修后； (3) 必要时	
19	测温装置及其二次回路试验	(1) 1～3 年； (2) 大修后； (3) 必要时	

序号	项目	周期	本次大修是否进行，如不进行其原因为何
20	气体继电器及其二次回路	(1) 1～3 年（二次回路）； (2) 大修后，一般不超 5 年； (3) 必要时	
21	整体密封性检查	大修后	
22	冷却装置及其二次回路检查	(1) 自行规定； (2) 大修后； (3) 必要时；	
23	套管中的电流互感器绝缘试验	(1) 大修后； (2) 必要时	
24	全电压下空载合闸	更换绕组后	

注：电力变压器交流试验电压值及操作波电压值见 DL/T 596 表 6。

表 5-10   变压器试验项目汇总

变压器类型	定期试验项目	大修试验项目	
		一般性大修	更换绕组大修
油浸式电力变压器（1.6MVA 以上）	1、2、3、4、5、6、7、8、10、11、12、18、19、20、22，其中 10、11 适用于 330kV 以上变压器	1、2、3、4、5、6、7、8、9、10、11、17、18、19、20、21、22、23，其中 10、11 适用于 330kV 以上变压器	1、2、3、4、5、6、7、8、9、10、11、13、14、15、16、17、18、19、20、21、22、23、24，其中 10、11 适用于 330kV 以上变压器
油浸式电力变压器（1.6MVA 及以下）	2、3、4、5、6、7、8、19、20，其中 4、5 项适用于 35kV 及以上变电站用变压器	2、3、4、5、6、7、8、9、13、14、15、16、19、20、21，其中 13、14、15、16 适用于更换绕组时，4、5 项适用于 35kV 及以上变电站用变压器	
干式变压器	2、3、7、19	更换绕组的大修试验项目 2、3、7、9、13、14、15、16、17、19，其中 17 适用于浇注型干式变压器	
气体绝缘变压器	2、3、7	2、3、7、19	
接地变压器	3、6、7	2、3、6、7、9、15、16、21，其中 15、16 项适用于更换绕组时进行	

2）试验方法。以特变电工衡阳变压器集团有限公司生产的三相双绕组强迫油循环风冷无励磁调压升压变压器为例，几种重要试验的试验方法如下：

① 绕组绝缘电阻吸收比或极化指数。

a. 测量并记录环境温度和湿度，并记录变压器顶层油温平均值作为绕组绝缘温度。

b. 测量前应将所有绕组充分放电。

c. 测量低压各非被测绕组短路接地，被测绕组各引出端短路。

d. 采用 5000V 绝缘电阻表。

e. 测量前被试绕组应充分放电。

f. 测量温度以顶层油温为准,尽量使每次测量温度相近。

g. 尽量在油温低于50℃时测量,不同温度下的绝缘电阻值一般可按下式换算。

$$R_2 = R_1 \times 1.5^{(t_1-t_2)/10} \tag{5-2}$$

式中:R_1、R_2 分别为温度 t_1、t_2 时的绝缘电阻值。

h. 吸收比、极化指数一般不进行温度换算。

② 绕组的泄漏电流。

a. 被试设备的试验端应短接,非被试相(端)应短路接地。

b. 按接线图准备试验,保证所有试验设备、仪表仪器接线正确、指示正确。

c. 记录顶层油温及环境温度和湿度。

d. 确认一切正常后开始试验。先空载分段加压至试验电压以检查试验设备绝缘是否良好、接线是否正确。

e. 将直流电源输出加在被试变压器绕组上,测量时,加压到0.5倍试验电压,待1min后读取泄漏电流值。然后加压到试验电压,待1min后读取泄漏电流值。

f. 被测绕组试验完毕,将电压降为零,切断电源,必须充分放电后再进行其他操作。

g. 试验电压:绕组额定电压20~35kV,试验电压20kV;绕组额定电压500kV,试验电压60kV。

h. 试验接线:测量绕组泄漏电流如图5-1所示。

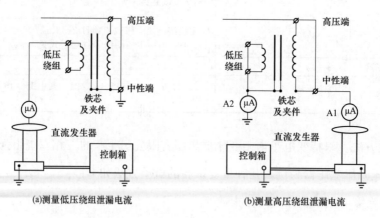

(a)测量低压绕组泄漏电流　　　　　　(b)测量高压绕组泄漏电流

图5-1　测量绕组泄漏电流

(6) 电流互感器预防性试验。电流互感器预防性试验项目、周期和要求应按照DL/T 596的规定和制造厂技术要求执行。试验项目、周期以及本次是否需要进应记录明确,见表5-11。

表 5-11　　　　　　　　　　　电流互感器预防性试验计划

序号	项目	周期	本次大修是否进行，如不进行其原因为何
1	绕组及末屏的绝缘电阻	(1) 投运前； (2) 1～3 年； (3) 大修后； (4) 必要时	
2	tanδ（介质损耗因数）及电容量	(1) 投运前； (2) 1～3 年； (3) 大修后； (4) 必要时	
3	油中溶解气体色谱分析	(1) 投运前； (2) 1～3 年（66kV 及以上）； (3) 大修后； (4) 必要时	
4	交流耐压试验	(1) 1～3 年（20kV 及以下）； (2) 大修后； (3) 必要时	
5	局部放电测量	(1) 1～3 年（20～35kV 固体绝缘互感器）； (2) 大修后； (3) 必要时	
6	极性检查	(1) 大修后； (2) 必要时	
7	各分接头的变比检查	(1) 大修后； (2) 必要时	
8	校核励磁特性曲线	必要时	
9	密封性检查	(1) 大修后； (2) 必要时	
10	一次绕组直流电阻测量	(1) 大修后； (2) 必要时	
11	绝缘油击穿电压	(1) 大修后； (2) 必要时	

（7）电压互感器预防性试验。电流互感器预防性试验项目、周期和要求应按照 DL/T 596 的规定和制造厂技术要求执行。试验项目、周期以及本次是否需要进应记录明确，见表 5-12。

1）电磁式电压互感器。

表 5-12　　　　　　　　　　　电磁式电压互感器预防性试验计划

序号	项目	周期	本次大修是否进行，如不进行其原因为何
1	绝缘电阻	(1) 1～3 年； (2) 大修后； (3) 必要时	

序号	项目	周期	本次大修是否进行，如不进行其原因为何
2	tanδ（介质损耗因数）（20kV 及以上）	绕组绝缘。 (1) 1～3 年； (2) 大修后； (3) 必要时 66～220kV 串级式电压互感器支架。 (1) 投运前； (2) 大修后； (3) 必要时	
3	油中溶解气体色谱分析	(1) 投运前； (2) 1～3 年（66kV 及以上）； (3) 大修后； (4) 必要时	
4	交流耐压试验	(1) 3 年（20kV 及以下）； (2) 大修后； (3) 必要时	
5	局部放电测量	(1) 投运前； (2) 1～3 年（20～35kV 固体绝缘互感器）； (3) 大修后； (4) 必要时	
6	空载电流测量	(1) 大修后； (2) 必要时	
7	密封性检查	(1) 大修后； (2) 必要时	
8	铁芯夹紧螺栓（可接触到的）绝缘电阻	大修时	
9	连接组别和极性	(1) 更换绕组后； (2) 接线变动后	
10	电压比	(1) 更换绕组后； (2) 接线变动后	
11	绝缘油击穿电压	(1) 大修后； (2) 必要时	

2）电容式电压互感器预防性试验计划见表 5-13。

表 5-13　　　　　　　　　　　电容式电压互感器预防性试验计划

序号	项目	周期	本次大修是否进行，如不进行其原因为何
1	电压比	(1) 大修后； (2) 必要时	
2	中间变压器的绝缘电阻	(1) 大修后； (2) 必要时	
3	中间变压器的 tanδ（介质损耗因数）	(1) 大修后； (2) 必要时	

（8）开关预防性试验。

1）SF$_6$ 断路器和 GIS。SF$_6$ 断路器和 GIS 预防性试验项目、周期和要求应按照 DL/T 596 的规定和制造厂技术要求执行。试验项目、周期以及本次是否需要进应记录明确，见表 5-14。

表 5-14　　　　　　　　　　　**SF$_6$ 断路器和 GIS 预防性试验计划**

序号	项目	周期	本次大修是否进行，如不进行其原因为何
1	断路器和 GIS 内 SF$_6$ 气体的湿度以及气体的其他检测项目	（1）大修后； （2）必要时	
2	SF$_6$ 气体泄漏试验	（1）大修后； （2）必要时	
3	断口间并联电容器的绝缘电阻、电容量和 tanδ（介质损耗因数）	（1）1～3 年； （2）大修后； （3）必要时	
4	合闸电阻值和合闸电阻的投入时间	（1）1～3 年（罐式断路器除外）； （2）大修后	
5	分、合闸电磁铁的动作电压	（1）1～3 年； （2）大修后； （3）机构大修后	
6	导电回路电阻	（1）1～3 年； （2）大修后；	
7	SF$_6$ 气体密度监视器（包括整定值）检验	（1）1～3 年； （2）大修后； （3）必要时	
8	压力表校验（或调整），机构操作压力（气压、液压）整定值校验，机械安全阀校验	（1）1～3 年； （2）大修后	
9	操作机构在分闸、合闸、重合闸下的操作压力（气压、液压）下降值	（1）大修后； （2）机构大修后	
10	液（气）压操动机构的泄漏试验	（1）1～3 年； （2）大修后； （3）必要时	
11	油（气）泵补压及零起打压的运转时间	（1）1～3 年； （2）大修后； （3）必要时	
12	液压机构及采用差压原理的气动机构的防压慢分试验	（1）大修后； （2）机构大修时	
13	闭锁、防跳跃及防止非全相合闸等辅助控制装置的动作性能	（1）大修后； （2）必要时	
14	GIS 中的电流互感器、电压互感器和避雷器	（1）大修后； （2）必要时	

2）多油断路器和少油断路器预防性试验。多油断路器和少油断路器预防性试验项目、周期和要求应按照 DL/T 596 的规定和制造厂技术要求执行。试验项目、周期以及本次是否需要进应记录明确，见表 5-15。

表 5-15　　　　　　　　　多油断路器和少油断路器预防性试验计划

序号	项目	周期	本次大修是否进行，如不进行其原因为何
1	绝缘电阻	(1) 1～3 年； (2) 大修后	
2	40.5kV 及以上非纯瓷套管和多油断路器的 tanδ（介质损耗因数）	(1) 1～3 年； (2) 大修后	
3	40.5kV 及以上少油断路器的泄漏电流	(1) 1～3 年； (2) 大修后	
4	断路器对地、断口及相间交流耐压试验	(1) 1～3 年（12kV 及以下）； (2) 大修后； (3) 必要时（72.5kV 及以上）	
5	126kV 及以上油断路器提升杆的交流耐压试验	(1) 大修后； (2) 必要时	
6	辅助回路和控制回路交流耐压试验	(1) 1～3 年； (2) 大修后；	
7	导电回路电阻	(1) 1～3 年； (2) 大修后	
8	灭弧室的并联电阻值，并联电容器的电容量和 tanδ（介质损耗因数）	(1) 必要时； (2) 大修后	
9	断路器的合闸时间和分闸时间	大修后	
10	断路器的合闸时间和分闸速度	大修后	
11	断路器触头分、合闸的同期性	(1) 大修后； (2) 必要时	
12	操作机构合闸接触器和分、合闸电磁铁的最低动作电压	(1) 大修后； (2) 操作机构大修后	
13	合闸接触器和分、合闸电磁铁线圈的绝缘电阻和直流电阻、辅助回路和控制回路绝缘电阻	(1) 1～3 年； (2) 大修后	
14	断路器本体和套管中绝缘油试验		
15	断路器的电流互感器	(1) 大修后； (2) 必要时	

3）低压断路器和自动灭磁开关预防性试验。低压断路器和自动灭磁开关预防性试验项目、周期和要求应按照 DL/T 596 的规定和制造厂技术要求执行。试验项目、周期以及本次是否需要进应记录明确，见表 5-16。

表 5-16   **低压断路器和自动灭磁开关预防性试验计划**

序号	项目	周期	本次大修是否进行，如不进行其原因为何
1	操作机构合闸接触器和分、合闸电磁铁的最低动作电压	(1) 大修后； (2) 操作机构大修后	
2	合闸接触器和分、合闸电磁铁线圈的绝缘电阻和直流电阻、辅助回路和控制回路绝缘电阻	(1) 1～3 年； (2) 大修后	

注意：对自动灭磁开关尚应作常开、常闭触点分合切换顺序，主触头、灭弧触头表面情况和动作配合情况以及灭弧栅是否完整等检查。对新换的 DM 型灭磁开关尚应检查灭弧栅片数。

4）空气断路器预防性试验。空气断路器预防性试验项目、周期和要求应按照 DL/T 596 的规定和制造厂技术要求执行。试验项目、周期以及本次是否需要进应记录明确，见表 5-17。

表 5-17   **空气断路器预防性试验计划**

序号	项目	周期	本次大修是否进行，如不进行其原因为何
1	40.5kV 及以上的支持瓷套管及提升杆的泄漏电流	(1) 1～3 年； (2) 大修后	
2	耐压试验	大修后	
3	辅助回路和控制回路交流耐压试验	(1) 1～3 年； (2) 大修后	
4	导电回路电阻	(1) 1～3 年； (2) 大修后	
5	灭弧室的并联电阻，均压电容器的电容量和 $\tan\delta$（介质损耗因数）	大修后	
6	主、辅触头分、合闸配合时间	大修后	
7	断路器的分、合闸时间及合分时间	大修后	
8	同相各断口及三相间的分合闸同期性	大修后	
9	分、合闸电磁铁线圈的最低动作电压	大修后	
10	分闸和合闸电磁铁线圈的绝缘电阻和直流电阻	大修后	
11	分合闸和重合闸的气压降	大修后	
12	断路器操作时的最低动作气压	大修后	
13	压缩空气系统、阀门及断路器本体严密性	大修后	
14	低气压下不能合闸的自卫能力试验	大修后	

5）真空断路器。真空断路器预防性试验项目、周期和要求应按照 DL/T 596 的规定

和制造厂技术要求执行。试验项目、周期以及本次是否需要进应记录明确，见表 5-18。

表 5-18 真空断路器预防性试验计划

序号	项目	周期	本次大修是否进行，如不进行其原因为何
1	绝缘电阻	(1) 1～3 年； (2) 大修后	
2	交流耐压试验（断路器主回路对地、相间及断口）	(1) 1～3 年（12kV 及以下）； (2) 大修后； (3) 必要时	
3	辅助回路和控制回路交流耐压试验	(1) 1～3 年； (2) 大修后	
4	导电回路电阻	(1) 1～3 年； (2) 大修后	
5	断路器的合闸时间和分闸时间，分、合闸的同期型，触头开距，合闸时的弹跳过程	大修后	
6	操动机构合闸接触器的分、合闸电磁铁的最低动作电压	大修后	
7	合闸接触器和分、合闸电磁铁线圈的绝缘电阻和直流电阻	(1) 1～3 年； (2) 大修后	
8	真空灭弧室真空度的测量	大、小修时	
9	检查动触头上的软连接夹片有无松动	大修后	

6）隔离开关。隔离开关预防性试验项目、周期和要求应按照 DL/T 596 的规定和制造厂技术要求执行。试验项目、周期以及本次是否需要进应记录明确，见表 5-19。

表 5-19 隔离开关预防性试验计划

序号	项目	周期	本次大修是否进行，如不进行其原因为何
1	有机材料支持绝缘子及提升杆的绝缘电阻	(1) 1～3 年； (2) 大修后	
2	二次回路的绝缘电阻	(1) 1～3 年； (2) 大修后； (3) 必要时	
3	交流耐压试验	大修后	
4	二次回路交流耐压试验	大修后	
5	电动、气动或液压机构线圈的最低动作电压	大修后	
6	导电回路电阻测量	大修后	
7	操动机构的动作情况	大修后	

7）高压开关柜。高压开关柜预防性试验项目、周期和要求应按照 DL/T 596 的规定和制造厂技术要求执行。试验项目、周期以及本次是否需要进应记录明确，见表 5-20。

表 5-20   高压开关柜预防性试验计划

序号	项目	周期	本次大修是否进行，如不进行其原因为何
1	辅助回路和控制回路绝缘电阻	(1) 1～3 年； (2) 大修后	
2	辅助回路和控制回路交流耐压试验	大修后	
3	断路器速度特性	大修后	
4	断路器的合闸时间、分闸时间和三相分、合闸同期性	大修后	
5	断路器、隔离开关及隔离插头的导电回路电阻	(1) 1～3 年； (2) 大修后	
6	操动机构合闸接触器和分、合闸电磁铁的最低动作电压	(1) 大修后； (2) 机构大修后	
7	合闸接触器和分合闸电磁铁线圈的绝缘电阻和直流电阻	大修后	
8	绝缘电阻试验	(1) 1～3 年（12kV 及以上）； (2) 大修后	
9	交流耐压试验	(1) 1～3 年（12kV 及以上）； (2) 大修后	
10	检查电压抽取（带电显示）装置	(1) 1 年； (2) 大修后	
11	SF_6 气体泄漏试验	(1) 大修后； (2) 必要时	
12	压力表及密度继电器校验	1～3 年	
13	五防功能检查	(1) 1～3 年； (2) 大修后	

重合器、分段器、油分段器、真空分段器等其他型式开关试验项目、要求、周期见 DL/T 596。

（9）电力电缆预防性试验。电力电缆预防性试验项目、周期和要求应按照 DL/T 596 的规定和制造厂技术要求执行。试验项目、周期以及本次是否需要进应记录明确，见表 5-21。

表 5-21   电力电缆预防性试验计划

序号	项目	周期	本次大修是否进行，如不进行其原因为何
1	绝缘电阻	大修时	
2	直流耐压或交流耐压	大修时	

(10) 母线预防性试验。

1) 封闭母线预防性试验。封闭母线预防性试验项目、周期和要求应符合 DL/T 596 的规定。试验项目、周期以及本次是否需要进应记录明确，见表 5-22。

表 5-22　　　　　　　　　　　　封闭母线预防性试验计划

序号	项目	周期	本次大修是否进行，如不进行其原因为何
1	绝缘电阻	大修时	
2	交流耐压试验	大修时	

2) 一般母线预防性试验。一般母线预防性试验项目、周期和要求应符合 DL/T 596 的规定。试验项目、周期以及本次是否需要进应记录明确，见表 5-23。

表 5-23　　　　　　　　　　　　一般母线预防性试验计划

序号	项目	周期	本次大修是否进行，如不进行其原因为何
1	绝缘电阻	(1) 1~3 年； (2) 大修时	
2	交流耐压试验	(1) 1~3 年； (2) 大修时	

(11) 其他设备预防性试验。其他电气一次设备如接地装置、避雷器、绝缘子等的预防性试验项目、周期和要求应符合 DL/T 596 的规定，试验周期应结合机组检修机会或有针对性地进行。

(二) 电气二次

5.1.1.3　一般要求

(1) 利用机组 A、B、C 级检修以及电网停电检修计划等停电机会，进行二次（保护、综合自动化、直流、励磁）专业应进行的定期检验、试验、技改、装置内部参数变更等工作。

(2) 继电保护安全自动装置定期检验应严格按照 DL/T 995 及有关继电保护装置检验规程、反事故措施等相关规定的周期、项目及各级主管部门批准执行的标准化作业指导书内容进行。220kV 电压等级及以上继电保护装置的全部检验及部分检验周期见表 5-24 和表 5-25。其他电压等级保护装置可参照执行。

表 5-24 全部检验周期

编号	设备类型	全部校验周期/年	定义范围说明
1	微机型保护装置	6	包括装置引入端子外的交、直流及操作回路以及涉及的辅助继电器、操作机构的辅助触点、直流控制回路的自动开关等
2	非微机型保护装置	4	
3	保护专用光纤通道，复用光纤或微波连接通道	6	指站端保护装置连接用光纤通道及光电转换装置
4	保护用载波通道的加工设备（包含与通信复用、自动装置合用且由其他部门负责维护的设备）	6	涉及如下相应的加工设备：高频电缆、结合滤波器、差接网络，分频器

表 5-25 部分校验周期

编号	设备类型	部分检验周期/年	定义范围说明
1	微机型装置	2~4	包括装置引入端子外的交、直流及操作回路以及涉及的辅助继电器、操作机构的辅助触点、直流控制回路的自动开关等
2	非微机型装置	1	
3	保护专用光纤通道，复用光纤或微波连接通道	2~4	指光头擦拭、收信裕度测试等
4	保护用载波通道的加工设备（包含与通信复用、自动装置合用且由其他部门负责维护的设备）	2~4	指传输衰耗、收信裕度测试等

（3）制定部分检验周期计划时，设备的运行维护部门可视保护装置的电压等级、制造质量、运行工况、运行环境与条件，适当缩短其检验周期，增加检验项目。具体如下：

1）新安装保护装置投运后一年内应进行第一次全部检验。在装置第二次全部检验后，若发现装置运行情况较差或已暴露出缺陷，可考虑适当缩短部分检验周期，并有目的、有重点地选择检验项目。

2）110kV 电压等级的微机型保护装置宜每 2~4 年进行一次部分检验，每 6 年进行一次全部检验；非微机型保护装置参照 220kV 及以上电压等级同类保护装置的检验周期。

3）利用保护装置进行断路器的跳合闸试验宜与一次设备检修结合进行。必要时可进行补充检验。

（4）母线差动保护、断路器失灵保护及电网安全自动装置投切发电机组、切除负荷、切除线路或变压器等设备的跳合断路器试验，允许用导通方法分别证实至每个断路器跳闸回路接线的正确性。条件允许情况下进行实际带断路器传动试验。

（5）未经检验的保护装置不允许投入运行。保护装置的检验项目见表 5-26。

表 5-26　　　　　　　　　　　常规保护装置检验项目

序号	检验项目	新安装	全部检验	部分检验
1	检验前准备工作	√	√	√
2	TA、TV 检验	√	—	—
3	TA、TV 二次回路检验	√	√	√
4	二次回路绝缘检查	√	√	√
5	装置外部检查	√	√	√
6	装置绝缘试验	√	—	—
7	装置上电检查	√	√	√
8	工作电源检查	√	√	√
9	模数变换系统检验	√	√	√
10	开关量输入回路检验	√	√	√
11	输出触点及输出信号检查	√	√	√
12	事件记录功能	√	√	√
13	安全稳定控制装置信息传递和启动判据检查	√	√	√
14	纵联保护通道检验	√	√	√
15	操作箱检验	√	—	—
16	整组试验	√	√	√
17	与厂站自动化系统、继电保护及故障信息管理系统配合检验	√	√	√
18	装置投运	√	√	√

（6）因检修或更换一次设备（断路器、电流和电压互感器）所进行的检验，应由运行维护单位继电保护部门根据一次设备检修（更换）的性质，确定其检验项目。

（7）运行中的保护装置经过较大的更改或装置的二次回路变动后，均应由运行维护单位继电保护部门进行检验，并按其工作性质确定其检验项目。

（8）凡保护装置发生异常或装置不正确动作且原因不明时，均由运行维护单位继电保护部门根据事故情况，有目的的拟定具体检验项目及检验顺序，尽快进行事故后检验。检验工作结束后，应及时提出报告，按设备调度管辖权限上报备查。

（9）安全自动装置、综合自动化及直流系统设备宜参照 DL/T 995 中关于厂站自动化系统检验周期、项目进行定期的检验、检查。

（10）检查调度端及厂站端应配备全站统一的卫星时钟设备和网络授时设备，对站内各种系统和设备的时钟进行统一校正，对时准确、可靠。

（11）应根据《国家能源局关于印发〈防止电力生产事故的二十五项重点要求〉的通

知》(国能安全〔2014〕161 号)及最新相关规程要求内容,及时排查设备、设计等缺陷及隐患并及时整改。

5.1.1.4　试验项目、内容及方法

机组进入检修期后,电气专业二次检修人员应根据前期制定的检修试验计划逐步进行。试验计划应依据 DL/T 995、DL/T 724 等相关规程要求制定,项目的制定应按厂内设备比对相关规程,防止缺项漏项。

(1)发变组保护装置校验。发变组保护是用于保护发电机和变压器的直接设备,保护装置逻辑的正确性及动作值的准确性直接影响对发变组保护的效果,所以应结合规程要求检修周期及机组大修时间对发变组保护装置进行校验,试验人员可以为电厂内部人员也可外委进行,试验耗时一台机在 3~4 天。以南瑞公司生产的 PCS985 保护装置为例介绍校验过程及方法。

1)外回路绝缘检查。

2)装置在非额定电压(80%~115%额定电压)下工作检查。

3)上电后保护装置程序版本检查。

4)开入开出接点检查。

依次投入和退出屏上相应压板或相应开入接点,检查液晶显示"保护状态"子菜单中"开入量状态"正确。依次开出相应保护以及相应开出接点,观察面板显示与逻辑图相符合,用万用表测量状态正确。结果应实际记录。

5)交流回路检查。退出保护屏所有出口压板,断开电压、电流回路与外部连接,从端子上电压、电流回路依次加入电压、电流。检查误差符合技术参数要求。采样结果应如实记录。

6)保护逻辑及动作值校验。应对装置中的各种保护逻辑及动作值进行校验,逻辑是否正确以及动作值是否与定值相符应如实记录。

7)非电量保护校验。投入相应的非电量保护及保护压板,检查保护动作时发信和出口接点。

应对开入回路中的中间继电器动作电压进行校验,范围在 55%~70%额定直流电压以内,且其动作功率不小于 5W。

8)保护装置定值检查。

9)恢复临时所作措施。

(2)故障录波装置校验。故障录波装置是监视和记录电气量的装置,日常运行时可

以实时监视接入故障录波中的模拟量及开关量，当接入电气量有突变并达到所设突变量定值时故障录波装置会自动记录当前一段时间的各接入量的波形，为分析异常运行或故障提供依据。试验人员可以为电厂内部人员也可外委进行，试验耗时一台机在2～3天。以南京航天银山电气有限公司生产的YS-900A电力故障录波分析装置为例介绍校验过程及方法。

1）外观及回路接线检查，检查结果应详细记录。

2）回路绝缘检测。用电阻测试仪表检查回路对地及相间绝缘，绝缘检查结果应如实记录。

3）装置在（80％～115％）额定电压下工作情况，工作情况应如实记录。

4）电流采样检查。

5）电压采样检查。

6）电流通道启动测试。

7）电压通道启动测试。

8）开关量通道检查。

（3）同期装置校验。同期装置是机组与电网并列的装置，目前的发电机组绝大多数采用此方式并网。并网成功与否取决于同期装置性能的好坏，所以应结合同期装置的检修周期及机组检修计划进行校验。试验人员可以为电厂内部人员也可外委进行，试验耗时一台机在2～3天。以某公司生产的SID-2AF发电机微机同期装置为例介绍校验过程及方法。

1）外观及接线检查。

2）回路绝缘检测。

3）装置在（80％～115％）额定电压下工作情况检查。

4）电压回路采样检验。

5）频率采样检验。

6）同期屏上继电器检验。

7）装置功能检验。

在同期装置端子排上外加系统侧及待并侧电压，固定系统侧电压为57.74V（装置转角变补偿到100V）频率为50Hz，改变待并侧的电压和频率，注意观察装置面板上的指示灯，进行各项功能校验。

① 压差检查，应包括电压高发降压指令、电压低发生压指令以及允许合闸电压范围

检验，结果应如实记录。

② 频差检查，应包括频率高发减速指令、频率低发加速指令以及允许合闸频率范围检验，结果应如实记录。

8）信号及出口校验。

（4）厂用快切装置校验。常用快切装置是在机组故障停机或非正常运行下，将厂用电由高压厂用变压器切换至启动备用变压器带的装置，是保厂用电的第一道防线。快切装置性能的好坏直接影响厂用电的安全。所以结合快切装置的检验周期及机组检修计划来检验快切装置。试验人员可以为电厂内部人员也可外委进行，试验耗时一台机在 1～2 天。以江苏金智科技股份有限公司生产的 MFC2000-6 型微机厂用电快速切换装置为例介绍校验过程及方法。

1）外观及接线检查。

2）回路绝缘检测。

3）装置在（80%～115%）额定电压下工作情况检查。

4）开入、开出功能检查。

5）采样校验。

6）功能校验。应对快切装置中各种切换逻辑及定值进行校验，保证快切装置的逻辑正确性及动作值准确性。

7）快切闭锁功能检查。模拟各种闭锁条件，装置应能正确闭锁，报警信号正确。

（5）厂用系统二次装置校验。厂用系统二次装置主要涉及各开关的综保及马保装置，校验步骤及方法与发变组保护装置相似，校验时应注意项目齐全，防止缺项漏项。这里不再赘述。

（6）直流系统试验。直流系统包括蓄电池组、充电装置、直流监控装置的试验以及直流断路器级差配合试验。应根据《国家能源局关于印发〈防止电力生产事故的二十五项重点要求〉的通知》（国能安全〔2014〕161 号）及 DL/T 724 的要求进行。具体包括：

1）蓄电池充放电试验。

2）直流充电模块绝缘电阻测试。

3）直流充电模块稳流、稳压精度、纹波系数测试。

4）直流充电模块保护及报警功能试验。

5）绝缘监测装置电阻测试。

6）绝缘监测装置接地报警值、报警功能试验。

7）绝缘监测装置电压测量功能检验。

8）直流断路器的级差配合试验。

（7）励磁系统励磁装置校验。励磁系统的作用是给旋转发电机提供磁场，使发电机的动能转化为电能的重要系统，励磁装置性能的好坏直接影响机组发电的性能。所以应结合机组大修对励磁装置进行校验。试验人员可以为电厂内部人员也可外委进行，试验耗时每台机在 2～3 天。以 ABB 公司生产的 UN6800A 型自并励静止晶闸管整流励磁系统为例介绍校验过程及方法。

1）励磁调节柜。①电源回路。确认两路直流 220V 和三路交流 220V 工作电源及控制电源接线位置正确，绝缘良好，给上各路电源后调节器工作正常。②起励回路。起励电源接线位置正确，绝缘良好，经检查输出极性正确。③励磁调节器 TV、TA 回路。励磁调节器 TV、TA 回路接线位置正确，回路绝缘良好。④加热器、照明及冷却风扇。加热器、照明及冷却风扇工作正常。⑤励磁调节器输入输出回路。励磁调节器输入输出回路接线位置正确。

2）整流器柜。①电源电路。三个整流柜风机工作电源回路、整流柜表计回路正确，回路绝缘良好。②控制及测量回路。整流柜控制回路接线完好、符合施工图纸。整流柜与灭磁柜接口连接完毕。

3）灭磁及转子过压保护柜。①控制电源及操作回路。灭磁开关控制电源及操作回路接线正确，绝缘良好。②灭磁开关就地传动。灭磁开关操作回路良好，分、合灭磁开关，开关动作及指示正确，辅助接点接触良好。③灭磁开关自身保护整定完毕，符合出厂设定。

4）交流进线柜。外观良好、各电源变接线牢固、位置正确。

5）模拟通道校验。①定子电压校验，应记录详细。②定子电流校验，应记录详细。③功率、功率因数校验，应分别记录不同功率因数下的各对应值。

6）限制功能及自身保护功能校验。应校验每一种励磁调节器自身所带限制功能和保护的逻辑正确性、动作值的准确性。

7）起励试验。给上起励电源及灭磁开关控制电源，操作起励按钮，确认起励极性正确。

8）模拟负载试验及整流桥输出波形检查（小电流试验）。应对每个整流柜分别进行一次整流试验，再进行全部整流柜实验，试验数据应记录齐全。

9）开关量检查。①开入量检查；②开出量检查。

（8）升压站各二次装置校验。升压站二次装置包括各种设备保护装置、故障录波、测控、安自以及直流系统和 UPS 系统涉及的二次装置。由于这部分设备及装置的校验还需结合电网的方式计划，厂内需考虑此影响，提前做好计划，确保校验时机的合理性。校验方法与厂内各二次装置的校验方法类似，这里不再赘述。

（9）保护级 TA 校验。应对各类型保护装置所用 TA 进行校验，确定 TA 的伏安特性是否合理。如不合理应及时维修或更换。

（三）电测

由于电测专业的特殊性，重要表计的校验需要有相关资质的单位进行。电厂人员需要对所属管辖范围内的表计校验周期有详细记录及了解。并结合机组检修机会对所属设备的表计进行送检或自检。

（1）电能表现场周期误差检验。运行中的电能计量装置应定期进行电能表现场检验，要求如下：Ⅰ类电能计量装置宜每 6 个月现场检验一次。Ⅱ类电能计量装置宜每 12 个月现场检验一次。Ⅲ类电能计量装置宜每 24 个月现场检验一次。

（2）互感器现场检验。检验周期：电磁式电流、电压互感器的检验周期不得超过 10 年，电容式电压互感器的检验周期不得超过 4 年。检定方法应参照 JJG 1021—2007《电力互感器检定规程》要求执行。

（3）电测量变送器周期检验。检验周期：电力系统主要测点所使用的变送器，应每年定检 1 次，如变送器稳定性良好，则允许定检周期适当加长，但最长不得超过 3 年；非主要测点变送器的定检周期最长不得超过 3 年。变送器的定检要尽可能配合其一次设备的检修进行。

测试方法依据 JJG 126—1995《交流电量变换为直流电量电工测量变送器检定规程》和 DL 410—1991《电工测量变送器运行管理规程》，误差测量时，应按被检变送器的准确度等级和相应的检定要求，选择合适的标准器及测量设备，使用规程中推荐的方法进行误差测试。

（4）测控装置周期检验。检验周期：装置应至少 3 年检验校准一次，如装置稳定性良好，则可将复校间隔时间适当延长。装置的检验应尽可能与相关一次设备的检修配合进行。

（5）配电盘（控制盘）仪表（包括电测指示仪表、数字显示仪表）周期检定。检验周期：配电盘（控制盘）仪表检验周期一般不超过 2 年，检验时间应与该仪表所连接的主要设备的大修日期一致。

5.1.2 冷态验收前电气分部试运

（一）电气一次

冷态验收前电气一次专业应将厂用部分电机、开关等设备检查、清扫、试验项目进行完毕，保障机务专业正常开展冷态验收。与此同时应有计划地进行发变组侧以及升压站侧的试验。

5.1.2.1 发电机

（1）氢内冷转子进行通风试验（发电机转子通风试验）。

进行转子通风试验是为检查转子端部通风道及槽部通风道是否存在堵塞和不畅通现象。

1）试验使用仪器设备：鼓风机、电子翼轮式风速测试仪、压力计。

2）试验原理。

① 转子端部通风道检验。

a. 起动鼓风机，用改变鼓风机入口面积的方法，将专用蜗壳式进风室内的风压调整到 1000Pa。

b. 取出需检验风道的出风孔内的专用橡胶塞，接通切向光电风速仪，把风速仪入口插入出风孔内，记录显示仪上的稳定数据。

c. 用上述方法对转子励端、汽端各个通风道进行检验，然后用专用橡皮塞堵住所有出风孔。

② 转子槽部通风道检验。

a. 本试验转子槽部检验方法为单风道检验法。通过橡皮管从套在端部的专用蜗壳式进风室给各风道单独通风。供风方法为靠近励端风区内的风道从汽端取风，靠近汽端风区内的风道从励端取风，从励端数起 Z_2、Z_4 风区从汽端取风，Z_6、Z_8 风区从励端取风，如图 5-2 所示。

b. 起动鼓风机，把引风橡胶管接入专用蜗壳式进风室内，调整其风压使引风橡胶管出口处风压为 1000Pa。

c. 取出需检验风道的进、出风孔内的专用橡胶塞，将橡胶管的出风口接到进风孔上，接通切向光电风速仪，把风速仪入口插入出风孔内，此时显示仪示数应为零，否

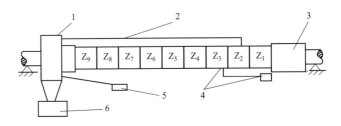

图 5-2　转子通风试验原理图

1—专用蜗壳式进风室；2—橡胶管；3—转子励端护环；

4—切向光电风速仪及显示仪；5—压力计；6—鼓风机；$Z_1 \sim Z_9$—转子各风区

则通过取掉被检验风道所在槽内靠近专用蜗壳式进风室的一些出风孔内的橡皮塞来调整零值。

d. 将橡胶管的出风口接到风孔上，尽量防止进、出风孔漏风，记录显示仪上的稳定数据。

3）试验数据换算。用测量到的风速乘以换算系数，即可得到通风道内的等效风速。换算系数的计算方法

$$K = S/(S_1 \times \sin\alpha) \tag{5-3}$$

式中　K——换算系数；

　　S——风速仪测量处的过流面积，单位为 m^2；

　　S_1——单匝线圈上单个风孔面积，单位为 m^2；

　　α——通风道内流速方向与转子轴向夹角，对转子槽部通风道取锐角，对转子端部通风道取 $90°$。

厂家提供等效风速换算系数。

4）试验结果。应将转子端部通风道检验结果、转子线圈槽部通风道检验结果与规程要求进行比较，得到试验结论。

（2）定子绕组内部水系统流通性（发电机定子绕组内冷水分支流量试验）。

1）使用仪器：超声波流量仪。

2）试验方法及步骤。

① 向发电机内冷水箱注满符合要求的内冷水。

② 启动内冷水水泵，逐步提高发电机定子内冷水入口压力至正常运行时内冷水压力，检测过程中维持内冷水系统闭式循环运行。

③ 用超声计对内冷水总流量、励端全部的定子线棒、定子引线、出线套管的内冷水

流量逐件进行测量。

④ 按被检件编号或名称进行流量数值的记录。

⑤ 按定子线棒、定子引线、出线套管分类计算平衡流量，并计算出各被检件与对应平均流量的相对差值。

3) 评定要求。

① 定子线棒：不超过整台线棒内冷水流量平均值的－15%，对超标的应在汽端对相关线棒内冷水流量进行检测，综合判断被测线棒内冷水流通状况。

② 定子引线：不超过整台引线内冷水流量平均值的－15%。

③ 出线套管：不超过整台套管内冷水流量平均值的－15%。

对上述流量超标的被检件，应与历史检测数据比较，进行综合判断和处理。

（3）定子绕组端部手包绝缘施加直流电压测量（定子绕组端部手包绝缘表面对地电位测试）。

发电机定子绕组端部手包绝缘施加直流电压测量，可以发现发电机端部手包绝缘的缺陷；在发电机三相线圈泄漏电流严重不平衡时可以避免采用烫开定子接头的方法，在不损坏定子结构的条件下查找局部缺陷；可以发现定子接头处空心铜线焊接及质量造成的渗漏隐患。

1) 试验使用仪器设备：直流高压试验装置、数字式发电机泄漏测试仪。

2) 试验原理。

基于检测的安全性问题，在定子绕组通水加压状态下，定子绕组端部手包绝缘表面对地电位测试采用正接线法进行，其测试原理为：首先，将要测试的手包绝缘部位包上锡箔纸，经微安表并串接 100MΩ 电阻接地；其次，将定子三相绕组在出线端首尾相连并短接，施加与额定电压相同的直流电压；测量手包绝缘外锡箔纸处的对地电压值。定子绕组端部手包绝缘表面对地电位测试原理接线图，如图 5-3 所示。

3) 试验条件。

① 转子应抽出。

② 现场应提供一定容量的电源（380V 50A）和必要的吊装设备及人员，清理试验现场及发电机周围杂物（包括出线处），发电机周围准备适量灭火器材。

③ 检查发电机定子出线已断开并保持足够安全距离，非试验侧封闭母线短路接地，转子线圈短路接地。

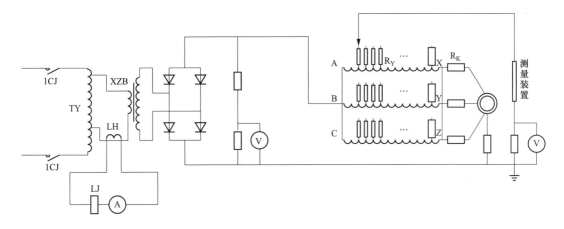

图 5-3 定子绕组端部手包绝缘表面对地电位测试原理接线图

TY—调压器；XZB—谐振变压器；R_Y—并头套手包绝缘电阻；R_K—白管水阻

④ 检测发电机出线套管电流互感器绝缘电阻后，二次绕组短路接地；定子测温元件经绝缘及直阻测试后，将其全部可靠接地。发电机周围准备适量灭火器材。

⑤ 对水内冷发电机，水质应透明、纯净，无机械杂质；水质导电率在水温 25℃时应不大于 $0.5\mu S/cm$。

⑥ 测量汇水管对地绝缘应达到 30kΩ 以上，汇水管对绕组绝缘应达到 100kΩ 以上，绕组间及对地绝缘 1000MΩ 以上。

4）试验方法。

依据规程 DL/T 1768—2017《旋转电机预防性试验规程》及试验原理，发电机定子绕组端部手包绝缘表面对地电位测试采用正接线法进行。对发电机定子绕组施加发电机额定直流电压。

5）试验步骤。

① 用锡箔纸把励端和汽端手包绝缘包裹住。

② 用绝缘电阻表测量三相绕组绝缘电阻、吸收比。

③ 将试验高压引线与发电机三相相绕组连接（绕组首尾短接），发电机转子短路接地。

④ 在打开工频谐振试验装置的操作台电源前检查试验变压器气隙在零位（在空试时应确认降到零）。

⑤ 合操作台电源隔离开关，合操作台面板的控制电源，检查降压指示灯应亮，检查下降气隙指示灯应亮。电源电流表在零位，电源电压表在零位。

⑥ 合电源回路接触器合闸按钮（合闸指示灯应亮）。

⑦ 升压到发电机额定直流电压，用测试杆分别测量汽励两侧的并头套和锥形绝缘铝薄纸表面对地电位和泄漏电流并且做好记录。若试验数据超出标准应分析原因，重复测量。

⑧ 断开电源回路接触器按钮，断开操作台面板的控制电源，断开操作台电源隔离开关。

⑨ 用放电杆对试验回路进行放电。

⑩ 记录绝缘电阻及泄漏电流，断开试验电源，对被试品充分放电，恢复现场，整理仪器。

6）试验结果判断依据。根据 DL/T 1768—2017《旋转电机预防性试验规程》规定，发电机定子绕组端部手包绝缘表面对地电位的限值要求为：大修时，测量电压限值 2000V。应将发电机定子绕组励侧端部手包绝缘表面对地电位测试数据、汽侧端部手包绝缘表面对地电位测试数据与规程要求比较得出试验结论。

（4）定子绕组端部电晕（发电机定子绕组端部紫外电晕检测）。由于发电机定子绕组防晕层和绝缘存在缺陷，运行中频繁出现定子绕组端部严重电晕、放电甚至绝缘损坏的情况。为了有效查找发电机定子绕组端部的电晕缺陷位置，判别其严重程度，提高发电机检修中提前发现和处理缺陷的能力和水平，开展发电机定子绕组端部紫外电晕检测。

1）试验使用仪器设备。日盲型紫外成像仪、成套谐振耐压试验装置。

2）试验原理。在绝缘较差或局部电场过于集中的绝缘表面，因气体电离出现的局部放电，即为电晕放电或表面电晕。试验采用成套工频谐振振耐压装置和日盲型紫外成像仪。成套工频谐振振耐压装置包括：XZB 谐振试验变压器、GXZ 谐振试验装置控制台、TDCD 电动式接触调压器、阻容分压器等主要部件。利用 XZB 谐振变压器的两套独立的高压绕组给发电机定子绕组施加交流电压，用日盲型紫外成像仪观测电晕放电现象，根据检测到的光子数判断电晕等级和位置，为检修工作提供指导。定子绕组施加电压原理接线图，如图 5-4 所示。

3）试验条件。

① 对被检测电机的要求。

a. 发电机转子应抽出，将定子绕组的所有测温元件、定子绕组的振动传感器等附加测量元件在引出端子箱处短接接地。发电机定子绕组应具备交流耐压的试验条件。

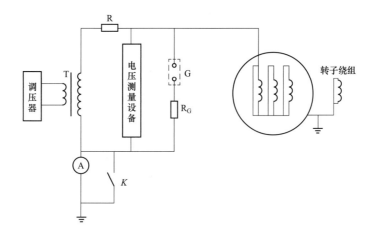

图 5-4　定子绕组施加电压原理接线图

T—XZB 谐振变压器；R—主回路保护电阻；G—保护球隙；

R_G—球隙保护电阻；K—安培表保护隔离开关

b. 对水内冷发电机，水质应透明、纯净，无机械杂质；水质导电率在水温 25℃时应不大于 $0.5\mu S/cm$。

c. 测量汇水管对地绝缘应达到 $30k\Omega$ 以上，汇水管对绕组绝缘应达到 $100k\Omega$ 以上，绕组间及对地绝缘 $1000M\Omega$ 以上。

d. 应在电晕检测前对被检测电机端部的绕组表面进行污秽清理。若需要了解绕组端部在脏污情况下的电晕情况，亦可在污秽清理前进行检测，但此时的检测结果不宜按照《发电机定子绕组端部电晕检测与评定导则》中的相关条款进行评价。

② 对检测环境的要求。

a. 检测时应停止发电机平台照明及电焊施工。

b. 检测时的环境温度应处于 5～40℃，相对湿度应小于 80%。当环境温度和湿度不在此范围内时，应在评估时考虑其对测量数据和测量结果的影响。

c. 在使用日盲型紫外成像装置进行检测时，宜在没有阳光直射的自然光下进行。当需要采用人工辅助光源进行照明时，应在加压前使用紫外成像设备对被检测部位进行扫描。在探测的最大增益下，测试背景光子数 Ne 应不大于日盲型紫外成像装置标定时最大增益下的起始电晕光子数 Nc 的 5%。

4）试验方法。

依据规程 DL/T 298—2011《发电机定子绕组端部电晕检测与评定导则》及试验原理，试验采用日盲型紫外成像装置，对发电机端部紫外电晕情况进行检测。

5）试验步骤。

① 关闭发电机平台照明，停止电焊施工，紫外成像仪开机，记录背景光子数。

② 发电机定子绕组三相短接，由于该发电机为氢气冷却方式，需施加 1 倍额定相电压，用紫外成像仪对其定子线棒端部绕组同相内和相绕组对地进行全面扫描。

③ 在同一方向或同一视场内观测电晕放电部位，并选择检测的最佳位置，在安全距离允许的范围内和图像内容完整的情况下，记录不同位置电晕光子数，并保存图像。

④ 发电机定子绕组两相接地，单相加压，施加 1 倍额定线电压，用紫外成像仪对其定子线棒异相间进行全面扫描。

⑤ 在同一方向或同一视场内观测电晕放电部位，并选择检测的最佳位置，在安全距离允许的范围内和图像内容完整的情况下，记录不同位置电晕光子数，并保存图像。

⑥ 分别完成三相间电晕试验后，施加电压降为零，关闭紫外成像仪。

6）试验结果判断依据。规程 DL/T 298—2011《发电机定子绕组端部电晕检测与评定导则》第 8.1.1 条规定，发电机定子绕组端部紫外电晕检测第一阶段（同相内电晕）的检测结果评定依据，详见表 5-27；第二阶段（异相间电晕）的检测结果评定依据，详见表 5-28。

表 5-27   第一阶段（同相内电晕）的检测结果判定依据

光子数（N）	检修方式
$N \leqslant 2N_e$	合格，本次检修时不需进行处理
$N > 2N_e$	本次检修时应进行处理

注：N_e 为测试背景光子数

表 5-28   第二阶段（异相间电晕）的检测结果判定依据

光子数（N）	电晕饱和强度（D）	检修方式
$(N-N_e) < N_c$	—	合格，本次检修时不需进行处理
$N_c \leqslant (N-N_e) \leqslant 4N_c$	1～1.09	在现场条件具备时，应进行处理，若条件不具备，在下次检修时进行复测
$N_c \leqslant (N-N_e) \leqslant 4N_c$	>1.1	本次检修时需要进行处理
$(N-N_e) > 4N_c$	—	本次检修时需要进行处理

注：若实测的 N_e 远小于 N_c 的 5%，可用 N 代替（$N-N_e$）。

应将测试数据与规程要求比较得出试验结论。

（5）定子绕组端部动态特性和振动测量。近年来，随着发电容量和电磁负荷的增大，在运行时定子端部绕组在强大交变电磁力作用下产生的振动，有时将导致绕组及其固定结构松动、绝缘磨损、股线变形断裂和疲劳断裂、绑带断开、鼻端及引线焊缝振裂渗漏水、相间短路、定子端部铁芯齿及固定拉紧螺杆断裂等现象而导致事故的发生。这些事故具有突发性和难于简单修复的特点，损失往往极为严重。为了解发电机端部绕组的振动特性，进行发电机定子绕组端部固有频率测量试验和发电机定子绕组端部整体模态分析试验，为机组今后长期安全运行提供技术依据。

1）使用仪器设备。动态信号调理一体机、模态分析软件、力锤及力传感器、加速度传感器。

2）试验项目。

① 发电机定子绕组端部固有频率测量试验。

② 发电机定子绕组端部整体模态试验。

3）试验条件。

① 发电机定子绕组端部固有频率测量试验及整体模态分析试验在发电机冷态下（停机抽出发电机转子，未通水情况下）进行。

② 试验现场需要接220V交流电源。

③ 试验要求室温环境。

4）试验测点。

① 发电机定子绕组端部固有频率测量试验测点布置。

在发电机励侧绕组端部线棒鼻端 1 点钟、3 点钟、5 点钟、7 点钟、9 点钟、11 点钟六支线棒上，分径向、切向共布置 12 个测点。测点编号以励磁机侧发电机端水平左测点起顺时针编号，发电机定子绕组端部固有频率试验测点布置图，如图 5-5 所示。

② 发电机定子绕组端部整体模态分析试验测点布置。

把发电机的汽、励两端绕组沿轴向位置两个剖面各布置 36 个测点，一个剖面（外圈）

图 5-5 发电机定子绕组端部固有频率测量试验测点布置图

布置在靠近线棒的鼻端处，另一个剖面（内圈）布置在线棒渐伸线的中部位置。整体试验的激励点（或响应点）布置在端部压板 6 点钟（底端）的中部位置。该发电机定子共布置 72 个测点，电机定子汽、励侧第一号槽棒为第一个测点，顺时针沿周向到 36 个测点共设 72 个测点，汽、励两侧线棒频率测点为 36 个测点一一对应。定子汽、励侧绕组

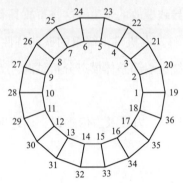

图 5-6 发电机定子绕组端部
整体模态分析试验测点布置图

端部结构模态试验时在汽、励侧绕组端部线棒鼻端处各布置了 36 个测点。各测点顺时针沿周向鼻端均匀分布。发电机定子绕组端部整体模态分析试验测点布置图，如图 5-6 所示。

5）试验方法。发电机定子绕组端部动态特性和振动测量试验采用锤击法，本次试验采用多点激振一点响应法，用力锤轮流敲击定子绕组端部上的各点，向绕组端部提供一个瞬态的冲击力，用 CRAS 动态信号分析仪拾取端部绕组上各测点的径向的振动响应，再经模态分析软件对力信号和响应信号进行傅里叶变换分析处理，从而获得各点频响函数，对函数进行曲线拟合后得到定子绕组端部整体的模态频率、振型和阻尼等参数。试验用仪器设备接线，如图 5-7 所示。

图 5-7 试验用仪器设备接线

① 发电机定子绕组端部固有频率测量试验方法。发电机定子端部固有频率试验采用锤击法，使用黏性材料将加速度传感器固定在测点位置上，或使用人工方法将其固定。用力锤定点敲击定子绕组端部上某点，使用动态分析系统 CRAS 进行参数识别与测量，得到固有频率值。

② 发电机定子绕组端部整体模态分析试验方法。发电机定子绕组端部模态试验采用锤击法，用力锤定点敲击定子绕组端部上某点，使用黏性材料将加速度传感器固定在 6 点钟（底端）的中部位置，或使用人工方法将其固定。使用动态分析系统 CRAS 进行参数识别与测量绕组上各测点的振动响应，得到模态频率、振型和阻尼等模态参数。

6）测量次数。每一测点至少重复测量一次，并尽量保持锤击的方向和力度一致。

7）评定准则。

① 发电机定子绕组端部应该避开的固有频率范围。

大型汽轮发电机定子绕组端部应该避开的固有频率范围，见表 5-29。

表 5-29   大型汽轮发电机定子绕组端部应该避开的固有频率范围

额定转速（r/min）	相引线和主引线固有频率（Hz）	整体椭圆形固有频率（Hz）
3000	≤95，≥108	≤95，≥110
3600	≤114，≥130	≤114，≥132

② 发电机定子绕组端部整体模态评定。

a. 新机交接时，绕组端部整体模态频率在 95～110Hz 范围之内为不合格。

b. 已运行的发电机，绕组端部整体模态频率在 95～110Hz 范围内，且振型为椭圆，应采取措施对绕组端部进行处理。

c. 已运行的发电机，绕组端部整体模态频率在 95～110Hz 范围内，振型不是椭圆，应结合发电机历史情况综合分析：若绕组端部磨损严重或松动，应及时处理并复测模态；若无明显磨损，应加强监视，在具备条件时对绕组端部进行处理。

5.1.2.2　变压器

(1) 绕组介损。

1) 绕组连同套管的 $\tan\delta$（%）。

① 在进行任何接线和操作之前，首先将地线端子可靠接地。

② 试验前仔细检查接线是否正确，严禁在测量过程中断电。

③ 当按下测量键，并且仪器开始测量后，这时所有按键无效，如果发现设置错误，直接关闭总电源开关。

④ 同一变压器各绕组的 $\tan\delta$ 标准相同，测量温度以顶层油温为准，尽量在相近温度下试验。

⑤ 非被试绕组应接地或屏蔽。

⑥ 尽量在油温低于 50℃ 时测量，不同温度下的 $\tan\delta$ 值按下式换算 $\tan\delta_2 = \tan\delta_1 \times 1.3^{(t_2-t_1)/10}$ 式中 $\tan\delta_1$、$\tan\delta_2$ 分别为温度 t_1、t_2 时的 $\tan\delta$ 值。

⑦ 试验电压如下：

a. 绕组电压 10kV 及以上，试验电压 10kV；

b. 绕组电压 10kV 以下，额定电压 U_n。

⑧ 测试方法：

a. 高压侧介损用反接法，从中性点加压，加标准电压。低压侧绕组引出线短接接地。

b. 试验接线如图 5-8 所示。

2) 主绝缘及末屏绝缘。采用 2500V 绝缘电阻表测量，分别测量导电杆对末屏、末屏对地的绝缘电阻。试验接线如图 5-9 所示。

3) 主绝缘及电容型套管对地的 $\tan\delta$ 与电容量。

① 试验方法：主绝缘 $\tan\delta$ 及电容量测量，采用正接法。法兰等接地，末屏接测量仪信号端子，高压端接磁套。末屏对地 $\tan\delta$ 及电容量测量用反接线。当末屏对地绝缘电阻

低于 1000MΩ 时应测量末屏对地的 tanδ。试验接线如图 5-10 所示。

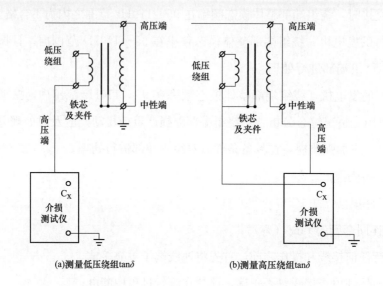

(a)测量低压绕组tanδ (b)测量高压绕组tanδ

图 5-8　试验用仪器设备接线

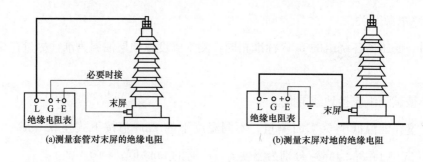

(a)测量套管对末屏的绝缘电阻 (b)测量末屏对地的绝缘电阻

图 5-9　试验用仪器设备接线

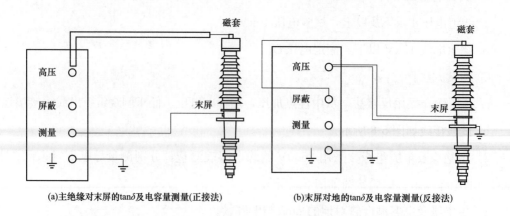

(a)主绝缘对末屏的tanδ及电容量测量(正接法) (b)末屏对地的tanδ及电容量测量(反接法)

图 5-10　试验用仪器设备接线

② 油纸电容型套管的 tanδ 一般不进行温度换算，当 tanδ 与出厂值或上一次测试值

比较有明显增长或接近表 5-30 数值时，应综合分析 tanδ 与温度、电压的关系。当 tanδ 随温度增加明显增大或试验电压由 10kV 升到 $U_m/\sqrt{3}$ 时，tanδ 增量超过 ±0.3％，不应继续运行。

表 5-30　　　　　　　　　　　　　　　　　　**tanδ**

电压等级（kV）		20～35	66～110	220～500	电压等级（kV）		20～35	66～110	220～500
大修后	充油型	3.0	1.5	1.5	运行中	充油型	3.5	1.5	1.5
	油纸电容型	1.0	1.0	0.8		油纸电容型	1.0	1.0	0.8
	胶纸电容型	2.0	1.5	1.0		胶纸电容型	3.0	1.5	1.0

③ 测量变压器套管 tanδ 时，与被试套管相连的所有绕组端子连在一起加压，其余绕组端子均接地，末屏接电桥，正接线测量。

（2）绕组直流电阻。

1）测量并记录环境温度和湿度，并记录变压器顶层油温平均值作为绕组绝缘温度。

2）试验时分接开关在各分接位上转换测量。

3）测量高压时分相测量即 A0、B0、C0，低压侧开路。测量低压各分支的电阻，并保证引线接触良好。

4）拆接测量引线时，必须确认直阻测量仪放电完毕，电源拉开，呼唱清楚。

5）试验每告一段落或试验结束时，被试设备须短路接地。

6）试验开始前，必须认真检查试验接线。测量时非被试线圈均应开路不能短接，在测量低压线圈时，电源开、合瞬间高电压线圈会感生较高的电压，应注意人身安全。

7）试验结束注意被试绕组对地放电。进行另一相直流电阻时，把接地线断开。

8）由于变压器的电感较大，电流稳定所需的时间较长，为了测量准确，必须等待稳定后再读数。

9）如电阻相间差在出厂时超过规定，制造厂已说明了这种偏差的原因，各相绕组电阻相互差别，不大于三相平均值的 2％；无中性点引线的绕组，线间差别不应大于三相平均值 1％。不同温度下的电阻值按式（5-4）换算。

$$R_2 = R_1\left(\frac{T + t_2}{T + t_1}\right) \tag{5-4}$$

式中：R_1、R_2 分别为在温度 t_1、t_2 时的电阻值；T 为电阻温度常数，铜导线取 235，铝导线取 225。

（3）绕组变形试验。

1）电抗法绕组变形试验。变压器绕组变形电抗法试验通过测量变压器绕组短路阻抗数据，检验变压器的制造工艺水平和判断冲击后对变压器绕组有无不良影响，分析判断变压器绕组是否存在变形以及绕组变形的严重程度。另外，通过测量保存变压器绕组参数，建立历史档案数据库，有利于数据的纵向比较，以帮助现场的快速诊断，为变压器的事故分析和维护检修提供必要的依据。

① 试验使用仪器设备。

绕组变形仪、万用表。

② 试验原理。变压器绕组短路阻抗与变压器绕组对地漏电感相对应。变压器绕组对地漏电感是两侧绕组相对位置的函数，与两侧绕组相对距离（同心圆的两个绕组的半径之差）成正比，与两侧绕组高度的算术平均值近似成反比。一般情况下，现场采用低电压短路阻抗法（伏安法）测量变压器绕组短路阻抗，其试验原理为：将变压器绕组对的低压侧绕组出线短接，在绕组对的高压侧施加试验电压，从而产生流经阻抗的电流，同时测量加在阻抗上的电流和电压，此电压、电流的基波分量的比值就是被试变压器绕组对的短路阻抗。采用低电压短路阻抗法测量变压器绕组短路阻抗时，要求短接用的导线须有足够的截面积并保持各出线端子接触良好，以减小引线的回路电阻。

③ 试验条件。

a. 被试变压器整体已安装完成。

b. 变压器铁芯、夹件及变压器外壳已可靠接地。

c. 变压器绝缘油试验及常规调试试验已完成，试验结果合格。

d. 被试变压器一、二次均已做好安全隔离措施。

④ 试验方法。

a. 绕组对选择。

先测量含高压绕组的各绕组对的绕组参数，并在绕组对的高压侧施加测试电压。若测试结果无异常，可不再继续测试；若测试发现异常时，除应继续测量相关绕组对的绕组参数之外，还应短接异常绕组对的高压绕组，在较低电压侧加压测试。

b. 分接位置。

交接时，被加压绕组和被短接绕组均包含最高分接位置、额定分接位置、最低分接位置；其他检测时机，测试运行分接位置。如有异常时可测量其他分接位置。

c. 接线方式。

加压绕组为 YN 接线的三相变压器，三相绕组参数测试可采用三相四线法接线，试验接线明细，见表 5-31。试验接线图，如图 5-11（以高压—低压为例）所示。

表 5-31 试验接线明细

测试绕组对	加压绕组	短接绕组
高压—中压	高压	中压
高压—低压	高压	低压
中压—低压	中压	低压

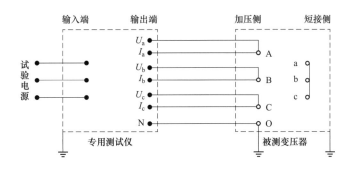

图 5-11 试验接线图

短接线及其接触电阻的总阻抗值需不大于绕组对短路侧等值阻抗的 0.1%。测变压器的绕组参数时，测试系统引向被试变压器的电流线和电压线需分开；对加压侧绕组为 YN 接线的三相变压器，用三相法测试时，变压器被加压绕组的中性点（N）和测试系统的中性点均已牢固接地。

⑤ 试验步骤。

a. 依照 DL/T 1093—2018《电力变压器绕组变形的电抗法检测判断导则》5.2.2 公式（3）的要求，进行试验电流的计算。若试验电流超过仪器的最大输入电流电压时，则使用调压器。

b. 依照 DL/T 1093—2018《电力变压器绕组变形的电抗法检测判断导则》5.2.2 中的规定，计算试验视在功率，选择容量合适的试验电源。

c. 按照 DL/T 1093—2018《电力变压器绕组变形的电抗法检测判断导则》要求，调节分接开关位置，在最高分接位置、额定分接位置、最低分接位置分别开展低电压阻抗测试。

d. 按试验接线明细表连接试验测试线和短接线。短接绕组的短接线通流能力必须大于短接绕组的额定电流，测试线和短接线与被试变压器一次侧接头必须牢靠且接触面积足够大。

e. 将控制装置连接至仪器终端启动测试程序。

f. 设置低电压短路阻抗测试相关参数：线圈材质和各绕组的额定电压、额定容量、接线方式、短路阻抗、负载损耗等信息。

g. 开始低电压短路阻抗试验：在变压器加压绕组加电，待试验电压稳定后，开始试验数据采集。

h. 完成低电压短路阻抗试验数据采集后，变压器加压绕组断电，断开试验电源，对被试品充分放电。

i. 更换试验接线及分接位置，完成所有绕组对测试。

⑥ 试验结果判断依据。

规程 DL/T 1093—2018《电力变压器绕组变形的电抗法检测判断导则》第 6 条"绕组变形的判断"中规定：每次检测后，均应分析同一参数的三个单相值的互差（横比）和同一参数值与原始数据和历史数据的相比之差（纵比）。其相关注意值要求如下：

a. 纵比。容量 100MVA 及以下且电压 220kV 以下的电力变压器绕组参数的相对变化不应大于±2.0%；容量 100MVA 以上或电压 220kV 及以上的电力变压器绕组参数的相对变化不应大于±1.6%。

b. 横比。容量 100MVA 及以下且电压 220kV 以下的电力交压器绕组 3 个单相参数的最大相对互差不应大于 2.5%；容量 100MVA 以上或电压 220kV 及以上的电力变压器绕组 3 个单相参数的最大相对互差不应大于 2.0%。

试验所得数据应与规程中规定的横比、纵比注意值相比较，得到试验结果。

2）频响法绕组变形试验。

变压器绕组的幅频响应特性测试是检测变压器各个绕组的幅频响应特性，对检测结果进行纵向或横向比较，分析变压器绕组幅频响应特性的变化，根据幅频响应特性的差异，分析判断变压器可能发生的绕组变形。另外，通过开展变压器绕组的幅频响应特性测试，获取变压器各个绕组的幅频响应特性，作为历史数据留存，为日后分析变压器绕组变形提供必要的依据。

① 试验使用仪器设备。

绕组变形仪、万用表。

② 试验原理。

在较高频率的电压作用下，变压器的每个绕组均可视为一个由线性电阻、电感（互感）、电容等分布参数构成的无源线性双口网络，其内部特性可通过传递函数 $H(j\omega)$ 描述。如果绕组发生变形，绕组内部的分布电感、电容等参数必然改变，导致其等效网络传递函数 $H(j\omega)$ 的零点和极点发生变化，使网络的频率响应特性发生变化。

用频率响应分析法检测变压器绕组变形，是通过检测变压器各个绕组的幅频响应特性，并对检测结果进行纵向或横向比较，根据幅频响应特性的差异，判断变压器可能发生的绕组变形。

变压器绕组的幅频响应特性采用图 5-12 所示的频率扫描方式获得。连续改变外施弦波激励源 U_s 的频率 f（角频率 $\omega = 2\pi f$），测量在不同频率下的响应端电压 U_2 和激励端电压 U_1 的信号幅值之比，获得指定激励端和响应端情况下绕组的幅频响应曲线。

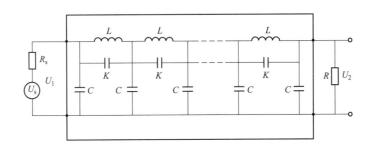

图 5-12　频率响应分析法检测回路

L—绕组单位长度的分布电感；K—绕组单位长度的分布电容；C—绕组单位长度的对地分布电容；

U_1、U_2—等效网络的激励端电压和响应端电压；U_s—正弦波激励信号源电压；

R_s—信号激励源输出阻抗；R—匹配电阻

③ 试验条件。

a. 被试变压器整体已安装完成。

b. 变压器绕组变形检测之前已对绕组充分放电。

c. 检测前已拆除与变压器套管端部相连的所有引线，并使拆除的引线尽可能远离被测变压器套管。

d. 变压器绕组变形检测之前，分接开关的位置已调节在最大分接位置处。

e. 检测现场所提供 AC220V 电源存在干扰，已通过隔离电源对检测设备供电。

④ 试验方法。

根据变压器绕组的联结结构，按照表 5-32 选定被测绕组的激励端（输入端）和响应端（输出端），扫频信号应从绕组的末端注入，首端输出，非被试绕组悬空。所有接线均应稳定、可靠，应使用专用的接线夹具，减小接触电阻。对同一台或同型号变压器宜采用相同的接线方式。激励端和响应端上的测试电缆及接地引线均可沿套管的瓷套引下。接地线不能缠绕，应就近与变压器的金属箱体进行电气连接，以保持良好的高频接地性能。

表 5-32 试验接线明细

联结组别	被试绕组	注入点	测量点	接地点
YN 联结组别	A 相	0 相	A 相	铁芯、夹件、外壳
	B 相	0 相	B 相	铁芯、夹件、外壳
	C 相	0 相	C 相	铁芯、夹件、外壳
△联结组别	a 相	c 相	a 相	铁芯、夹件、外壳
	b 相	a 相	b 相	铁芯、夹件、外壳
	c 相	b 相	c 相	铁芯、夹件、外壳

⑤ 试验步骤。

a. 按联结组别进行对应试验接线，将测试线接入被试绕组两端，所有接线均应稳定、可靠，减小接触电阻，屏蔽线牢固接地。

b. 被试变压器分接开关操作至最大分接位置。

c. 连接测试仪器与电脑，通过电脑启动测试软件。

d. 通过测试电脑输入被试变压器铭牌，打开测试仪电源开关，用专用串口线将测试仪与笔记本电脑连接。

e. 开始试验，根据接线要求从被试相尾端注入高频信号，记录幅频响应特性曲线。

f. 更换试验接线，完成所有绕组测试。

g. 采集完毕，关闭笔记本电脑及测试仪的电源。

⑥ 试验结果判断依据。

规程 DL/T 911—2016《电力变压器绕组变形的频率响应分析法》第 7 条"绕组变形分析判断"规定：用表 5-33 所示的相关系数辅助判断变压器绕组变形程度。

表 5-33 相关系数与变压器绕组变形程度关系

绕组变形程度	相关系数 R
严重变形	$R_{LF}<0.6$
明显变形	$1.0>R_{LF}\geqslant0.6$ 或 $R_{MF}<0.6$
轻度变形	$2.0>R_{LF}\geqslant1.0$ 或 $0.6\leqslant R_{MF}<1.0$
正常绕组	$R_{LF}\geqslant2.0$ 和 $R_{MF}\geqslant1.0$ 和 $R_{HF}\geqslant0.6$

注：R_{LF} 为曲线在低频段（1～100kHz）内的相关系数；R_{MF} 为曲线在低频段（100～600kHz）内的相关系数；R_{HF} 为曲线在低频段（600～1000kHz）内的相关系数。

⑦ 试验数据及分析。

应对变压器各侧绕组三相频率响应特征曲线相关系数与规程中要求进行对比，得到结论。

（二）电气二次

冷态验收前电气二次专业应将厂用部分保护、二次回路等装置检查、清扫、试验项目进行完毕，保障机务专业正常开展冷态验收，并配合机务专业分部试运。

5.1.2.3　发电机变压器组系统

（1）保护用电流互感器特性试验（极性、变比、伏安特性、二次负载测试、回路直流电阻测量）。

（2）保护、控制、信号二次回路传动试验。

（3）保护带开关整体传动试验。

5.1.2.4　故障录波器系统

（1）电流互感器特性试验（极性、变比、伏安特性、二次负载测试、回路直流电阻测量）。

（2）回路传动试验。

5.1.2.5　同期系统

（1）控制、信号二次回路传动试验。

（2）同期带开关整体传动试验。

5.1.2.6　厂用快切系统

（1）控制、信号二次回路传动试验。

（2）快切带开关整体传动试验（条件不允许时可量出口或使用模断代替进行）。

5.1.2.7　厂用系统

（1）保护用电流互感器特性试验（极性、变比、伏安特性、二次负载测试、回路直流电阻测量）。

（2）保护、控制、信号二次回路传动试验。

（3）保护带开关整组传动试验。

5.1.2.8　直流系统

（1）直流充电模块并机均流试验。

（2）直流充电模块显示及功能试验。

（3）直流充电模块电压调整功能试验。

（4）绝缘监测装置电压测量功能检验。

5.1.2.9 交流不停电系统 （UPS）

（1）信号回路传动。

（2）切换试验、电压调整试验。

5.1.2.10 励磁系统检验

（1）控制、信号二次回路传动试验。

（2）保护柜跳灭磁开关整体传动试验。

（三）电测

冷态验收前电气二次专业应将厂用部分测控、配电盘表等装置检查、清扫、试验项目进行完毕，确保电测设备正常投运。保障机务专业正常开展冷态验收。

5.2 启动前机组冷态下电气试验

5.2.1 保安段切换试验

5.2.1.1 试验应具备的条件

（1）准备好有关的图纸及厂家资料。

（2）准备好下列表计：万用表、相序表、绝缘电阻表。

（3）试验范围内的一、二次设备检修工作结束。

（4）柴油发电机本体检修完毕，就地/远方启停机及操作台紧急启动按钮传动正确。

（5）保护整定完毕，控制、信号回路经传动试验正确，保护回路整组通电检查正确。

（6）有关的测量仪表、变送器、指示灯光等应全部检修完毕，可投入使用。

（7）DCS 监控系统投运正常。

（8）在控制室、保安段、柴油发电机室布置监护人员，配备 2~3 对无线对讲机，保证通信设备完好、畅通。

5.2.1.2 安全措施

（1）所有切换试验系统内的一、二次设备处，必须配备充足的消防器材，可靠的通信器材和足够的照明设备。

（2）试验期间应统一指挥，所有人员均应在现场值班，以保证试验的安全、顺利进行。

（3）试验期间操作人员应严格按照运行规程和操作票制度进行，其他人员不得擅自进行操作。

（4）试验期间受电范围内严禁无关人员进行施工，如有需要应经试验指挥人员同意，并办理相关工作票。

（5）试验期间一旦发生异常情况应立即停止试验并报告相关领导。

（6）试验期间由试验指挥统一、合理安排保安段负荷，并确保运行人员熟知应急危险点及应急操作方法，以保证试验期间机组的安全。

5.2.1.3 柴油机启停试验

（1）按操作员台上紧急启机按钮发出起机指令，启动柴油发电机。

（2）当柴油发电机升压、升速到额定电压、额定频率后，自动合上柴油发电机出口开关断路器 QF。

（3）检查 DCS 后台柴油发电机所有测量信号是否正确。

（4）由 DCS 发出起停机指令，启动、停止柴油发电机。

5.2.1.4 保安段切换试验

（1）试验前尽可能将保安段上能带负荷全部启动。试验前自动切换开关处于主路运行供电。

（2）模拟主路电源失电，这时自动切换开关感受到失电，延时切换到备用电源带保安段。模拟主路电源恢复供电，自动切换开关切换回主路带保安段负载。

（3）模拟主路、备用路电源失电极端情况。这时自动切换开关感受到厂用失电，同时发指令启动柴油发电机，待柴油发电机启动，电压达到正常电压后，自动合柴油发电机馈线开关 QF，同时自动切换开关切换至柴油发电机组侧，保安段由柴油发电机供电。保安段所带负荷能否自动启动，并记录保安段失电到柴油发电机出口开关合闸的时间，根据保安段失电时间调整负荷的自启停时间定值。

（4）恢复备用路工作电源，保安段切换至由保安备用电源段供电。恢复主路工作电源，保安段切换至由主路段供电。

5.2.2 备自投及双电源切换试验

厂用段上的备自投设备原理与保安段相仿，都是保证负荷在主路电源失电情况下切换至备用路电源供电。以保证负荷安全稳定运行。在完成单体设备试验（包括一次、二次、电测试验）后，整套启动前运行人员应进行各备自投切换试验。

重要油站为确保系统供电可靠性，一般除设备正常用交流电源还会同时配置备用直流电源，防止交流失电情况下发生断油烧瓦事故。所以整套启动前运行人员应进行双电源切换试验。

5.2.3 UPS 切换试验

在完成 UPS 单机及分系统相关试验后在起机前，运行人员应进行 UPS 的切换试验。验证切换逻辑的正确性，保证在发生极端情况下 UPS 系统能正确带电。

5.2.4 机、炉、电大联锁试验

（1）电跳机试验。随机抽取发变组 A、B、C 柜各一种全停保护，模拟保护动作，与热工专业传动电跳机逻辑。每面保护柜与热工之间的逻辑联系应正确无误。DCS 应能正确接收到保护柜发送跳闸信号。保证发变组侧发生故障时，安全稳定停机。

（2）机跳电试验。如条件允许，应将发变组各侧开关（并网开关、灭磁开关、厂用工作分支开关等）合闸，实际模拟机跳电逻辑正确性。发变组侧在接收到 DCS 发出跳闸指令后应能正确跳开发变组侧开关。保证机务侧发生故障时，跳开相应开关，与电网解列。

5.2.5 氢冷发电机的整体气密性试验

（1）试验条件。

1）发电机内冷水、密封油、氢气系统具备投运条件；各系统的表计应全部恢复正常。

2）发电机本体电气、汽轮机、热工专业工作应全部结束，人孔门封堵完毕；对发电机密封系统各部位做一次全面检查。

3）对发电机所用压缩空气进行排污，发电机充压缩空气管路滤网清扫检查合格，所用压缩空气并经微水化验合格后使用。

（2）验收标准。

1）定子单独气密：额定压力下漏空气量不得大于 $0.73m^3/24h$。

2）整体气密：发电机漏空气量不得大于 $2.9m^3/24h$。

（3）试验步骤。

1）运行人员提前开启压缩空气管道至发电机氢气系统管道上的排污门，充分排污。

2）由运行人员将发电机充气切换至压缩空气系统阀门上，将发电机充氢气系统阀门关闭。

3）检查密封油系统投入运行，运行人员负责监视发电机风压，并跟踪调整密封油压和风压的压力差。

4）当机内风压升至 0.1MPa 时，将内冷水系统及氢冷器投入正常运行，并调整水压与氢压差值在允许范围内。

5）待机内压力升至 0.3MPa 时，关闭压缩空气进气门，此时运行人员负责检查压缩空气系统各阀门有无渗漏现象。

6）当确认无渗漏存在时，开始保压，运行人员应每小时记录一次发电机内部油压、风压变化情况，同时注意观察发电机内部温度，并每 2h 测量一次发电机转子绝缘情况。

7）保压时间为 24h，此间，检修人员应对发电机人孔门，氢气冷却器端盖、密封瓦、转子引线、测温元件板，各密封面以及氢系统的阀门、仪表、氢气干燥器等部位进行全面系统的检查，确认是否有渗漏现象。

8）打风压验收标准：当周围大气压和温度不变的情况下，空压≥0.3MPa 时，规定发电机风压下降最大允许值不超过 $2.9m^3/24h$ 为合格（即发电机转子静止或盘车时）。

（4）安全及质量保证措施。

1）发电机内冷水质合格，并符合发电机正常运行条件，即导电度≤$1.8\mu s/cm$，硬度≤$2.0\mu g$ 当量/L，pH 值 7~8。

2）发电机充压使用的压缩空气，必须始终保持干燥清洁，应定期打开排污门，排放污水。

3）机内充压过程中，应随时跟踪调整密封油系统和水冷系统的压力，保持油压、风压，水压三者之间的差压在允许范围内，不得使发电机内进油或进水。

4）严防补压过程中，CO_2、H_2 误漏发电机内。

5）保压试验开始后氢气系统不再进行其他操作，运行人员密切注意发电机内气体压力变化，并随时计算发电机的漏气量。

6）试验过程中保证大机盘车和密封油系统的安全稳定运行。

5.3 修后机组热态下电气试验

5.3.1 发电机转子绕组交流阻抗、绝缘电阻试验

测试转子绕组在不同转速下交流阻抗，用于判断转子绕组是否存在匝间短路及磁通不对称现象。

（1）试验使用仪器设备。超低谐波隔离型调压器、交流阻抗测试仪、无功补偿箱。

（2）试验原理。使用工频调压器对转子绕组施加与出厂测试值或上次试验时相同的工频试验电压，利用交流阻抗测试仪记录转子绕组不同转速下的交流阻抗和损耗。如果转子绕组出现匝间短路，则转子绕组有效匝数就会减小，其交流阻抗就会减小，损耗会有所增大。因此，通过测量转子绕组交流阻抗和功率损耗，与历次试验数据相比，可以有效地判断转子绕组是否有匝间短路。

（3）试验条件。

1）根据机组检修的不同阶段，可在静止、旋转、膛内、膛外状态下进行测量。

2）试验时，应退出转子接地保护并断开转子绕组与励磁系统的电气连接。

3）在膛内进行测量时，应断开转子接地保护的熔丝，定子绕组三相不应短接。

4）水内冷转子在通水测量时，应采用隔离变压器加压。

（4）试验方法。

按图 5-13 要求进行接线，并应按照下列步骤进行测试：

1）静态下转子交流阻抗测量：首先，用导线将集电环或径向导电螺栓与测试电源相连接；其次，测量并记录电压、电流、有功功率。

2）旋转状态下转子交流阻抗测量：首先，用装在绝缘刷架上的电刷将测试电源接到集电环上；其次，测量并记录电压、电流、功率。

（5）试验步骤。

1）试验前，确认转子绕组的励磁回路已全部断开并验电。

2）现场封闭：对试验现场进行封闭，用围栏或绳子将试验现场围起，并悬挂标示牌。

3）按图 5-13 要求进行接线，带电空试以检查试验设备和各仪器仪表是否正常。

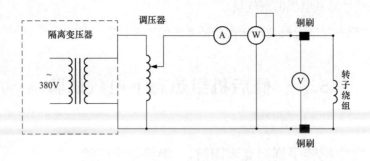

图 5-13　试验接线图

4）对于额定励磁电压在 400V 及以下的绕组，施加的电压一般考虑为其电压峰值等于额定励磁电压。对于额定励磁电压在 400V 以上的绕组时，电压可适当降低。

5）用铜电刷通过滑环向转子绕组施加交流电压，同时读取电流、电压和功率损耗值。

6）应在静止状态下的定子腔内、腔外和在超速试验前后的额定转速下分别测量，每种工况都应在几个不同的电压下进行测量。

7）试验完毕后，断开电源，然后需检查试验仪表是否正常。

8）记录温度和湿度。

（6）试验结果判断依据。

依据规程 DL/T 1525—2016《隐极同步发电机转子匝间短路故障诊断导则》的规定，新机组交接试验时，留存不同转速下的交流阻抗试验数据作为历史数据，以供日后比对。

5.3.2　发电机-变压器组短路试验

进行发变组短路试验用以检验发电机励磁系统和发电机定子一、二次电流是否正常，检验机组检修的质量，确保机组安全、稳定、经济的投入使用。

（1）试验使用仪器设备。

电量记录分析仪、万用表。

（2）试验原理。

发电机在额定转速下，机端电压为零时，录取机端电流和励磁电流关系曲线如图 5-14 所示。

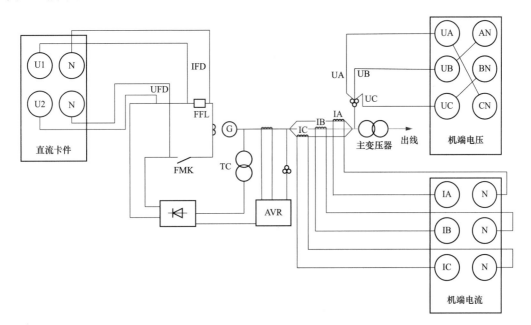

图 5-14　发电机短路特性试验设备接线图

（3）试验条件。

1）外观检查。对照图纸观察，一次系统连接是否紧固、接线是否正确、阳极相序是否符合励磁装置要求，跨接器、过压保护、尖峰吸收装置、灭磁电阻等是否符合设计要求，励磁调节器的跳线设置是否正确，记录结果。注意对照图纸实物是否相符，母排及连接处不要有锈蚀现象。

2）外部接线检查。检查一次、二次回路接线是否符合设计图纸、是否符合励磁系统要求。

3）电源检查。检查所有电源绝缘、极性和大小，检查空气开关或保险容量是否符合要求，三相交流电源注意相序，记录检查结果。注意一定要用绝缘电阻表进行绝缘检查，分别测量装置工作电源模块输入、输出是否在允许范围内。

4）变送器、互感器及霍尔元件等检查。核对产品型号、量程等是否符合要求并做好记录。注意核对输入输出量程、精度。

5）模拟量、开关量输入输出检查。检查各量是否对应，量程设置是否正确，远传是否正确，检查励磁调节器采样，做好记录。仔细核对每个信号的含义及逻辑，对各模拟量要进行校验。

6）检查短路试验电源绝缘、相序，核对临时保护定值整定是否准确，做好记录。对试验电源开关就地操作事先进行检查，保护要可靠，试验电源保护定值根据试验要求设置。

（4）试验步骤。

1）按照发电机短路特性试验设备接线图进行接线。

2）发电机二次设备端接线由现场励磁变厂家负责，在确认无误后方可连接便携式电量记录分析仪端。

3）发电机出口三相稳态短路试验，试验过程中密切监视发电机定子温度。

4）发电机所有出口保护除跳灭磁开关保护外全部退出；6kV临时试验开关容量足够，试验电缆已通过交流耐压试验，投入过流速断保护和零序电流保护；设备挂接地线已拆除；试验设备远离灭磁开关柜；试验设接线可靠牢固。发电机过电压保护定值更改为 $0.3U_n$，作用时间改为0s或最小值。

5）将与设备连接所用的笔记本电脑IP地址更改为设备连接地址。

6）进入TK系列便携式电量记录分析软件，选择任意试验选项，点击新建按钮。在参数设置中，输入试验名称、试验环境等信息，并依据发电机的具体铭牌参数，对机端电压、机端电流、励磁电压、励磁电流的通道和参数进行设置。

7）试验开始后，当机端电压或机端电流上升至每个测试位置时，点击软件记录按钮，将该点信息进行记录保存。试验结束后，点击特性试验中的特性曲线选项，在 x 轴选择励磁电流项，在 y 轴选择机端电流项。图中将生成短路特性曲线。

8）检查发电机出口短路母排连接好后，合厂用发变组试验电源间隔开关。

9）合灭磁开关，逐步增大励磁电流，升发电机定子电流至 $20\%I_n$。

10）检查发电机中性点、出口电流互感器二次回路电流幅值、相位及中性线上电流。

11）检查发电机差动保护，并作差动相量图，分析其接线正确性。所有 TA 回路检查正确后，逆变灭磁。

12）合灭磁开关，逐步增大励磁电流，录取发电机三相稳态短路特性曲线，分别做上升、下降两条曲线，其中电流最大不超过 1.1 倍额定电流。录取发电机三相稳态短路特性曲线，同时记录其他参数，并与出厂数据比较，结果应无较大差异。

13）核对发电机下列保护定值：发电机差动、主变压器差动、高压厂用变压器差动。

14）将发电机电流降到零，跳灭磁开关，断开厂用发变组试验电源间隔开关。在短路点处挂好临时接地线，拆除短路板，恢复封闭母线。

15）发变组短路试验，检查升压站短路线连接可靠，厂用短路小车在工作位置。

16）检查确认主变压器高压侧 TA 二次回路至母差保护装置连接片断开，且在就地端子箱短封接地。试验过程中密切监视发电机定子温度。

17）投入发电机出口 TV01、TV02、TV03、中性点变压器及其二次小开关。

18）核对主变压器、高压厂用变压器分接头实际位置。将主变压器、高压厂用变压器风冷系统投入。

19）投入相应保护，所有保护出口只投跳灭磁开关。

20）检查相关并网断路器、接地开关、隔离开关在断开位置，并派人在发电机、主变压器等处监视。退出励磁调节器中发变组出口断路器合闸辅助接点；通知热工退出 DEH 中发变组出口断路器的合闸辅助接点（热工并网带初负荷信号）。

21）合厂用备用间隔发电机试验电源开关，合灭磁开关，逐步增大励磁电流，升发电机定子电流至 $20\%I_n$。

22）检查发电机出口、中性点侧 TA，主变压器高压侧 TA，高压厂用变压器高、低压侧 TA，励磁变压器 TA 等二次回路电流幅值、相位及中性线上电流。

23）检查发电机差动、主变压器差动、高压厂用变压器差动保护，并做出差动相量图，分析接线正确性。

24）检查发电机、主变压器高压侧、高压厂用变压器高、低压侧各 TA 二次电流至故录、测控、计量的幅值、相序，检查操作员站的电流显示是否正确。上述工作结束后，将发电机电流降到零，跳开灭磁开关，断开厂用备用间隔发电机试验电源开关。

25）恢复过压保护定值整定。

26）在各短路点处挂好临时接地线，拆除点短路线。拆除升压站 TA 临时措施，恢复正式接线。

（5）试验结果判断依据。

试验结果应与上次试验结果进行对比，应无明显变化。同时将作为历史数据留存，以供日后比对。

5.3.3 发电机空载特性试验

空载试验是检验发电机励磁系统和发电机定子一、二次电压是否正常，检验机组检修的质量，确保机组安全、稳定、经济的投入使用。

（1）试验使用仪器设备。电量记录分析仪、万用表。

（2）试验原理。发电机在额定转速下，机端电流为零时，录取机端电压和励磁电流关系曲线如图5-15所示。

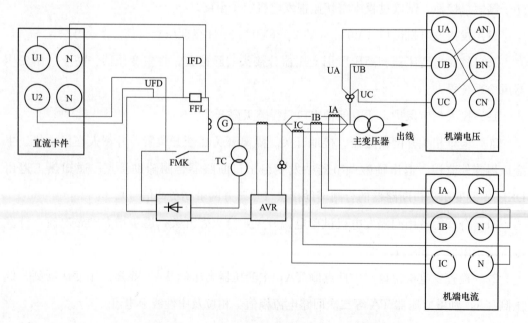

图 5-15　发电机空载特性试验设备接线图

（3）试验条件。

1）外观检查。对照图纸观察，一次系统连接是否紧固、接线是否正确、阳极相序是否符合励磁装置要求，跨接器、过压保护、尖峰吸收装置、灭磁电阻等是否符合设计要求，励磁调节器的跳线设置是否正确，记录结果。注意对照图纸实物是否相符，母排及连接处不要有锈蚀现象。

2）外部接线检查。检查一次、二次回路接线是否符合设计图纸、是否符合励磁系统要求。

3）电源检查。检查所有电源绝缘、极性和大小，检查空气开关或保险容量是否符合要求，三相交流电源注意相序，记录检查结果。注意一定要用绝缘电阻表进行绝缘检查，分别测量装置工作电源模块输入、输出是否在允许范围内。

4）变送器、互感器及霍尔元件等检查。

核对产品型号、量程等是否符合要求并做好记录。注意核对输入输出量程、精度。

5）模拟量、开关量输入输出检查。

检查各量是否对应，量程设置是否正确，远传是否正确，检查励磁调节器采样，做好记录。仔细核对每个信号的含义及逻辑，对各模拟量要进行校验。

6）检查空载试验电源绝缘、相序，核对临时保护定值整定是否准确，做好记录。对试验电源开关就地操作事先进行检查，保护要可靠，试验电源保护定值根据试验要求设置。

（4）试验步骤。

1）按照发电机空载特性试验设备接线图进行接线。

2）发电机二次设备端接线由现场励磁变厂家负责，在确认无误后方可连接便携式电量记录分析仪端。

3）试验前测量试验设备机端电压接线端两相之间绝缘电阻为 $0.5M\Omega$ 以上，且三相平衡，确认满足后方可启动仪器。

4）将与设备连接所用的笔记本电脑 IP 地址更改为设备连接地址。

5）进入便携式电量记录分析软件，选择任意试验选项，点击新建按钮。在参数设置中，输入试验名称、试验环境等信息，并依据发电机的具体铭牌参数，对机端电压、机端电流、励磁电压、励磁电流的通道和参数进行设置。

6）试验开始后，当机端电压或机端电流上升至每个测试位置时，点击软件记录按钮，将该点信息进行记录保存。试验结束后，点击特性试验中的特性曲线选项，在 x 轴选择励磁电流项，在 y 轴选择机端电压项。图中将生成空载特性曲线。

7）投入发电机出口三组 TV 及中性点 TV，投入发电机、主变压器、高压厂用变压器全部保护（至机炉联锁压板不投）。

8）试验前再次检查发电机、主变压器、高压厂用变压器本体及高压一次回路的情况。

9）派人到准备升压的各处监视。

10）检查隔离开关、接地开关在分位，并网断路器在断开位置，高压厂用变压器低压侧厂用段工作电源进线开关在间隔外。

11）合厂用备用间隔发电机试验电源开关，合灭磁开关，逐步增大励磁电流，升发电机定子电压至 $30\%U_n$，检查发电机出口及其中性点 TV、高压厂用工作进线 TV 带电情况有无异常。

12）继续升电压至 $100\%U_n$，检查 TV 二次电压、相序及主变压器、高压厂用变压器无载调压分接头正确性。测量 TV 开口三角电压 $3U_0$、发电机中性点电压。

13）进行发电机出口电压与 6kV 工作电源进线电压二次核相。

14）检查发电机-变压器组保护屏、电能表屏、变送器屏、录波器屏、励磁调节器屏、同期屏、发变组测控装置、PMU 的电压幅值和相序，检查操作员站的电压显示。

15）录取发电机空载特性曲线，并与出厂数据比较。录制空载特性曲线时，电压最高压加热器到 $1.05U_n$。

16）做发电机空载额定电压下灭磁时间常数试验。录取波形，记录电压下降至 $0.368U_n$ 时的时间。

17）灭磁后测量发电机定子残压和相序（二次电压）。

18）断开厂用发电机试验电源开关，做好安全措施，拆除临时电缆恢复励磁变压器一次接线。恢复发电机过电压保护正式定值。

（5）试验结果判断依据。试验结果应与上次试验结果进行对比，应无明显变化。同时将作为历史数据留存，以供日后比对。

5.3.4 励磁系统闭环试验

励磁系统闭环试验是实际测量励磁系统相关参数及性能，用以保证机组在并网后励磁系统能够安全稳定运行。

（1）试验使用仪器设备。电量记录分析仪、万用表。

（2）试验条件。

1）励磁调节器静态试验完成，试验结论合格。

2）励磁厂家尽量在场配合临时更改参数。

（3）试验步骤。合上调节器屏工作电源、灭磁开关操作电源空气开关、熔丝，合上各换流器屏冷却风机电源及起励电源。

1）零起升压试验。

① 调节器通道选择 1 微机通道运行，调节器选择 MAN 控制模式；合灭磁开关 MK，投励磁，采用就地控制手动升压至额定电压，同时注意观察电压分辨率（小于 2%）和给定电压调节速度（$1\%U_n$ 与 $3\%U_n$ 之间）。

② 在 AVR 方式下起励至 50% 额定电压，录取磁场电流和机端电压的起励过程曲线，计算起励过程的超调量、振荡次数、调整时间。

2）做 AVR（电压调节）和 MAN（电流调节）方式空载整定范围试验。分别在 AVR 和 MAN 方式下测定其空载整定范围，结果应符合设定参数（国标和行标要求自动方式调节范围 $70\% \sim 110\%U_n$，手动方式调节范围 $20\% \sim 110\%$）。

3）AVR 和 MAN 切换试验。发电机在空载额定工况下，分别对两个通道进行 AVR 和 MAN 的相互切换，记录切换过程中磁场电流和机端电压的变化曲线和数据，试验曲线应无明显波动。

4）双微机通道切换试验。发电机在空载额定工况下，调节器 1 号微机通道 AVR 方式下运行，手动切至 2 号微机通道，记录切换过程中磁场电流和机端电压的变化曲线和数据，试验曲线应无明显波动。按上述方法进行 1 号微机通道至 2 号微机通道的切换试验。

5）TV 断线试验。在发电机空载额定工况稳定运行状态下，分别断开一组 TV 的一相、两相、三相，将录波器测量电压取另外一组，记录断线时的发电机电压、励磁电压、励磁电流波形，观察调节器是否有报警；用另外一组 TV 进行相同的试验；两组 TV 均断线情况下的试验。

6）发电机空载阶跃响应试验。发电机在空载额定工况下运行，调节器在 AVR 方式下运行。由人机界面的动态试验菜单进行阶跃响应试验，依次进行 $\pm 5\%$、$\pm 10\%$ 阶跃响应试验。同时，记录磁场电流和机端电压的阶跃响应曲线。

7）V/Hz 限制试验。发电机在空载额定工况下运行，调节器在 AVR 方式下运行。改变 V/Hz 频率定值为 48Hz，降低同步发电机转速，当频率低于 48Hz 后，V/Hz 限制应动作；恢复发电机转速到额定转速，机端电压到空载额定工况，缓慢升高机端电压，当机端电压高于 110V 后，V/Hz 限制应动作（此项试验降低定值进行，定值可根据现场实际情况具体确定）。

8）发电机空载灭磁及转子过电压保护试验。

① 正常停机逆变灭磁。发电机在空载额定工况下，按正常停机程序逆变灭磁，录取灭磁过程的磁场电压、磁场电流和机端电压曲线。

② 手动逆变灭磁。发电机在空载额定工况下，采用手动逆变灭磁停机，录取灭磁过程的磁场电压、磁场电流和机端电压曲线。

③ 直接分开灭磁开关灭磁。发电机在空载额定工况下，直接分开灭磁开关，记录灭磁过程的磁场电压、磁场电流和机端电压曲线，测量灭磁时间常数。

④ 保护动作跳灭磁开关灭磁。发电机在空载额定工况下，保护动作分开灭磁开关，记录灭磁过程的磁场电压、磁场电流和机端电压曲线，测量灭磁时间常数。

（4）试验结果判断依据。

试验结果应与国标和行标对比，不应超出允许范围。

5.3.5 发电机轴电压测量

轴电压的测试是为了检查匝间是否存在短路现象。

（1）试验使用仪器设备。示波器、万用表、绝缘杆。

（2）试验步骤。

1）被测试发电机在额定电压、额定转速下空载和带不同负荷运行时，测量发电机大轴间的交流电压；对静态励磁的发电机，建议同时用示波器或录波仪测量轴电压波形。

2）测量前，应将轴上原有的接地保护电刷提起来。

3）发电机两侧轴与轴承用带有绝缘柄的铜丝刷短路，按图 5-16 用交流电压表（电压引线需经过铜刷触及推力轴承卜边）测量出发电机轴的电压 U_1。

4）将发电机轴与轴承用带有绝缘柄的铜丝刷短路，消除油膜压降，在励磁机侧，测量轴承支座与地之间的电压 U_2，如图 5-17 所示。

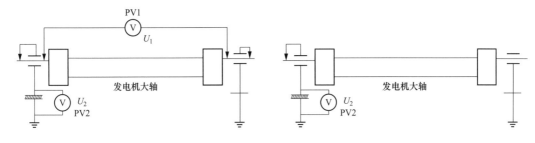

图 5-16 两端轴承短路测量轴电压 U_1 图 5-17 励磁侧轴承短路测量轴

对地电压 U_2

当 $U_1 \approx U_2$ 时，说明绝缘垫绝缘良好。

当 $U_1 > U_2$ 时，说明绝缘垫绝缘不好。

当 $U_1 < U_2$ 时，说明没有测量准确，应检查测量方法与仪表是否准确，重新测量。

5）测点表面与电压表引线应接触良好。

6）轴电压测试中，发电机大轴接地端（汽端）的轴承油膜被短路时，大轴非接地端（励端）轴承与机座间的电压应接近等于轴对机座的电压。发电机大轴非接地端（励端）的轴对地电压一般小于 20V。

5.3.6 同期回路定相试验

由于机组大修间隔较长或进行过同期系统接线变动，为防止在一次回路与同期并网回路不对应而造成非同期并网事故发生。需要进行同期回路定相试验。

（1）试验使用仪器设备。

万用表。

（2）试验条件。

1）机组并网前其他试验已经完成，一次系统恢复正式接线。

2）二次回路临时措施全部完成。

3）如待并测 TV 取自升压站内 TV，则需提前向调度申请借母线做发电机带母线同期定相试验。

4）检查发电机-变压器组间隔接地隔离开关在断开位置，并网断路器、母联断路器在断开位置。

（3）试验步骤。

1）合通往所借母线隔离开关，合并网断路器，用发电机带母线升压至发电机额定电压。

2）检查发变组机端 TV 电压指示正常。进行发变组机端电压与母线电压二次核相。

3）发电机同期装置电压回路检查。

在发电机同期屏测量母线电压、机组机端电压及相位关系。投入同期装置，在同期装置显示屏上观察并网断路器两侧电压幅值与相位关系，并观察压差与频差，结果应正确。

4）同期回路检查完毕后，降发电机电压为零，跳开灭磁开关。

5）断开并网断路器、通往所借母线隔离开关，向调度申请恢复正常运行方式并准备进行假同期试验。

5.3.7　假同期并列试验

假同期试验是在实际转速、额定电压下进行模拟同期并网试验。主要验证的是同期系统的调节性能及出口性能。

（1）试验条件。二次回路临时措施全部完成。

（2）试验步骤。

1）合灭磁开关，用励磁调节器升发电机电压至额定值。

2）检查同期装置指示情况，手动升、降电压或自动准同期升、降电压检查励磁调节器。

3）与汽轮机配合，检查自动准同期装置升、降转速信号。

4）用自动准同期装置做并网断路器假同期并列，合闸成功后断开并网断路器。

5）将发电机励磁电压降至最小，跳开灭磁开关。

6）恢复二次回路临时措施。

7）向调度汇报假同期试验结束，准备同期并网。

5.4　修后机组并网后电气试验

5.4.1　发电机并网后复验

自动同期并网后应检查各表计指示情况。检查发电机逆功率保护、发电机程序逆功率保护，并做出相量图。正确后投入逆功率保护、程序逆功率保护压板。厂用备用进线分支和工作进线分支进行一次侧、二次侧核相。在 50％和 100％负荷下检查差动保护的差流值。

5.4.2　励磁调节器试验

并网后带一定负荷下还需进行励磁调节器试验，用以检验励磁调节器带负荷性能。发电机并网后首先检查励磁调节器液晶屏发电机有功、无功显示是否准确。

（1）试验使用仪器设备。录波仪、万用表。

（2）试验条件。

1）机组将有功稳定在试验要求负荷下。

2）厂家应尽量在场配合修改参数。

（3）试验项目。

1）切换试验。发电机带 10％左右负荷时进行。包括手自动切换试验、1 通道与 2 通道的切换试验。

2）电压静差率及电压调差率测定。

3）发电机负载阶跃响应试验。

4）机组对系统电抗（X_d）测量。

有功负荷 50％以上、调整无功到合适的值、无功补偿功能退出，做好相关记录。

5）无功补偿功能检查。

6）均流试验。发电机并网运行后，50％额定无功（如果条件允许）的工况下，记录各换流器的输出电流以及总励磁电流值，计算各换流器的均流系数。

7）P/Q 限制器整定及检查。与发电机进相运行试验一同进行。

8）发电机负载灭磁试验。此项工作安排在 100％甩负荷试验时进行。

9）PSS 试验。新投产机组包括参数测定、参数整定、投切试验、反调试验。检修机组只需进行 5 年复核试验时。具体试验内容按 DL/T 1231 规定要求进行。

10）发电机励磁系统参数测试及建模试验。该试验是在机组新建，5 年复核试验结果不理想，涉及发电机组容量变更、励磁系统设备改造（包括重大软件升级）时进行，具体试验内容按 DL/T 1167 规定要求进行。

11）甩无功负荷试验（如需要）。

① 50％负荷工况下的甩无功负荷试验。发电机在负载 50％额定工况下，跳发电机-变压器组出口开关，录取灭磁过程的磁场电压、磁场电流和机端电压曲线。

② 100％负荷工况下的甩无功负荷试验。发电机在负载100％额定工况下，跳发电机-变压器组出口开关，录取灭磁过程的磁场电压、磁场电流和机端电压曲线。

5.4.3　发电机谐波定子接地保护整定试验

机组并网前后，机端等值容抗有较大的变化，因此三次谐波电压比率关系也随之变化。大修后机组再次并网时应重新检查保护装置界面三次谐波比率，核实保护定值的正确性。

5.4.4　厂用电切换试验

厂用电并网后切换试验是实际检验带负荷下厂用电切换装置性能。

（1）试验使用仪器设备。

一次核相器、万用表。

（2）试验条件。

1）机组带30％额定负荷。

2）为防止切换不成功导致厂用电源失电，应安排好机组运行方式，做好事故预想、措施防止厂用电源切换不成功带来的影响。

（3）试验步骤。

1）厂用段工作分支开关在切换前应进行一次核相，结果应正确。

2）厂用段工作分支TV与厂用母线TV二次核相，结果应正确。

3）微机厂用电源快速切换装置带负荷切换试验前，测量6kV母线电压与工作分支电压的二次压差、相角差。如压差、相角差符合切换要求才可以进行切换。

4）检查厂用快切装置面板显示电压，断路器位置，TV位置正确，无闭锁及其他异常情况，检查快切装置屏上断路器的分、合闸压板均在投入位置。在DCS画面上手动合工作电源进线开关，工作电源与备用电源短时环并运行，记录环流，拉开工作电源开关。快切装置选择并联方式，手动启动快切装置，装置自动合厂用段工作电源进线开关，跳开备用电源进线开关。分别进行工作—备用、备用—工作切换试验。

5）模拟保护动作切换厂用电源，工作电源跳开后，备用电源自动合上。

6）试验结束后在装置处打印并留存试验数据。

5.4.5　发电机进相试验

进相试验反映机组进相能力。应在机组新建，发电机组容量变更、励磁系统设备改造（包括重大软件升级）时进行，具体试验内容按 DL/T 1523 规定要求进行。

（1）试验条件。

1）试验分三阶段进行，分别向调度申请将负荷稳定 50%、75%、100%。

2）备齐计算功角所需参数。

3）集控室试验用电脑具备操作权限，操作人员应为厂内运行人员且应听从试验人员指挥。

4）操作画面上的模拟量（有功、无功、各段电压、功率因数等）应准确无误。

（2）试验步骤。

1）将发电机组的有功负荷固定在某一值。

2）通过调节发电机组的励磁系统，使得发电机在功率因数为 0.95、1.00 及某一超前值（由试验具体情况而定）运行。

3）观察并记录发电机组的调压效果及发电机组在上述工况运行下的参数（如发电机有功、无功、电压、电流、功角、温度、温升等）。

4）得到不同负荷下的进相深度。

5.4.6　自动电压控制（AVC）试验

AVC 试验是反映电网控制发电机组电压调节能力的试验。应在机组新建，发电厂主要设备、相关控制系统发生重大改变或增容改造、AVC 调节范围产生变化，所接入电网特性发生较大变化时进行。

（1）试验条件。

1）AVC 静态试验已经完成，且与电网相关部门通信无误。

2）进相试验已经进行，且试验结果应报于电网相关部门。AVC 定值已准确输入。

（2）试验步骤。

1）进行 AVC 遥信状态传送。主要包含信号信息。

2）接收主站指令，确认机组 AVC 执行终端增磁、减磁出口压板。调度主站下发 5 次不同的指令信息，同一时刻比较主站下发指令值和中控单元显示值，记录试验结果。确认主站 AVC 与子站 AVC 通信正常，子站 AVC 能正确接收主站 AVC 下发指令值。

3) 远方控制调节性能。确认投入 AVC 装置执行终端增/减磁出口压板，将子站 AVC 系统转为远方控制模式。子站系统根据主站下发母线电压目标值进行实际调控，分别在发电机 50%、75%、100% 负荷下观察发电机无功及母线电压调节效果并进行记录。

第6章

热工检修试验

火力发电厂热工检修试验包括修后机组冷态下试验如锅炉、汽轮机侧热工单体试验和冷态验收前分部试运、启动前机组冷态下试验和修后机组并网后试验。

热工检修主要包括对 DAS、SCS、MCS、ECS、CCS、FSSS、BPS、DEH、MEH、TSI、机组外围及辅助设备控制系统等的单体及分系统进行检修调试及相关试验，也包括在火电厂逐渐应用的现场总线的检修调试等。

DAS（数据采集系统），是采用数字计算机系统对工艺系统和设备的运行测量参数进行采集，对采集结果进行处理、记录、显示和报警，还可对机组的运行参数进行计算和分析，并提出运行指导的数据采集和处理系统；SCS（顺序控制系统），是按照规定时间或逻辑顺序，对某一工艺系统或辅机的多个终端控制元件进行一系列操作的控制系统；MCS（模拟量控制系统），是对锅炉、汽轮机及辅助系统的过程参数进行连续自动调节的控制系统，包括过程参数的自动补偿和计算，自动调节、控制方式的无扰切换，以及偏差报警等功能；FSSS（锅炉炉膛安全监控系统），是保证锅炉燃烧系统中各设备按规定的操作顺序和条件安全启停、投切，并能在危急工况下迅速切断进入锅炉炉膛的全部燃料（包括点火燃料），防止爆燃、爆炸等破坏性事故发生，保证炉膛安全的保护和控制系统，炉膛安全监控系统包括炉膛安全系统和燃烧器控制系统；BPS（汽轮机旁路控制系统），是汽轮机旁路系统的自动投切控制及旁路出口蒸汽压力、温度模拟量控制系统；DEH（汽轮机电液控制系统），是采用计算机控制装置与液压执行机构，实现对汽轮机进行调节、保护的控制系统；TSI（汽轮机监视仪表与保护系统），是连续测量汽轮机的转速、振动、胀差、位移等机械参数，并将测量结果送入控制系统、保护系统等用于控制变量及运行人员监视的自动化系统。

现场总线，是一个数字化的串行、双向传输、多分支结构的通信网络系统，用于工厂、车间仪表和控制设备的局域网，近年来，主要在火力发电厂的外围及辅助设备控制系统中应用较多，也有在发电机组主机部分系统中应用。

APS（单元机组自启停控制），是对包括锅炉、汽轮发电机组及相应辅助系统和辅助设备的单元机组，按启停的操作规律实现自动启动和自动停止的控制，通常在整个启停顺序中设置若干个需要有人工确认的断点。近年来，越来越多的火力发电厂应用该机组控制技术，有效提高了国产火力发电机组整体的自动化运行控制水平。

热工专业 A 级检修单体调试、分部试运及冷态验收试验项目见表 6-1。

表 6-1　　　　热工专业 A 级检修单体调试、分部试运及冷态验收试验项目

序号	试验项目	进行阶段
1	锅炉、汽轮机侧压力开关、变送器、热电偶、热电阻及就地仪表等一次元件检查及校验	冷态
2	锅炉、汽轮机侧电磁阀、执行机构检查与检修调试	冷态
3	I/O 信号回路测试	冷态
4	DAS、SCS、MCS、FSSS、BPS、DEH、TSI 等各系统单体设备及分系统调试	冷态
5	现场总线调试	冷态

热工专业 A 级检修后汽轮机整套启动前完成的检修试验项目见表 6-2。

表 6-2　　　　热工专业 A 级检修后汽轮机整套启动并网前检修试验项目

序号	试验项目	进行阶段
1	DCS（分散控制系统）系统性能测试	冷态
2	一次调频静态试验	冷态
3	RB（辅机故障跳闸）静态试验	冷态
4	APS（单元机组自启停控制）试验	冷态

热工专业 A 级检修后机组并网后检修试验项目见表 6-3。

表 6-3　　　　热工专业 A 级检修后机组并网后检修试验项目

序号	试验项目	进行阶段
1	一次调频动态试验	50%、75%、100%额定负荷
2	自动控制系统扰动试验	50%～100%额定负荷
3	RB（辅机故障跳闸）动态试验	大于80%额定负荷
4	AGC（自动发电控制）试验	50%～100%额定负荷
5	汽轮机阀门流量特性试验	50%～100%额定负荷

6.1　修后机组冷态下热工试验

6.1.1　热工试验基础性工作

6.1.1.1　测点传动

（1）测点传动验收的标准。

1）测点通道精确度与准确度等满足工艺流程要求。

2）变送器内或外供电设置正确。

3）测点安装工艺及位置应符合电力建设施工技术规范中对热工仪表及控制装置的规定和要求。

4）测点在工艺流程画面位置显示明确，量纲正确。

5）检查确认热电偶温度测量补偿电缆及极性、DCS 分度号设置，热电偶温度补偿正确。

6）检查确认热电阻接线方式、DCS 类型设置正确。

7）开关量测点常开、常闭接点位置正确，整定方向正确。

8）取自同一系统的同一位置的多个信号，应独立设置取样回路，且应通过不同的 I/O 卡件引入 DCS 系统。

9）测量元件校验报告，其量程和定值应符合设计或定值清单要求。

（2）调试注意事项。

1）当压力测量取样点与表计安装位置有高度差时应考虑修正。

2）检查汽包水位、给水流量、风量、蒸汽流量的测量信号需设置补偿回路，核实运算公式的准确性。

3）水位测量需核实现场测量装置的尺寸及就地水位计零位标志。

4）核对流量变送器及 DCS 量程的设置与测量装置说明书参数一致。

5）根据风量标定结果修正风量实际值。

6）核对信号取样点，确认同源多输入信号采样的独立性。

7）高静差、微差压变送器投用前需进行零位校正。

8）流量测量仪表投用时确认工作介质充满整个测量管道。

6.1.1.2 执行机构传动

（1）执行机构传动验收的标准。

1）具有三断保护功能的气动执行机构，在失电、失气、失信号的情况下，应根据工艺要求向安全方向动作。

2）执行机构的基本误差应小于±1.5%的额定行程，其回程误差应小于±1.5%的额定行程。阀位输出的基本误差应小于±2%的额定行程，其回程误差应小于±3%的额定行程。

3）不灵敏区域的校准应分别在执行机构行程的 25%、50%、75%位置下进行，且不灵敏区应不大于执行机构的允许误差。

4）执行机构在 25％、50％、75％输入信号作用下，其输出应在相应的位置，且摆动次数小于 3 次。

5）执行机构在开、关的全行程动作，应平稳、无卡涩，各行程开关、力矩开关触点的动作应正确、可靠。

6）执行机构在 DCS 画面的示意位置应符合工艺系统布置。

7）执行机构传动验收应记录行程时间、开关状态、模拟量反馈等，记录表格式可参照表 6-4。

表 6-4 执行机构传动记录

序号	阀门名称	试验时间	开时间	关时间	上限	下限	气动门断气后特性	气动门断电后特性	试验人
1									
2									
3									

（2）调试注意事项。

1）执行机构的行程应保证阀门、挡板全程运动，并符合系统控制的要求；通常情况下，转角执行机构的输出轴全程旋转角应调整为 0°～90°，其变差不大于 5°。

2）检查确认执行机构输出轴的机械零位与输出位置信号一致为 0％，机械全开位与输出位置信号一致为 100％。

3）调整系统灵敏度，使执行机构全行程动作范围内无振荡现象出现。

4）执行机构控制逻辑中操作功能设定的开、关全行程允许时间的设定值，应大于测试值 2～5s。

5）执行机构作为自动调节系统的控制对象，其各项软手操功能需经试验保证全部正常。

6）执行机构正反作用方向应按照说明书规定方法进行调整。

6.1.1.3 逻辑及联锁保护传动

（1）逻辑及联锁保护传动验收的标准。

1）设备的联锁保护试验应包括开关量控制系统的全部功能，即正常启停、备用，联锁保护动作，报警，首出，状态显示等。

2）联锁保护验收单中涉及的定值应与经过正式批准下发的定值清单一致。

3）具有硬接线保护功能的传动验收，应与软逻辑同时进行并分别检查和试验。

4）联锁保护逻辑传动验收应记录传动项目、结果及试验人等，记录表格式可参照表 6-5。

表 6-5 联锁保护逻辑传动记录

序号	传动项目	传动结果	试验人
1			
2			
3			

（2）调试注意事项。

1）联锁逻辑遵守保护优先的原则，且不应设置解除保护的手段。

2）遵循保护系统的独立性设计原则，机、炉、电主保护系统硬件应相互独立，单独设置、冗余配置，主保护动作信号应通过硬接线传输，不应通过通信传输。

3）对通过硬接线和网络通信冗余实现的重要开关量信号检查和测试，当一路信号故障或丢失时不应影响控制系统的正确动作。

4）独立于分散控制系统，但与其建立通信有数据传输，则应进行通信接口数据交互试验。

5）对进入联锁及保护系统的模拟量信号，合理设置变化速率保护、延时时间和缩小量程（提高坏值信号剔除作用灵敏度）等故障诊断功能，设置保护联锁信号坏值切除与报警逻辑，减少或消除因接线松动、干扰信号或设备故障引起的信号突变而导致的控制对象异常动作；参与联锁保护的电动机线圈温度、轴承温度测点应有坏质量报警和切除功能；其变化速率达到设定值时，自动切除相应测点保护功能并报警。

6）避免单点信号保护，应遵循"三取二"原则。

7）安全等级要求高的场合采用失电时使工艺系统处于安全状态的单线圈电磁阀，控制指令采用持续长信号。

8）保护逻辑组态时，应合理配置逻辑页面和正确的执行时序，注意相关保护逻辑间的时间配合，防止由于取样延迟和延迟时间设置不当，导致保护系统因动作时序不当而失效。

6.1.1.4 顺序控制回路传动

（1）顺序控制回路传动验收的标准。

1）应在工艺系统无介质、电气设备开关在试验位置的状态下进行。

2）需要系统运行才具备的联锁信号和变送器输入信号，可通过在控制逻辑中强制或使用信号发生器模拟的方式。

3）顺序控制回路逻辑传动应按设备级顺序控制、功能组级顺序控制、机组级顺序控制的顺序进行。

4）设备联锁保护条件应优先于功能组保护条件。

5）检查顺序控制每一步执行时间和等待时间的设置。设备级顺序控制、功能组级顺序控制、机组级顺序控制传动试验前，所涉及的设备单体传动、相应联锁保护功能试验均应完成。

6）顺序控制回路动态投入运行前应通过静态验收，动态投运应根据生产工艺设置时间。

7）顺序控制自动运行期间发生任何故障或人为中断时，顺序控制回路均应具有自动停止程序执行，并使工艺系统处于安全状态的功能。

（2）调试注意事项。

1）应检查顺序控制输出至被控对象的信号的持续时间、触点数量和容量，能满足被控对象完成规定动作的要求。

2）顺序控制系统应设有工作状态显示及故障报警信号，复杂的顺序控制系统应设步序显示。

3）对于顺序控制系统中气动执行机构，在失电、失气、失信号时应确保其向工艺系统安全的方向动作。

4）顺序控制系统在自动顺序执行步序期间发生任何故障或运行人员中断时，应使正在执行步序的程序中断，并使工艺系统处于安全状态。

6.1.1.5 模拟量控制回路静态试验

（1）模拟量控制回路静态验收的标准。

1）控制回路静态试验时，确认调节回路应满足工艺系统工艺控制的要求。

2）检查确认模拟量信号路径所有功能块量纲正确，限值符合工艺要求。

3）确认控制方式无扰切换。

4）确认偏差报警功能。

5）确认调节方向及方向性闭锁保护功能。

6）进行超驰控制保护功能试验。

7）确认自动调节回路中的跟踪回路。

8）检查确认和设置自动调节回路各参数，如量程、死区、上下限、调节参数、函数、各类功能块参数等。

9）确认调节回路的投入、退出条件。

（2）调试注意事项。

1）必要时需对驱动辅机汽轮机调速、给水泵最小流量再循环控制门、减温水调节门、一次风风量调节挡板等执行机构进行特性试验，以确认机组执行机构的静态特性满足调节要求。

2）控制功能要安全可靠，且对象特性变化后控制器调节参数作用初设应弱些，必要时加输出限幅，待动态投入逐渐优化直至满足运行控制性能要求。

3）修后机组和设备的对象特性可能会发生变化，需要对控制系统进行控制策略优化或适当调整控制参数。

4）控制系统接口及外部设备配置正确，性能可靠，可正常实现设计功能。

5）控制器下装前应对在线整定完成的控制系统参数做好同步备份工作。

6.1.1.6　汽轮机监视仪表静态试验

（1）汽轮机监视仪表静态验收的标准。

1）检查确认监视仪表各组件选用传感器类型、电压、参数量程、报警及遮断定值等技术参数。

2）检查确认继电器或表决组件的逻辑组态。

3）检查确认监视仪表逻辑组态在线下载正确，组件各指示灯指示正常。

4）检查确认监视仪表相关传感器检测报告是由具有相应资质的单位出具的合格检测报告。

5）检查确认现场已安装传感器、前置器、卡件屏蔽电缆接线正确。

6）检查确认传感器安装位置，测量并记录复装后传感器的间隙电压应符合装置特性曲线。

7）检查轴向位移、轴振动、键相、零转速传感器，应有灵敏度、线性范围以及所对应的电压范围记录。

8）检查确认量程及报警、保护定值设置正确。

① 轴振传感器设置内容包括传感器类型、测量范围、电压等级、传感器角度等。

② 差胀传感器的转子膨胀方向设置。

③ 轴向位移传感器设置主要内容包括测量范围、机械零点电压等。

④ 转速的齿数设置与齿轮盘一致。

⑤ 各报警、保护定值正确且输出继电器动作正常，每项保护应使用信号发生器模拟的方式分别进行测试。

a. 轴承振动通道的校验：拆下对应 I/O 模块上通道的 PWR、COM 及 SIG 端的接线，按照原理图接入信号发生器，调整信号发生器，使输出 10Hz、带－10Vdc 直流偏置的正弦信号，调节信号发生器的交流幅值，该值为对应振动幅值的交流有效电压值。确认显示相应通道指示为对应的数值，同时在输入信号超过卡件中的报警或保护动作限制值时，检查相应的报警或保护动作输出是否正确。

b. 轴承瓦振通道的校验：拆下对应 I/O 模块上通道的 PWR、COM 及 SIG 端的接线，按照原理图接入信号发生器，调整信号发生器，使输出 10Hz 的正弦信号，调节信号发生器的交流幅值，该值为对应振动幅值的交流有效电压值。确认显示相应通道指示为对应的振动值，同时在输入信号超过卡件中的报警或保护动作限制值时，检查相应的报警或保护动作输出是否正确。

c. 轴向位移通道校验：拆下对应 I/O 模块上通道的 PWR、COM 及 SIG 端的接线，按照原理图接入信号发生器，调整信号发生器，使输出直流电压信号，确认显示相应通道指示为对应的位移值，同时在输入信号超过卡件中的报警或保护动作限制值时，检查相应的报警或保护动作输出是否正确。

d. 键相、偏心通道：拆下对应 I/O 模块上通道的 PWR、COM 及 SIG 端的接线，按照原理图接入信号发生器，输入一直流偏置电压为－8V，交流电压 3V 的频率信号，确认显示相应通道指示为对应的转速值，同时检查相应的报警或保护动作输出是否正确。汽轮机监视仪表安装记录见表 6-6。

表 6-6　　　　　　　　　汽轮机监视仪表安装记录

信号名称	间隙（mm)/间隙电压（V）	卡件显示值	DCS 显示值	报警值	跳机值	质检人

（2）调试注意事项。

1）在检查现场、外系统进入机柜的接线时，不仅要检查正确性，特别要对其信号源进行检查，以防强电或外系统电源窜入机柜烧坏模件；对每一个接线端子进行牢固性复查；机柜彻底清扫，防止积灰短路。

2）机柜及端子接地线需符合要求，屏蔽电缆在机柜内应接地正确，确保屏蔽电缆在机柜内单端接地，机柜及柜内电缆的绝缘良好。

3）调试前汽轮机推轴工作完成，明确汽轮机的零位确定方法。

4）传感器的安装必须在汽轮机冷态，油管路已冲洗，转子已固定的条件下进行。在轴向位移传感器和胀差传感器安装时，必须保证转子被安装在所要求的零点位置上，并且轴向位移以及胀差的正反方向已经确定。在安装调试过程中将间隙电压，安装间隙等数据记入表格，办理验收签证。

6.1.1.7　现场总线静态试验

（1）现场总线静态验收的标准。

1）设备单体调试。

① 现场总线智能仪表或设备符合火力发电厂现场总线设备安装技术导则规定要求。

② 检查确认现场总线设备供电正常，现场总线设备地址、通信速率、控制模式设置正确。

③ 检查确认现场总线设备接线正确，包括连接器连接、端子直接连接和屏蔽接地连接等，确保通信电缆接入方式正确；从控制器至人机接口之间的电缆连接正确；通信总线终端电阻设置正确。

④ 检查确认通信电线屏蔽层连接正确，没有中断或与数据线短路；通信电缆与强电电缆分开布置。

⑤ 设备总线地址由机械方式设置的，应在设备上电前设置为实际组态数值；需要通电设置的，应逐台进行上电并设置为实际组态数值。

⑥ 通过主站和总线诊断工具对现场总线设备下载、上传组态参数，读取设备输入和输出数据，验证设备状态反馈、动作的正确性。

2）现场总线网段调试。

① 检查确认终端电阻按网段要求设置，有源终端电阻还需确认供电正常，每一总线网段应提供单独的冗余供电模块。

② 在某网段通信线路、设备安装后进行现场总线网段调试。网段的通信速率根据现场实际安装情况完成设置。

③ 通过具备网段诊断功能的控制系统或总线诊断工具验证总线通信功能，按照预先的组态下载或上传该网段设备的参数，状态反馈正常，网段上的设备与实际设备一一对应，与控制系统相连时总线上设备地址与控制系统组态中设置地址一致；网段通信质量良好，现场总线设备与控制系统可正常数据交换，没有非法报文和数据帧丢失。

④ 检查网段上所有设备信号电压波形幅值不低于该总线的最低要求，通信波形不产生畸变。

3）现场总线设备监视与管理功能调试。

① 现场总线设备监视与管理功能在设备和网段完成调试后，分区域、分阶段进行调试。

② 检查监视与管理系统组态，网络拓扑、设备类型、设备数据格式等与现场组态一致。

③ 现场总线设备监视与管理系统完成调试通信正常后，能够通过通信接口获得正确的设备数据。

④ 进行设备数据采集调试，读取设备数据，检查数据格式、数据内容与现场设备一致。

⑤ 进行设备参数管理调试，可采用模拟方式更改、删除、添加现场设备及参数，调试该功能达到相应技术要求。

⑥ 进行网络及设备状态显示调试，检查拓扑图组态与现场的网段及设备配置相符，已正常通信的网段和设备在拓扑图上显示参数与现场一致。

⑦ 进行诊断及报警功能调试，可采用模拟方法产生诊断或报警事件，调试该功能达到相应技术要求。

（2）调试注意事项。

1）确认终端电阻连接和工作情况，防止因其工作不正常造成整段网络波形混乱，导致发生网段通信故障。

2）通信总线分支专用T形接口，多口分支器应布置在便于查找和检修的位置，接近相关现场总线设备。

3）对于 PROFIBUS DP 总线，电缆屏蔽层应连接每个设备的信号地，通常是通过设备外壳如机柜入口处接地、电缆桥架接地、设备接线盒接地等电位接地；对于 FF H1 和 PROFIBUS PA 总线，其屏蔽层应连通，在控制柜或通信箱侧单点接地。

4）就地通信柜的安装位置远离大型电力设备，如高电压、强电流设备等干扰源。

5）不能将 PROFIBUS DP 信号线接地或屏蔽，否则易造成整段网络的通信故障，设备工作异常。

6）现场总线设备地址设定时需注意数据格式16进制和10进制的区分。

7）单体调试出现故障的设备，应及时排除故障或拆卸更换设备，避免干扰其他设备调试。

8）检查 PROFIBUS 和 FF 现场总线通信和电缆时，屏蔽层的接地方式需满足相关规程要求。

9）在变频器接入网段时，需充分考虑抗谐波干扰的措施。

10）为便于系统的诊断和维护，在每个网段上配置一个调试用的双面总线连接器。

11）应确保控制器的控制周期与 FF H1 总线的宏周期或 PROFIBUS PA 总线的轮询周期之间的合理匹配，控制器中控制逻辑每执行 1 次，控制回路中的现场总线设备实时数据应保证至少能更新 1 次。

6.1.2 冷态验收前热工分部试运

大修机组启动前热工各系统或设备应具备的条件是单体设备安装工作全部完毕，热工分系统试运工作已完成，并经验收合格。启动前应完成如下热工系统分部试运工作。

（1）测量信号传动。

（2）执行机构传动。

（3）逻辑及联锁保护功能传动。

（4）控制系统之间的联调。

（5）测量信号投运检查。

（6）进行控制系统功能的静态试验，确认符合工艺流程要求。

1）顺序控制启停控制功能试验。

2）自动调节控制回路试验，初步整定调节参数。

3）汽轮机数字电液控制、驱动辅机汽轮机电液控制系统静态仿真试验。

4）完成汽轮机旁路控制系统功能试验。

（7）配合辅机单机试运、分系统试运，按试运要求投运联锁保护、顺序控制，并对相关参数进行调整。

机组大修后整套启动前，需按火电机组启动规程要求、热工检修和调试规程要求，完成机组整套启动前的相关试验项目，具体检修试验项目见表 6-7。

表 6-7　　　　　　热工专业 A 级检修后汽轮机整套启动前检修试验

序号	系统	主要试验
1	开关、变送器、热电偶、热电阻等一次元件及就地仪表或装置	检查及校验
2	电磁阀、执行机构	开、关调试或整定
3	锅炉、汽轮机侧 DAS 系统	信号回路测试
4	锅炉、汽轮机侧 SCS 系统	信号回路测试、逻辑传动
5	锅炉、汽轮机侧 MCS 系统	信号回路测试、控制仿真、逻辑传动
6	锅炉、汽轮机侧 FSSS 系统	信号回路测试、逻辑传动

序号	系统	主要试验
7	汽轮机 BPS 系统	信号回路测试、逻辑传动
8	汽轮机 DEH 系统	信号回路测试、控制仿真、逻辑传动
9	汽轮机 TSI 系统	信号回路测试、参数定值检查、逻辑传动
10	锅炉主保护 MFT 系统	信号回路测试、逻辑传动
11	汽轮机主保护 ETS 系统	信号回路测试、逻辑传动
12	外围辅控系统及辅助设备	信号回路测试、逻辑传动
13	现场总线	信号回路和网络通信测试

6.2 启动前机组冷态下热工试验

6.2.1 分散控制系统 （DCS） 性能测试

DCS 性能测试适用于火力发电厂配置 DCS 系统的机组，是机组检修后启动前的验收试验。

DCS 性能测试由电厂委托有该试验业绩的试验单位承担完成。

DCS 性能测试在 DCS 系统检修后投入运行、机组整套启动前进行。试验采用信号发生器、SOE 性能测试仪、接地测试仪等或综合测试仪对 DCS 系统进行功能检查和性能测试。

试验正常完成需要约 40h。

6.2.1.1 试验目的

按照相关规程关于 DCS 性能验收测试条款规定，采用标准信号发生器、16 通道高速记录仪、SOE 性能测试装置、接地测试仪等仪器对 DCS 系统开展功能检查和性能测试，对被抽取的控制机柜、测量卡件及信号通道施加标准测试信号及干扰信号，通过对记录的波形、测试曲线及记录数据的计算分析，与规程标准进行比对，从而确认被测试项目合格与否，以此判断本机组分散控制系统性能指标能否满足 DL/T 659—2016《火力发电厂分散控制系统在线验收测试规程》的要求。

6.2.1.2 依据规程和标准

DCS 性能测试主要参照的现行有效标准及规范如下：

DL/T 659—2016《火力发电厂分散控制系统在线验收测试规程》

DL/T 774—2015《火力发电厂热工自动化检修运行维护规程》

DL 5190.4—2019《火力建设施工技术规范　第 4 部分：热工仪表及控制装置》

DL/T 1083—2019《火力发电厂分散控制系统技术条件》

DL/T 475—2017《接地装置特性参数测量导则》

DL/T 1056—2019《发电厂热工仪表及控制系统技术监督导则》

《国能安全〔2014〕161 号　防止电力生产事故的二十五项重点要求》

GB 26164.1—2010《电业安全工作规程　第 1 部分：热力和机械》

6.2.1.3　试验条件

（1）工作人员必须具备必要的 DCS 知识，掌握 DCS 性能测试的技术指标要求。

（2）全体人员必须熟悉国家电业安全工作规程的相关知识，并经考试合格。

（3）接入 DCS 的全部现场设备（包括变送器、执行器、接线箱及它们的电缆接线等）的安装、调试质量应符合 DL 5190.4—2019《电力建设施工技术规范　第 4 部分：热工仪表及控制装置》的要求。

（4）DCS 的硬件和软件应按照制造厂的说明书和有关标准完成安装和调试，并已投入连续运行。

（5）火力发电机组及辅机已经稳定运行，新建机组连续运行时间超过 7 天以上，改造机组累计投运 60 天以上，大修后机组累计投运 3 天以上。

（6）DCS 的运行环境符合 DL/T 774—2015《火电厂热工自动化系统检修运行维护规程》的规定。

（7）控制系统运行过程中的运行记录完整。设计、安装和调试的资料也应齐全。

（8）DCS 的供电电源品质应符合制造厂的技术条件。

（9）测试所需的计量仪器应具备有效的计量检定证书。计量仪器的允许误差应满足计量的技术要求，误差限应小于或等于被校对象误差限的 1/3。

（10）DCS 的中央处理单元（CPU）负荷率、通信负荷率测试方法由 DCS 厂家提供，经用户认可后方可作为测试方法使用，如 DCS 厂家不能提供测试方法，则由用户确定测试方法，作为考核 CPU 负荷率、通信负荷率的依据。

（11）DCS 的接地应符合制造厂的技术条件和 DL/T 774—2015《火电厂热工自动化系统检修运行维护规程》的规定。

（12）分散控制系统的控制器、系统电源、为 I/O 模件供电的直流电源、通信网络等均应采用完全独立的冗余配置，且具备无扰切换功能；采用 B/S、C/S 结构的分散控制系统的服务器应采用冗余配置，服务器或其供电电源在切换时应具备无扰切换功能。

6.2.1.4 试验仪器

试验所需仪器见表 6-8。

表6-8   试 验 所 需 仪 器

序号	仪器型号	仪器名称
1	Fluke741B	福禄克测试仪
2	SOE16T-1	SOE 性能测试装置
3	DL750	16 通道高速记录仪
4	Fluke1625	接地测试仪

6.2.1.5 试验内容

（1）功能检查。依据 DL/T 659—2016《火力发电厂分散控制系统在线验收测试规程》的规定要求，对本次测试前已完成的功能测试项目可通过检查测试记录，若符合要求，将不再进行测试。

1）输入和输出功能检查。

① 应选取总通道数的 2%～5% 具有代表性的通道进行检查。

② 输入参数真实性判断功能检查。在输入通道接入超过量程信号，检查系统的故障诊断功能，应能在操作员站上正确显示。人为断开输入通道的回路，检查操作员站的显示是否正确。

③ 输入参数补偿功能正确性和精确度检查。检查流量、汽包水位的温度和压力补偿及热电偶冷端温度补偿功能。

④ 输入参数二次计算功能检查（包括开方值、平均值、差值、最大值、最小值和累计值等）。

⑤ 输入参数数字滤波功能检查。

⑥ 输入参数越限报警功能检查。

⑦ 输出功能检查。在 DCS 的输出通道中，设置超过量程的参数，检查系统的故障报警和故障诊断功能。人为设置断开输出信号，检查现场设备是否按设计要求动作。

2）人机接口功能检查。

① 操作员站功能检查。检查显示、操作、组态、数据存储、打印等功能。

② 工程师站功能检查。检查包括：控制和保护系统的组态、修改和下载，操作员站

画面的生成、修改和下载，数据库的生成、修改等。

③ 工程师站和操作员站之间的闭锁和保护功能检查，功能互换检查；两台机组的操作员站之间的闭锁功能检查（用于两台机组公用系统）。

3）显示功能检查。

① 检查显示画面的种类及数量，应与设计相符。显示画面包括流程图、参数图、实时趋势图、历史趋势图、棒形图、报警显示和操作画面等。

② 检查显示画面的更新频率和画面更新数据量。

③ 检查显示分区（窗口）的划分、使用方法及其功能。

④ 大屏幕功能检查（检查是否达到合同规定的功能）。

4）制表功能检查。

① 检查制表管理功能应正常，检查制表的格式、内容和时间等应符合要求。

② 检查制表打印功能。检查请求打印的内容，包括模拟量一览打印、成组打印、定时打印等，打印结果应与显示结果相同。

5）事件顺序记录（SOE）和事故追忆功能检查。

① 检查 SOE 内容、时间和时间分辨能力，时间分辨能力不大于 1ms。

② 人为触发一主保护信号动作，检查事故追忆功能，其表征机组主设备特征的变量记录应完整；重要变量在跳闸前 10min 和跳闸后 5min，应以不超过 1s 时间间隔快速记录。

6）历史数据存储功能检查。检查存储数据内容、存储容量、时间分辨能力是否达到合同要求及检索数据的方法是否达到合同要求。

7）在线性能计算检查。在线性能计算，应包括发电机组及辅机的各种效率及性能参数，计算方法应正确，精度应符合设计要求。

8）机组安全保证功能检查。

① 检查保证机组启停和正常运行工况安全的操作指导项目和内容。

② 检查影响机组安全的工况计算项目及统计内容，包括重要参数越限时间累计以及重要辅机启停次数和运行时间累计等。

③ 检查机组大联锁保护及锅炉、汽动机、发电机、主变压器保护的每一测点和信号通道的冷态、热态校验记录。

9）输入/输出（I/O）通道冗余功能测试。人为断开运行中冗余的输入、输出通道中的任一通道，检查相应输入、输出通道的工作情况。

10）DCS 与远程 I/O 和现场总线通信接口测试检查。检查通信接口的负荷率、通信速率和所有通过通信传递的数据的正确性。

11）DCS 与其他控制系统之间的通信接口测试检查。

① 检查测试通信接口的负荷率、通信速率和通信传递数据的正确性。

② 对于冗余设置的通信接口，人为设置冗余通信接口的任一侧故障，对监控应无任何影响，同时检查操作员站，应有通信接口故障报警和记录。

12）DCS 与 SIS 的通信接口测试检查。

① 检查通信接口接收的 DCS 数据的完整性，SIS 系统应能接收到设计确定应上传的 DCS I/O 点和中间变量。

② SIS 接口若是冗余的，应进行冗余功能切换检查。

③ SIS 接口的通信速率检查。传输速率按合同要求检查；安全隔离功能测试检查应按合同要求进行。

13）卫星时钟校时功能检查。

① 检查卫星时钟输出信号精度达到合同规定要求。

② 卫星时钟与 DCS 之间应每秒进行一次时钟同步，偏差应小于 $1\mu s$。当 DCS 时钟与卫星时钟失锁时，DCS 应有输出报警。

（2）性能测试。依据 DL/T 659—2016《火力发电厂分散控制系统在线验收测试规程》的规定要求，对本次测试前已完成的性能测试项目可通过检查测试记录，若符合要求，将不再进行测试。

1）系统容错（冗余）能力测试：由于对系统可靠性的要求，系统普遍采用冗余配置，其冗余实现的如何直接影响整个系统在机组运行中的稳定程度。

① 键盘操作的容错测试：在操作员站的键盘上操作任何未经定义的键时，系统不应出错或出现死机情况。

② 各种冗余模件的冗余测试：人为退出（退出方法可以是拔出模件、断电、设置模件故障、停止模件运行等各种方法）冗余模件中正在运行的模件，这时备用的模件应自动投入工作，在冗余模件的切换过程中，系统不应出错或出现死机情况。

本项测试主要检测控制站的主/副控制器的切换，强制退出现场控制站的主控制器，要求备用主控制器应自动切为主站，并且切换当中系统不得出错和死机，且在切换过程中，该控制器 I/O 点和逻辑功能应无任何扰动。

③ 通信总线容错（冗余）能力测试：在任意节点人为切断任意一条通信总线，系统

不应出错或出现死机情况。切、投通信总线上的任意节点，或模拟其故障，总线通信应正常。

④ 服务器冗余切换检查：人为退出冗余服务器中的运行服务器，备用服务器应自动投入工作，DCS 通信应正常，存储的数据不应丢失，DCS 的其他功能不受任何影响。

2）供电系统切换功能测试。

① 对于一对一冗余的供电系统，人为切除工作电源，备用电源应自动投入工作。在电源切换过程中控制系统应正常工作，中间数据及累计数据不应丢失。

② 对于采用 $n+x$ 冗余的供电系统，切除任何供电装置，控制系统应正常工作，数据不应丢失。

③ 分散控制系统电源应设计有可靠的后备手段，电源的切换时间应保证控制器不被初始化。

3）模件可维护性测试。在系统运行时，任意拔出一块 I/O 模件，操作员站应能显示该模件的异常状态，且状态指示应与实际相符。在拔出和恢复模件的过程中，控制系统的其他功能应不受影响。

4）系统重置能力测试。切除并恢复系统的外围设备、操作员站、节点、工程师站等，这时控制系统不应出现任何异常工况。

5）系统储备容量测试。

① 存储余量测试。通过工程师站或其他由制造厂提供的方法检查每个控制站的内存和历史数据存储站（或相当站）的外存的容量及使用量。内存余量应大于存储器容量的 40%，外存余量应大于存储器容量的 60%。

② 输入输出通道可扩容量测试。检查系统配置的输入点数和输出点数，实际使用的输入点数和输出点数、安装机架的可扩空间及端子排的余量。输入输出通道的余量不得低于合同规定。

6）输入输出点接入率和完好率的统计。

① 接入率为已安装调试过的输入输出点数占原设计输入输出点数的百分比，即

$$J = \frac{I}{D} \times 100\% \tag{6-1}$$

式中　J——接入率；

　　I——已安装调试的输入输出点数；

D——原设计输入输出点数。

② 接入率按开关量信号、模拟量信号及总输入输出信号分别统计及计算，总接入率应不小于 99%。

③ 完好率为抽样检查时合格的输入输出点数占总抽样检查输入输出点数的百分比，即

$$F = \frac{R}{K} \times 100\% \qquad (6\text{-}2)$$

式中　F——完好率；

　　　R——抽样检查时合格的输入输出点数；

　　　K——总抽样检查点数，抽样检查点数应不小于系统总点数的 5%。

④ 完好率按开关量信号、模拟量信号及两种信号总数分别统计及计算，两种信号总的完好率应不小于 99%。

⑤ 对于设计而未接入系统的测点，应按开关和模拟量信号分别列表说明原因。

⑥ 进行完好率检查时，凡与过程变量及现场状态不符合的测点，包括测量的精确度不合格的测点，均应判为不合格测点。对于不合格的测点，应按开关量信号和模拟量信号分别列表说明存在的问题。

7）系统实时性测试。

① 操作员站画面响应时间测试。通过键盘调用操作员站画面时，从最后一个调用操作完成到画面全部内容显示完成的时间为画面响应时间。

画面响应时间应符合如下规定要求，在调用被测画面时，对一般画面，响应时间不得超过 1s，对于复杂画面，画面响应时间不得超过 2s；在发生中断请求时，操作员站画面自动退出的时间也应符合 DL/T 659—2016《火力发电厂分散控制系统在线验收测试规程》的规定。

② 开关量信号采集实时性测试。选择 3～5 个开关量输入通道，接入测试用开关量信号，使之按设计的开关量采样周期改变状态，通过开关量变态记录功能检查开关量信号采集的实时性。

③ 事件顺序记录分辨力测试。本项测试方案内容详见事件顺序记录（SOE）测试。

④ 控制器处理周期测试。选择模拟量控制回路、开关量控制回路、DEH 控制回路、MEH 控制回路分别测试处理周期，最终结果应满足 DL/T 1083—2019《火力发电厂分

散控制系统技术条件》的要求。

⑤ 系统操作响应时间测试。系统操作响应时间应符合如下规定要求：将开关量操作输出信号直接引到该操作对象反馈信号输入端。测量通过操作员站键盘指令发出，到操作员站上显示该信号反馈的时间。重复数次的平均值应不大于1s；模拟量操作信号的响应时间测试。将模拟量输出信号接入该对象的反馈信号输入，测量操作员站上键入一数值，到操作员站反馈信号变化接近停止的时间。重复数次的平均值应不大于2.5s。

⑥ 采用通信接口时的系统操作响应时间测试。当DCS与其他控制系统采用通信接口时，也应按标准DL/T 659—2016《火力发电厂分散控制系统在线验收测试规程》的方法，测试系统操作响应时间，其实时性能应达到工艺控制要求或合同规定值。

⑦ SIS通信接口测试：应采用标准DL/T 659—2016《火力发电厂分散控制系统在线验收测试规程》的方法，测试信号从DCS输入端到SIS接口的实时性能应达到合同规定值。

8）系统各部件的负荷测试。

① CPU负荷率。所有控制站的CPU恶劣工况下的负荷率均不应超过60%。计算站、操作员站、数据管理站等的CPU恶劣工况下的负荷率不应超过40%。

② 数据通信总线的负荷率。在繁忙工况（快速减负荷、跳磨工况等）下数据通信总线的负荷率不应超过30%。对于以太网，则不应超过20%。

③ 负荷率测试次数及测试时间。负荷率应在不同工况下共测试5次，取平均值，每次测试时间为10s。

9）时钟同步精度测试。各控制站同时输入开关量信号，时间误差应小于保证的站间时间分辨能力。

10）抗干扰能力测试。

① 电缆检查。检查引入DCS的电缆选型和安装情况。I/O信号电缆应采用屏蔽电缆。电缆的敷设应符合分层、屏蔽、防火和接地等有关规定的要求。

② 抗射频干扰能力测试。抗射频干扰能力测试。用频率为400～500MHz、功率5W的步话机作干扰源，距敞开柜门的机柜1.5m处发出信号进行测试，并做记录；用手机作干扰源发出信号，逐渐接近敞开柜门的机柜进行测试，记录计算机系统出现异常或测量信号示值有明显变化的距离，并做记录。

（3）DCS 接地电阻测试。

1）DCS 接地电阻的定义。接地电阻是指接地装置从使用端到大地的电阻，是对一个接地体或者设备外壳或建筑物接地极对大地之间的电阻值。接地电阻越小，说明 DCS 系统接地越好。

当 DCS 具有独立接地网时，其接地电阻是任一个控制机柜对大地的电阻值，即为本套分散控制系统的接地电阻。

当 DCS 与主机组共用同一接地网时（即电厂主接地网），由于其主接地网的接地品质在发电厂电气专业有严格的技术指标要求，因此，热工专业只需保证分散控制系统中每个控制机柜接地电缆与主接地网之间的连接阻值满足规程要求即可，此项指标即为分散控制系统接地引下线导通值。

2）参考标准。依据 DL/T 659—2016《火力发电厂分散控制系统验收测试规程》要求，DCS 的接地应符合制造厂的技术条件和 DL/T 774—2015《火力发电厂热工自动化检修运行维护规程》的规定。DCS 采用独立接地网时，若制造厂无特殊要求，则其接地极与电厂电气接地网之间应保持 10m 以上的距离，且接地电阻不得超过 2Ω。当 DCS 与电厂电气系统共用一个接地网时，控制系统接地线与电气接地网只允许有一个连接点，且接地电阻小于 0.5Ω。

3）测试方法。测试时，将接地测试仪专用测试线夹线钳一个接在被测试控制机柜的接地铜排上，另一个测试线夹线钳接在电气接地网或 DCS 系统接地汇流铜排上。将接地测试仪送电（或采用内部电池供电）并打开电源开关。测试时，按下"测试"按钮，在数码显示窗口中显示出被测接地电缆线的导通值。

（4）事件顺序记录（SOE）测试。

1）参考标准。SOE 性能符合 DL/T 659—2016《火力发电厂分散控制系统在线验收测试规程》的要求，分辨力不应超过 1ms。

2）测试方法。利用一台开关量信号发生器进行测试，信号发生器应能送出间隔时间可在 $0.1\sim3ms$ 之间调节的不少于 4 个开关量信号。信号间隔时间为 1ms 时，其绝对误差应不大于 0.01ms。将信号发生器的信号接入事件顺序记录的同一输入模件的不同通道、同一控制器的不同输入模件及不同控制器的不同输入模件的输入端，分别测试。改变信号发生器的间隔时间，直至事件顺序记录无法分辨时为止，即为事件顺序记录的分辨力。

6.2.1.6　安全及质量保证措施

（1）所有测试必须严格执行电厂的工作票等相关制度；采取措施，防止发生信号强制错误或测试结束后忘记恢复。

（2）严格遵守测试操作规范，防止强电信号串入输入卡件。

（3）放静电并戴防静电手腕，防止带静电触摸卡件。

（4）禁止用万用表电流挡测量数字量输入信号、禁止用万用表电阻挡测量数字量输入信号、禁止用万用表电流挡测量强电压信号。

（5）接到测试仪器的所有信号都必须牢固可靠，信号间要隔离而且不能对地短路，特别是在做完测试后解除接线的过程中，要逐个恢复每一个信号，并且同时密切观察有关信号的报警状态。

（6）测试期间，运行人员需密切监视运行参数，如有异常情况发生，应及时通知测试人员中止测试，同时运行人员按照机组运行规程做相应处理。

6.2.2　一次调频静态试验

火力发电机组的一次调频功能对提高电网的电能质量和安全运行水平起着至关重要的作用，因而各区域电网公司对机组参与电网一次调频的性能提出了具体技术要求，以快速消除由于电网负荷变化引起的电力系统全网频率较大幅度波动，控制电网频率在允许范围内变化，保证电网安全、稳定运行。

一次调频试验适用于 200MW 等级以上大型火力发电汽轮机组。发电机组大修、汽轮机通流部分改造、DEH 系统或 DCS 系统的改造和软件升级及参数修改、汽轮机进汽阀门检修后，应进行机组一次调频试验。

一次调频试验由电厂委托有资质的试验单位承担完成，所完成的试验结果及其技术报告应该满足该发电机组的相关并网技术性能要求，并向有关调度部门交付试验报告进行最终的考查和审核。

一次调频静态试验在机组检修后热态启动前完成，在汽轮机调门整定结束、机组可以挂闸状态下进行。一次调频静态试验可以与汽轮机及其调节系统参数测试静态试验同时进行。

启动前机组冷态下进行的一次调频试验是静态仿真试验，主要验证相关控制系统及其输入输出信号的正确性，为机组并网后一次调频动态试验奠定基础。试验是在机组挂闸情况下，完成 DEH 阀控方式及功率控制方式、协调控制方式下的一次调频功能静态仿真试验。

该项试验需要从 DCS 控制系统采集数据至快速录波仪进行记录和分析，试验仪器的安装、设置以及采集信号与仪器的接线需要 2～4h，正常完成静态试验需要 2～4h。

6.2.2.1　试验目的

检验一次调频参数设置和动态指标是否满足各区域电网对发电机组一次调频运行管理规定的要求。提高电网频率的控制水平，迅速减小由于电网负荷变化引起的频率波动幅度。保证电网安全经济运行，提高供电电源质量及电网运行水平。

6.2.2.2　依据规程和标准

一次调频试验依据的标准和文件：

DL/T 711—2019《汽轮机调节保安系统试验导则》

GB/T 28566—2012《发电机组并网安全条件及评价》

《各区域电网发电机组一次调频运行管理规定》

6.2.2.3　试验条件

（1）DEH 系统检修、仿真试验等调试完毕。

（2）汽轮机润滑油、抗燃油系统工作正常。

（3）机组具备挂闸条件，且油温、油压在正常范围内。

（4）一次调频参数设置符合技术规程要求。

（5）增加转速偏差，阀位总指令，高调门阀位反馈的模拟量输出，便于动态试验时的参数测取。

6.2.2.4　试验测点及仪器

试验分静态试验和动态试验。静态试验测点为：一次调频转速偏差、DEH 总阀位指令输出、高压调节阀位移反馈。所有测点均需采用模拟量信号。试验人员在进行静态试验时，要落实好动态试验的测点和接线，减小在机组运行状态下动态接线的风险，以保证动态试验能够顺利开展。

静态试验测点清单见表 6-9。

表 6-9　　　　　　　　　　　　静态试验测点清单

序号	测点名称	测试通道名称	测试方法	测点类型
1	一次调频转速偏差	PC	回路串接电阻，测电流	模拟量输出
2	DEH 总阀位指令输出	FDEM	回路串接电阻，测电流	模拟量输出
3	高压调节阀位移反馈	GV1～GV4	回路串接电阻，测电流	模拟量输入

试验所需仪器见表 6-10。

表 6-10　　　　　　　　　　　　　试 验 所 需 仪 器

序号	仪器型号	仪器名称
1	DL850	快速录波仪

6.2.2.5　试验内容及步骤

静态试验测试工作在机组启动前进行，动态试验在机组带负荷试运期间进行。在测试技术方面由试验单位负责，电厂相关技术人员现场配合、监护。

（1）启动抗燃油系统，建立安全系统和调节系统油压。

（2）解除保护信号，投入 DEH 系统中的仿真试验按钮，启动系统仿真。

（3）点击运行操作画面挂闸按钮，使得汽轮机复位，建立系统安全油压。

（4）模拟汽轮机升速及带负荷的过程：通过系统自带的仿真程序，仿真汽轮机升速到 3000r/min，投入仿真面板中的仿真并网按钮，使得汽轮机并网，通过仿真程序将机组负荷升至合适的负荷。

（5）将实际转速由 3000r/min 强制为 3014r/min，用高速记录仪记录相应的总阀位指令、转速偏差、高调门的动作曲线。

（6）将实际转速由 3000r/min 强制为 2986r/min，用高速记录仪记录相应的总阀位指令、频差、高调门的动作曲线。

6.2.2.6　安全及质量保证措施

在试验过程中，存在设备接线带来触电危险、运行设备检查带来物体打击而造成人身伤害；控制组态修改和下装引起设备损坏或误动。针对这些危险点及危险源采取以下防范措施。

（1）进入工程师站必须履行准入手续，试验人员现场操作必有人员监护。

（2）由试验人员进行现场设备的操作，试验期间测点信号的接线和拆线需按接线规范进行，以免留下安全隐患，并完整记录测点信号名称和位置及接线方式。测试设备接线过程应做好验电工作，做好防止人身触电的安全措施；信号线的接线过程中，应做好验电工作，防止强电串入模件，烧毁模件。

（3）静态试验前应检查汽轮机油系统相关联锁逻辑，避免由于仿真转速的上升导致顶轴油泵误跳闸，影响到机组盘车的正常运行。

（4）试验过程中录波仪的电源应取自合适的临时电源，临时电源的取用应不影响机组的正常运行，禁止从 DCS、DEH 等重要的控制机柜取电。

（5）试验必须严格执行工作票等相关制度。

（6）在试验期间，由当值值长指定专人进行就地巡检工作，防止运行设备漏油以及汽轮机打闸过程中造成人身伤害。

（7）试验结束后应恢复所有试验过程中的强制或屏蔽信号。

6.2.3 辅机故障跳闸（RB）静态试验

RB（RUNBACK）功能是为机组的各种辅机故障时快速降负荷以保证机组的安全、稳定运行而设计的，即在机组辅机如送风机、引风机、一次风机、空气预热器、磨煤机或给水泵、炉水循环泵中任一台发生故障或跳闸时，协调控制系统使机组负荷指令自动减至与运行辅机出力相适应的水平或保持锅炉最低稳燃负荷，避免机组停机，最大限度保证机组的安全性、稳定性和经济性。

辅机故障减负荷（RB）试验用以检验机组协调控制系统在部分主要辅机故障跳闸工况下，快速切除燃料降负荷并维持机组稳定运行的能力，为机组安全运行提供保障。

辅机故障跳闸（RB）试验适用于 200MW 等级以上大型火力发电汽轮机组。汽轮机组大修后，应进行辅机故障跳闸（RB）试验。

辅机故障跳闸（RB）试验可由火力发电厂自行开展，或者电厂委托有该试验业绩的试验单位承担完成。

辅机故障跳闸（RB）静态试验在机组启动前冷态下进行。启动前进行的辅机故障跳闸（RB）试验是静态仿真试验，主要验证相关控制系统及其输入输出信号的正确性，为机组并网后 RB 动态试验奠定基础。

在满足试验所需工作条件的情况下，正常完成试验需要约 4h。

（1）试验目的。静态试验的目的主要是检查 RB 功能触发后相应设备的联动、控制方式的切换、参数改变是否正确，从而发现问题优化控制系统，为动态试验做好准备。

（2）依据规程和标准。

辅机故障跳闸（RB）试验依据的标准和文件：

DL/T 1213—2013《火力发电机组辅机故障减负荷技术规程》

（3）试验条件。

1）试验涉及的主要辅机设备如所有磨煤机、送风机、引风机、给水泵可送至试验位；

2）锅炉 FSSS 逻辑传动正常；

3）风烟系统、磨煤机系统、给水系统、燃油点火系统等逻辑正常；

4）所有 RB 相关逻辑检查核实完毕。

（4）试验内容及步骤。

1）检查 RB 逻辑组态符合设计要求，检查当前工况下 RB 逻辑中各输入输出模块状态正确。

2）检查 RB 切投功能，在协调主控画面上按下"RB 投入"按钮，"RB 投入"灯亮，RB 功能投入，模拟检查 RB 功能切投正常。

3）进行 RB 逻辑开环试验，用模拟的方法检查 RB 动作情况。

4）把所有磨煤机、送风机、引风机送至试验位，强制六大风机启动允许条件，解除除送引风机联锁跳闸外的其他保护；强制制粉系统 A、B、C 磨煤机启动允许，且屏蔽所有保护，强制 D、E 磨煤机启动允许，屏蔽除 RB 保护外所有其他保护；风烟系统风机运行联锁动作阀门挂"禁止操作"。

5）确认磨煤机、风机均已送至试验位后，启动所有设备；强制条件，使 MEH、DEH 挂闸，投遥控，炉跟机协调投入。

协调功能测试：负荷设定回路、压力设定回路跟踪切换正常；DEH-CCS 遥控功能正常；协调仿真：升负荷至额定负荷；强制实际负荷和压力，使煤量指令至对应值。

6）强制送风机跳闸，观察 CCS、风烟系统及制粉系统画面，送风 RB 触发；引风机联锁跳闸；顶层磨煤机立即跳闸，10s 后下一层磨煤机跳闸；CCS 切至机跟随方式；主蒸汽压以滑压运行；炉主控输出煤量降至 50％额定负荷对应煤量；RB 触发阶段，燃料主控输出闭锁增；强制负荷至复位值，手动复位送风 RB。

7）按照上述步骤，启动跳闸设备，升负荷至额定负荷和压力，强制引风机跳闸，观察 CCS、风烟系统及制粉系统画面，引风机 RB 触发；送风机联锁跳闸；顶层磨煤机立即跳闸，10s 后下一层磨煤机跳闸，CCS 切至机跟随方式；主蒸汽压以滑压运行；炉主控输出煤量降至 50％额定负荷对应煤量，强制负荷至复位值，手动复位引风机 RB。

8）按照上述步骤，启动跳闸设备，升负荷至额定负荷和压力，强制一次风机事故跳闸或给水泵事故跳闸，动作情况类同上述。

9）所有 RB 试验项目完成后系统恢复，停止风烟及制粉系统设备，释放所有强制项目，包括：CCS、风烟、制粉、DEH 及 MEH。

10）退出试验设备试验位，切到工作位。

（5）安全及质量保证措施。

1）RB 静态试验结束时停止风烟及制粉系统、给水泵等设备。

2）释放所有强制信号，恢复试验前信号状态。

3）试验结束后把进行试验辅机设备电源开关切到工作位或停电。

6.2.4 自启停控制（APS）试验

随着火力发电机组向大容量、高参数发展，对机组自动化水平提出了更高要求，在机组运行尤其是启、停过程中，运行人员操作强度大，易发生误操作事故，极大影响了机组运行安全性和可靠性。

机组自启停控制实现机组全过程自动启动和全过程自动停运的综合管理、控制系统。系统而有序地管理、控制机组顺序控制系统、模拟量控制系统、锅炉炉膛安全监控系统、汽轮机数字式电液控制系统、锅炉给水和控制系统、汽轮机旁路控制系统等控制系统，并按预先设定的程序控制机组内各设备的启动、停止和运行状态，最终实现机组的自动启动或自动停运。机组自启停控制系统按照预定规范程序，自动完成机组的启、停等过程控制，提高了机组运行的安全可靠性和自动化水平。

适用于单机容量为 300MW 及以上等级配置了自启停控制系统的火力发电机组，在机组大修后应进行自启停控制试验。

自启停控制试验由电厂委托有该试验业绩的试验单位承担完成。

自启停控制试验在机组启动前冷态下进行。启动前进行的自启停控制试验是静态仿真试验，主要验证相关控制系统及其输入输出信号的正确性，为机组整套启动时自启停控制系统动态投入奠定基础。

在满足试验所需工作条件的情况下，正常完成试验需要约 8h。

（1）试验目的。机组自启停控制系统按照优化后的规范程序，自动完成机组的启、停过程控制，规范和简化了运行人员操作，降低了误操作风险，提高了机组运行的安全可靠性和自动化水平。

（2）依据规程和标准。

自启停控制试验依据的标准和文件：

DL/T 1926—2018《火力发电机组自启停控制系统技术导则》

（3）试验条件。

1）锅炉、汽轮机等分系统试运正常。

2）辅机设备如所有磨煤机、送风机、引风机、给水泵等可送至试验位。

3）DCS系统操作员站、工程师站等工作正常。

4）自启停所有相关逻辑检查核实完毕。

（4）试验内容及步骤。调试过程按照由下至上的顺序依次调试各层级工艺系统，最终实现机组启停过程自动控制。

1）自启停控制系统组态完成后进行仿真测试。利用仿真机模拟机组启动和停运过程中的各个工况，对自启停控制系统的功能组、全程控制系统、机组级控制系统进行全面的测试，确保逻辑组态和画面连接的正确性。

2）功能组仿真测试检查功能组逻辑组态是否符合设备工艺流程，画面显示是否正确。

3）机组级控制系统仿真测试检查机组级控制系统逻辑设置是否合理，断点画面显示是否正确。

4）模拟量全程控制系统仿真测试检查控制回路切换、跟踪、目标值设定是否合理，操作画面的连接、显示是否正确。

5）各功能组的静态试验在逻辑组态中模拟各个功能组的启动/停止允许条件、每步必要的工艺参数条件，若设备有调试位采用调试位进行此类试验。

6）功能组的静态试验检查功能组的每一步指令是否可按预定步序进行，功能组画面中的启停、复位、手/自动选择画面功能是否正确。

7）自启停控制系统断点的静态试验在逻辑组态中模拟每个断点的启动/停止允许条件及相应必要的工艺参数条件下进行，若断点中涉及的设备有调试位宜采用调试位进行此类试验。

8）功能组及断点的静态试验检查每一步指令是否按预定步序进行，与调用功能组之间的调用及返回功能是否合理，功能组/断点启停、复位、手/自动选择、暂停、跳步等显示是否正确。

9）断点的静态试验检查断点的容错功能是否合理、有效，当断点执行过程中出现设备故障或运行超时时，断点是否能中断程序并给出相应报警信息。

（5）安全及质量保证措施。

1）机组自启停控制系统的投入和退出功能应不影响机组的正常运行与控制。

2）机组自启停控制系统的各功能组应设置独立及并行运行方式。

3）机组自启停控制系统应具备相对独立的人机界面，以规范运行人员的操作，提供机组启停规范性及安全性的操作。

6.3 修后机组并网后热工试验

6.3.1 一次调频动态试验

一次调频动态试验是在其静态试验完成且合格的基础上方可进行。在前面部分对一次调频的静态试验做了详细介绍，本节针对动态试验与静态试验在试验顺序、试验方式、试验方案、试验安全措施等方面的差异进行说明。

一次调频动态试验在机组检修并网后带负荷试运期间进行。试验需要在机组的三个典型负荷工况开展，分别是50％、70％、90％额定负荷，因此，机组需要具备从中低负荷至高负荷，即在50％～100％额定负荷之间安全稳定运行。

一次调频试验可以与汽轮机及其调节系统参数测试试验同时进行。大修后机组并网以后进行的一次调频试验是动态试验，主要是在DEH系统阀控方式及DEH功率控制方式、协调控制方式下的一次调频试验。

试验仪器的安装、设置以及采集信号与仪器的接线需要2～4h，完成动态试验需要4～6h。

（1）动态试验条件。

1）试验分别在50％、70％、90％额定负荷稳定运行。

2）DEH阀位控制方式、DEH功率控制方式及机组协调控制方式可以正常投入。

3）DEH功率控制和协调控制系统调节品质满足要求。

4）一次调频功能可以正常投入。

5）机组的各项保护正常投入。

6）试验期间尽量维持主蒸汽压力在滑压值附近。

（2）试验测点及仪器。动态试验需在静态试验测点的基础上增加有功功率、调节级压力、高排压力、再热压力、中排压力。动态试验测点清单见表6-11。

表 6-11　　　　　　　　　　动 态 试 验 测 点 清 单

序号	测点名称	测试通道名称	测试方法	测点类型
1	一次调频转速偏差	PC	回路串接电阻，测电流	模拟量输出
2	DEH 总阀位指令输出	FDEM	回路串接电阻，测电流	模拟量输出
3	高压调节阀位移反馈	GV1～GV4	回路串接电阻，测电流	模拟量输入
4	机组功率	P	回路串接电阻，测电流	模拟量输入
5	调节级压力	p_{tj}	回路串接电阻，测电流	模拟量输入
6	高排压力	p_{gp}	回路串接电阻，测电流	模拟量输出
7	再热压力	p_{zr}	回路串接电阻，测电流	模拟量输入
8	中排压力	p_{zp}	回路串接电阻，测电流	模拟量输出

试验所需仪器见表 6-12。

表 6-12　　　　　　　　　　试 验 所 需 仪 器

序号	仪器型号	仪器名称
1	DL850	快速录波仪

（3）试验内容及步骤。

1）机组在 60％额定负荷时，分别在阀位控制方式、功率控制方式以及协调控制方式进行一次调频试验，在每个方式下分别模拟实际转速低于/高于额定转速 4r/min（对应理论负荷扰动±4MW）、6r/min（对应理论负荷扰动±8MW），用高速记录仪记录 DEH 流量指令、有功功率、频差信号（转速偏差）、调门开度等信号的动作曲线。

2）机组在 75％额定负荷时，分别在阀位控制方式、功率控制方式以及协调控制方式下进行一次调频试验，在阀位控制和功率控制方式下，分别模拟实际转速低于/高于额定转速 4r/min（对应理论负荷扰动±4MW）、6r/min（对应理论负荷扰动±8MW）和 14r/min（对应理论负荷扰动±24MW），在协调控制方式下，模拟实际转速高于/低于额定转速 4r/min（对应理论负荷扰动±4MW）、6r/min（对应理论负荷扰动±8MW）和 10r/min（对应理论负荷扰动±16MW），用高速记录仪记录 DEH 流量指令、有功功率、频差信号（转速偏差）、调门开度等信号的动作曲线。

3）机组在 90％额定负荷时，分别在阀位控制方式、功率控制方式以及协调控制方式下进行一次调频试验，在每个方式下分别模拟实际转速低于/高于额定转速 4r/min（对应理论负荷扰动±4MW）、6r/min（对应理论负荷扰动±8MW），用高速记录仪记录 DEH 流量指令、有功功率、频差信号（转速偏差）、调门开度等信号的动作曲线。

（4）安全及质量保证措施。

1）进行组态及控制参数修改前，应做好相关的组态修改记录；试验结束后应将组态中强制信号恢复。

2）接到高速记录仪的所有信号都必须牢固可靠，信号间要隔离而且不能对地短路，特别是在做完试验后解除接线的过程中，要逐个恢复每一个信号，并且同时密切观察有关信号的报警状态。

3）试验时，可造成负荷的短暂波动，运行人员需密切监视运行参数，特别是汽包水位、主蒸汽压力以及机组轴振等重要参数，如有异常情况发生，应及时通知试验人员，解除所有强制信号并中止试验，同时运行人员按照机组运行规程做相应处理。

4）在 75% 负荷段试验中要进行 14r/min 偏差的一次调频试验，对应负荷理论值为 24MW，试验时运行人员加倍注意各运行参数，如有异常立即退出试验，按照规程进行处理。

6.3.2　自动控制系统扰动试验

6.3.2.1　试验内容

机组检修后或定期需要开展自动控制系统扰动测试试验。

自动控制系统扰动试验适用于循环流化床锅炉、煤粉炉等火力发电汽轮机组。机组检修后或每年定期机组自动控制系统扰动试验。

自动控制系统扰动试验由电厂委托有该试验业绩的试验单位承担完成或自行完成。

在机组启动带过满负荷后可进行该项试验。试验需动态进行，分为负荷扰动试验和定值扰动试验。

（1）试验目的。通过定值及负荷变动试验，确定模拟量控制系统（包括协调控制系统及其子系统）动态特性，检查其动态调节品质，检验模拟量控制系统是否满足机组运行的要求，并为进一步参数调整和系统优化提供依据。

（2）试验参照标准。

试验参照的现行有效标准及规范：

DL/T 1056—2019《发电厂热工仪表及控制系统技术监督导则》

DL/T 657—2015《火力发电厂模拟量控制系统验收测试规程》

DL/T 774—2015《火力发电厂热工自动化系统检修运行维护规程》

DL/T 1213—2013《火力发电机组辅机故障减负荷技术规程》

DL/T 1210—2013《火力发电厂自动发电控制性能测试验收规程》

华北监能市场〔2015〕264号《内蒙古电网发电厂辅助服务管理实施细则》及《内蒙古电网发电厂并网运行管理实施细则》

锅炉、汽轮机等设备设计及制造厂家说明书、技术标准、图纸

（3）试验条件。

1）人员要求。

① 工作人员必须具备必要的自动控制系统知识，掌握自动调节试验的技术指标要求；技术负责人必须熟练掌握 DCS 组态功能。

② 全体人员必须熟悉国家电业安全工作规程的相关知识，并经考试合格。

③ 技术人员应熟悉电厂设备情况及运行规程。

④ 运行人员应听从电厂本专业专责工程师安排。

2）工作条件。

① 热控自动调节系统设备功能正常、满足自动调节要求。

② DCS 系统运行正常、在线组态功能完备、历史趋势和打印功能正常。

③ 主机及辅机运行正常、主机保护功能正常并能够正常投入。

④ 热控专业与运行协调工作顺利进行。

⑤ 试验措施、方案中的内容、要求及时间安排均已通过运行主管部门批准。

⑥ 工作票已办理。

⑦ 机组运行正常，稳定运行 24h 后方可进行试验。

（4）试验内容。

1）试验范围。已纳入分散控制系统的主要模拟量控制系统，主要包括：①协调控制系统。②送风量控制系统。③炉膛负压控制系统。④一次风压控制系统。⑤主蒸汽温度控制系统。⑥再热汽温控制系统。⑦磨煤机一次风量控制系统。⑧磨煤机出口温度控制系统。⑨除氧器水位控制系统。⑩高压加热器水位控制系统。⑪低压加热器水位控制。

2）负荷变动试验。

试验要求：在机炉协调控制方式下，50%～100%额定负荷范围内，负荷指令以机组

1.5%～4%Pe/min、负荷变动量为 $\Delta P = 5\% \sim 10\%$Pe，分别进行负荷单向变动试验，观察机组各主要参数。

升负荷变动试验条件：①机组负荷在 50%～100%负荷范围内稳定运行 15min。②机组 CCS 投入，RB 功能投入。③主要辅机运行正常，自动调节投入，无影响试验的检修工作进行，锅炉吹灰停止。④锅炉主蒸汽温度设定为 536℃，再热汽温设定为 534℃，汽温调节均具有一定的余量，汽温变化平稳（Δt 不等于±3℃）。

升负荷变动试验过程：

① 机组负荷在要求的负荷范围内稳定运行 15min，检查机组试验条件均满足。

② 将机组负荷变化率设定为 1.5%。

③ 将机组负荷设定值增加 20MW，试验计时开始。

④ 试验开始后，当机组主、再热汽温任意一点达到 546℃，试验终止，机、炉手动调节主蒸汽温度；如果机组负荷、给煤量、主蒸汽压力、汽包水位、汽温任意一项参数呈现"发散放大"变化时，立刻终止试验，退出 CCS 方式，运行人员手动调整各参数稳定。

⑤ 试验结束后，记录试验前后主要参数的变化。

降负荷变动试验条件：

① 机组负荷在 50%～100%负荷范围内稳定运行 15min。

② 机组 CCS 投入，RB 功能投入。

③ 主要辅机运行正常，自动调节投入，无影响试验的检修工作进行，锅炉吹灰停止。

④ 锅炉主蒸汽温度设定为 542℃，再热汽温设定为 540℃，汽温调节均具有一定的余量，汽温变化平稳（Δt 不等于±3℃）。

降负荷变动试验过程：

① 机组负荷在要求的负荷范围内稳定运行 15min，检查机组试验条件均满足。

② 将机组负荷变化率设定为 1.5%。

③ 将机组负荷设定值降低 20MW，试验计时开始。

④ 试验开始后，当机组主蒸汽温度任意一点达到 530℃，再热汽温度达 528℃，试验终止，机、炉手动调节汽温；如果机组负荷、给煤量、主蒸汽压力、汽包水位、汽温任意一项参数呈现"发散放大"变化时，立刻终止试验，退出 CCS 方式，运行人员手动调整各参数稳定。

⑤ 试验结束后，记录试验前后主要参数的变化。

3）定值扰动试验。

① 炉膛负压变动试验：

a. 保持机组负荷不变，进行炉膛压力调节系统定值阶跃扰动试验，验证炉膛压力调节系统 PID 动态参数优化效果。炉膛压力给定值扰动（扰动量±150Pa），优化其调节器 PID 动态参数。

b. 试验开始后，如炉膛负压波动呈现"发散放大"变化时，立刻终止试验，退出引风机自动、送风机自动，运行人员手动调整炉膛负压稳定，注意 CCS 也将自动退出。

c. 试验结束后，记录试验前后主要参数的变化。

② 汽包水位变动试验：

a. 保持机组负荷不变，进行汽包水位调节系统定值扰动试验，第一步进行扰动量 ±30mm 的扰动试验，该试验合格后，再进行±60mm 扰动试验。

b. 如汽包水位呈现"发散放大"变化时，立刻终止试验，退出给水泵勺管自动，运行人员手动调整汽包水位稳定。

c. 如汽包水位波动至±100mm 时，立刻终止试验，退出给水泵勺管自动，运行人员手动调整汽包水位稳定。

d. 试验结束后，记录试验前后主要参数的变化。

③ 主、再热蒸汽温度变动试验：

a. 保持机组负荷不变，分别对过热器和再热器减温水调门进行流量特性试验；过热器和再热器喷水后温度进行±6℃定值扰动；过热、再热出口温度进行±6℃定值扰动；过热器、再热器烟气挡板进行阶跃扰动，来验证减温水系统的自动调节能力，优化主蒸汽温调节器 PID 动态参数。

b. 试验开始后：如汽温曲线呈现"发散放大"变化时，立刻终止试验，退出减温水调门自动，运行人员手动调整汽温稳定。

c. 试验结束后，记录试验前后主要参数的变化。

④ 一次风压变动试验：

a. 保持机组负荷不变，一次风压给定值改变±0.3kPa，验证一次风机系统的自动调节能力。

b. 试验开始后，如热一次风母管的压力波动呈现"发散放大"变化时，立刻终止试验，退出两台一次风机导叶自动，运行人员手动调整一次风压力稳定，注意检查运行磨煤机有无"堵煤"现象。

c. 试验结束后，记录试验前后主要参数的变化。

⑤ 送风量变动试验：

a. 保持机组负荷不变，送风量给定值改变±3％，验证送风机系统的自动调节能力，优化送风量调节器 PID 动态参数。

b. 试验开始后，如送风量波动呈现"发散放大"变化时，立刻终止试验，退出两台送风机动叶自动，运行人员手动调整送风风量稳定，试验过程中严密监控炉膛负压的变化。

c. 试验结束后，记录试验前后主要参数的变化。

⑥ 磨煤机一次风量和出口温度扰动试验：

a. 保持机组负荷不变，磨煤机入口一次风量设定值改变±5％当前风量，验证磨煤机一次风调节系统的自动调节能力；磨煤机出口温度设定值改变±5℃，验证磨煤机出口温度的自动调节能力。

b. 磨煤机入口一次风量扰动试验开始后，如磨煤机入口一次风量曲线呈现"发散放大"变化时，立刻终止试验，退出磨煤机热一次风挡板自动，运行人员手动调整磨煤机入口一次风量稳定，注意检查运行磨煤机有无"堵煤"现象。

c. 磨煤机出口温度扰动试验开始后，如磨煤机出口温度曲线呈现"发散放大"变化时，立刻终止试验，退出磨煤机冷一次风挡板自动，运行人员手动调整磨煤机出口温度稳定。

d. 试验结束后，记录试验前后主要参数的变化。

⑦ 除氧器水位变动试验：

a. 保持机组负荷不变，进行除氧器水位调节系统定值扰动试验，除氧器水位给定值扰动（扰动量±100mm），优化其调节器 PID 动态参数。

b. 试验开始后，如除氧器水位呈现"发散放大"变化时，立刻终止试验，退出除氧器水位自动，运行人员手动调整除氧器水位稳定；除氧器水位波动至上限（2600mm）或下限（1600mm）时，立刻终止试验，退出除氧器水位自动，运行人员手动调整除氧器水位稳定。

c. 试验中注意凝汽器水位，凝结水泵电流变化。

d. 试验结束后，记录试验前后主要参数的变化，逐渐将除氧器水位设回至原值。

⑧ 高、低压加热器水位变动试验：

a. 保持机组负荷不变，进行高、低压加热器水位调节系统定值扰动试验，高、低压加热器水位给定值扰动（扰动量±50mm），优化其调节器 PID 动态参数。

b. 试验开始后，如水位呈现"发散放大"变化时，立刻终止试验，退出水位自动，运行人员手动调整高水位稳定；水位波动至上限或下限时，立刻终止试验，退出水位自动，运行人员手动调整水位稳定。

c. 试验结束后，记录试验前后主要参数的变化，逐渐将水位设回至原值。

测试结果记录，机炉协调系统测试结果记录见表6-13。

表6-13　　　　　　　　　　　机炉协调系统测试结果记录

负荷跟随试验动态品质指标	负荷指令变化率（%Pe/min）	实际负荷指令变化率（%Pe/min）	负荷相应纯迟延时间（s）	负荷偏差（MW）	主蒸汽压力（MPa）	主蒸汽温度（℃）	再热蒸汽温度（℃）	汽包水位（mm）	炉膛压力（Pa）
标准值	1.5	≥1.5	90	±5	±0.6	±10	±12	±60	±200
实际值									

6.3.2.2　安全及质量保证措施

（1）热控调节系统扰动试验是在运行人员配合下，共同进行的。热控人员提出扰动量要求，由运行人员根据机组运行工况，实施操作。然后按被调量响应调节过程曲线分析结果，由热控人员调整调节系统PID动态参数，直到调节品质达到要求为止。动态试验过程中，机组运行出现异常工况时，立即中止试验，由运行人员进行事故处理。待机组运行恢复正常工况后，再重新进行试验。

（2）试验时，应在预定工况下投入与其相关联的调节系统。以防因进行动态试验，机组运行参数剧烈波动，危及机组安全。运行人员要严密监视机组运行参数变化，并做好事故预想。

（3）试验时，机组各系统相应的热工保护装置必须投入，且动作安全可靠。

（4）对正常运行的调节系统，进行软件编程组态修改时，要防止调节系统因运行方式的切换改变，使得系统造成较大的扰动。

（5）试验中，因试验需要在软件编程组态内临时设置的强制条件和置数，试验完成后及时撤除，恢复原状态。

（6）试验期间，不得在距DCS机柜3m以内使用无线通信设备（对讲机、手机、笔记本电脑无线上网接口件等）。

（7）进行模件板检查、插拔、调换时，应手戴有良好接地的防静电护腕，不得用手触摸模件板上的电子元部件，以防人体静电感应损坏电子元部件。

（8）一次风压扰动试验应先升后降，高/低压加热器水位、汽包水位扰动试验应先降后升。

（9）给水定值扰动试验、汽包水位扰动试验、炉膛负压扰动试验等危险性较大的试验应先小幅度改变定值，待调整好后再按照标准加大扰动幅度进行试验。

（10）试验时，对应调节系统的被调量与执行机构应有足够的调节裕量；应保证被调量在安全范围内，避免触发保护。

（11）系统有故障或工况不佳时，可适当减小扰动范围或不做该系统的扰动试验，并在报告中说明情况。

（12）主、再热蒸汽控制系统扰动试验时，应保证锅炉不超温。

（13）超临界机组过热度控制或给水系统扰动试验时，应保证不转态、锅炉不超温。

（14）汽包水位控制应保证事故防水门不连开。

（15）高、低压加热器水位扰动应从高压侧开始做试验，待参数调整完毕且水位稳定后，逐级做试验。

（16）风险较大调节系统试验时，可对控制器指令做限幅。

（17）试验时，运行人员应全程监视，当控制系统发散或系统有其他故障，运行人员应迅速将该系统切至手动状态，并调整至安全范围。

（18）试验完成后，运行人员应该逐步恢复系统，热控人员检查恢复 DCS 组态。

6.3.3　辅机故障跳闸（RB）动态试验

辅机故障跳闸（RB）动态试验是在其静态试验完成且合格的基础上方可进行。在前面部分对辅机故障跳闸（RB）动态试验的静态试验做了详细介绍，本节针对动态试验与静态试验在试验顺序、试验方式、试验方案、试验安全措施等方面的差异进行说明。

辅机故障跳闸（RB）试验在机组并网带 50％ 以上额定负荷下进行。辅机故障跳闸（RB）试验是机组并网后的在线动态试验。就地操作设备事故停止按钮进行试验。

在满足试验所需工作条件的情况下，正常完成试验需要 4～8h。

（1）试验目的。RB 动态试验是对机组自动控制系统性能和功能的考验。RB 试验主要检验机组主要辅机发生故障时，机组快速降负荷，维持锅炉允许出力的能力以及机组 RB 功能及各自动调节系统的控制能力。

（2）试验条件。

1）机组正常运行时，所有辅机设备运行正常。

2）机组能够达到规定试验负荷并稳定运行。

3）锅炉 FSSS 逻辑传动正常，机组投入所有锅炉主保护。

4）所有锅炉闭环调节均已通过静态调试，所有 RB 静态检查试验完毕。

5）机组各个单项闭环调节系统在锅炉运行至带满负荷过程中均完成动态试验，自动全部投入，调节品质优良。

6）协调控制经调试合格，负荷变动试验完成，调节品质优良。

（3）试验内容及步骤。

根据引风机、送风机、一次风机或给水泵的运行状态计算出最大允许负荷，当其中的任一辅机设备发生跳闸时，计算得出的最大允许负荷如小于机组实际负荷，将产生 RB。

RB 工况发生后，FSSS、SCS 控制系统将完成锅炉主要辅机之间或与辅机有关的辅助设备的启停等相应的联锁和保护，同时 RB 控制回路还将完成必要的逻辑控制。

1）两台一次风机运行，其中一台跳闸，发生一次风机 RB，目标负荷 50% 额定负荷，快速减煤至 50%额定负荷对应煤量。未跳闸一次风机快速跟随实际负荷调整热一次风压力；协调控制切为 TF（机跟随）方式、滑压控制，为达到平稳快速降负荷的目的，RB 发生时，要限制压力变化率为一定值；总风量按负荷变化曲线快速下降，并自动调整。

2）送风机 RB，发生条件同上，目标负荷 50%额定负荷，快速减煤至 50%额定负荷对应煤量。未跳闸送风机快速跟随实际负荷调整；协调控制切为 TF（机跟随）方式、滑压控制，为达到快速降负荷的目的，对压力变化率设置为较大一定值；总风量按负荷变化曲线快速下降，并自动调整。

3）引风机 RB，发生条件同上，目标负荷 50%额定负荷，快速减煤至 50%额定负荷对应煤量。未跳闸引风机快速调整炉膛压力；协调控制切为 TF（机跟随）方式、滑压控制，为达到快速降负荷的目的，同样对压力变化率设置为较大一定值；总风量按负荷变化曲线快速下降，并自动调整。

4）给水泵 RB，对配置两台 50%容量汽动给水泵，一台 50%容量电动给水泵，两台汽动给水泵运行，其中一台跳闸，若电动给水泵未联起成功，触发给水泵 RB，目标负荷 50%额定负荷，快速减煤至 50%额定负荷对应煤量。未跳闸汽泵快速调整给水量；协调控制切为 TF（机跟随）方式、滑压控制。对于配置三台 50%容量电泵机组，两台电动给水泵运行，其中一台跳闸，若备用电动给水泵未联起，触发给水泵 RB，目标负荷 50%额定负荷。对于配置两台 50%容量汽动给水泵机组，一台 30%容量电动给水泵，两台汽动给水泵运行，其中一台跳闸，立即触发给水泵 RB，目标负荷 50％额定负荷。对于配置一台 100％容量汽动给水泵，两台 50％容量电动给水泵，若汽动给水泵跳闸，只联起一台电泵，则触发给水泵 RB。

（4）安全及质量保证措施。

1）RB 试验的内容、要求和时间安排均已通过试验领导小组负责人和调度批准。

2）机组主要保护必须投入，当出现保护动作机组跳闸后，应按照规程迅速恢复机组运行。

3）试验过程中出现危及机组安全的重大问题，应终止试验。按照事故情况处理。

4）在试验中，监视主要运行参数及主要调节系统的工作情况，对于调节品质不好的调节系统要及时切除，转为手动调节。

5）若机组功率摆动较大，汽轮机 DEH 应切至阀位方式，稳定机组负荷在 RB 发生后的目标负荷。

6）试验中防止跳闸风机倒转，做好相应措施。

7）在进行 RB 试验过程中，若出现事故应参照机组运行规程处理。

6.3.4 自动发电控制 （AGC）试验

单元机组自动发电控制（AGC）是 CCS 控制的一部分，它接受中调来的负荷指令，直接控制单元机组的负荷升、降过程，自动完成机炉的控制，以维持电网负荷的平衡和电网频率的稳定。

火电机组的模拟量控制系统需能够满足机组定压-滑压-定压运行及 RB 等工况的要求；以下控制系统能够稳定投入，且经过负荷变动试验，满足 AGC 试验要求：机炉协调控制系统、主蒸汽压力调节系统、主蒸汽温度调节系统、给水调节系统、一次风调节系统、二次风调节系统、炉膛负压调节系统等。在此基础上，再进行 AGC 试验。

AGC 试验主要是对协调控制系统进行负荷变动试验，检查机组的主蒸汽压力、主蒸汽温度、再热蒸汽温度、汽包水位或中间点温度及炉膛压力等调节子系统响应负荷变化的能力。通过负荷增减过程，检查 CCS 系统遥控 DEH 的能力及锅炉主控对负荷需求的响应，为长期稳定投入机炉协调控制系统、AGC 功能奠定基础。

AGC 试验是检查机组在中调负荷指令变化的情况下，机组响应负荷变化的能力。并且保证电网安全经济运行，提高供电电源质量及电网运行水平；提高电网频率的控制水平，根据中调指令通过协调控制系统进行二次调频；检验机组在协调控制方式下，主要热控自动控制系统的调节品质是否满足规程的要求；检验机组协调方式下是否满足各省或区域电网《电网自动发电控制（AGC）运行管理办法》《电网自动发电控制 AGC 运行考核管理办法》的升降负荷要求。火电机组 AGC 系统结构如图 6-1 所示。

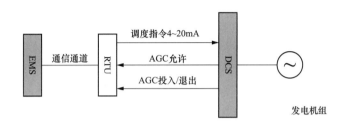

图 6-1　火电机组 AGC 系统结构图

自动发电控制（AGC）试验适用于 200MW 等级以上大型火力发电汽轮机组。汽轮机组大修后，根据电厂要求及机组情况进行自动发电控制（AGC）试验。

自动发电控制（AGC）试验由电厂委托有该试验业绩的试验单位承担完成。

自动发电控制（AGC）试验在机组并网带 50％以上额定负荷下进行。自动发电控制（AGC）试验是机组并网后的在线动态试验，需要电网调度下发 AGC 负荷指令，机组根据 AGC 指令进行跟踪调节机组出力。

在满足试验所需工作条件的情况下，正常完成试验需要约 2h。

（1）试验目的。

通过 AGC 试验分析机组自动发电控制性能和各项指标是否合格，保证机组 AGC 功能完善，达到能够满足其网调 AGC 运行管理要求目的。

（2）依据规程和标准。

自动发电控制（AGC）试验依据的标准和文件：

DL/T 1210—2013《火力发电厂自动发电控制性能测试验收规程》

DL/T 657—2015《火力发电厂模拟量控制系统验收测试规程》

《省电网自动发电控制（AGC）运行管理办法》

《区域电网自动发电控制 AGC 运行考核管理办法》

（3）试验条件。

1）远程终端（RTU）和 DCS 系统间信号正常，AGC 信号通道正常。

2）RTU 和 DCS 间传送指令精度、死区和延迟符合要求。

3）参数设置完成，AGC 控制方式切换、负荷和速率设定及限幅、闭锁等功能正常。

4）机组投入所有锅炉主保护。

5）机组能够达到额定负荷，所有辅机设备运行正常。

6）所有锅炉闭环调节系统试验均已完成，所有 AGC 条件下的静态传动检查试验已经完成。

7）锅炉各单项闭环调节系统在锅炉运行至带满负荷过程中均完成动态试验，自动调节系统全部投入，调节品质优良。

（4）试验内容及步骤。

依照各省或区域电网自动发电控制（AGC）运行管理办法的要求，在 AGC 控制方式下，负荷跟随试验应在 50%～100%额定负荷范围内进行，负荷指令以不低于 1.5%额定负荷/分钟的变化率连续增、减（或减、增）各 1 次。机组 AGC 试验调节品质过程记录见表 6-14。

表 6-14 机组 AGC 试验调节品质过程记录

参数		负荷变动试验动态品质指标	AGC 负荷跟随试验动态品质指标	稳态品质指标
负荷指令变化速率（%Pe/min）	允许值			
	实测值			
实际负荷变化速率（%Pe/min）	允许值			
	实测值			
负荷响应纯迟延时间（s）	允许值			
	实测值			
负荷偏差（%Pe）	允许值			
	实测值			
主蒸汽压力（MPa）	允许值			
	实测值			
主蒸汽温度（℃）	允许值			
	实测值			
再热蒸汽温度（℃）	允许值			
	实测值			
炉膛压力（Pa）	允许值			
	实测值			
烟气含氧（%）	允许值			
	实测值			

（5）安全及质量保证措施。

1）AGC 试验的内容、要求和时间安排均已通过试验领导小组负责人和调度批准。

2）机组主要保护必须投入，当出现保护动作机组跳闸后，应按照规程迅速恢复机组运行。

3）设置 AGC 参数时，应严格执行组态修改及审批制度，防止 AGC 投入后系统误动或拒动。

4）检查 AGC 控制方式切换、负荷和速率设定及限幅、闭锁等功能时，应严格执行信号强制登记、审批制度，防止信号强制错误或强制未恢复等事故。

5）AGC 负荷跟随试验时，应严格遵守调试规范，密切观察各关键运行参数变化、信号状态、设备状态等，并做好记录，若系统出现大幅波动、关键参数超标、设备超负荷或故障运行等事故，应及时退出 AGC，防止事故扩大化。

6）试验过程中应随时联系调度，做好相应事故预想，若出现事故应参照机组运行规程及时处理。

6.3.5　汽轮机调门流量特性试验

汽轮机高压调门开度与通流量之间的关系，即是调门的实际流量特性。汽轮机调门的流量特性曲线主要作用就是保证机组理论计算流量与实际流量之间保持一致。通过汽轮机调门流量特性试验检验汽轮机高压调门是否存在缺陷；为优化 DEH 中阀门管理曲线的设置、提升汽轮机控制系统的稳定性和控制精度提供依据；防止机组发生有功功率振荡，更好地满足机组一次调频、AGC 的需求，提升汽轮发电机组的安全、稳定、经济运行水平。

适用于具有喷嘴调节运行方式的火力发电机组汽轮机高压调节门流量特性试验。汽轮机组高压调节门及其主要部件检修或更换后，汽轮机通流或调节系统改造后，高压调门阀序改变后，机组负荷控制系统因调节门缺陷调节性能（稳定性、快速性、准确性）达不到要求时应进行汽轮机调门流量特性试验。

汽轮机调门流量特性试验由开展火电机组检修的电厂委托有该试验业绩的试验单位承担完成。

汽轮机调门流量特性试验在机组并网后自动主汽门、调门活动试验完成后进行的在线动态试验。

在满足试验所需工作条件的情况下，由电厂相关部门通知试验人员进入现场。试验仪器的信号接入与仪器设置需要 2~4h，正常完成试验需要约 8h。

（1）试验目的。

测取机组汽轮机高调门真实的流量特性曲线，并检查其流量指令与实际流量是否线性；通过流量特性曲线优化，提高机组控制水平，以确保机组安全、经济、稳定运行。

（2）依据规程和标准。

试验依据的标准和文件：

T/CSEE 0104—2019《汽轮机高压调节阀流量特性测试技术导则》

DB52T 1248—2017《汽轮机高压调节汽阀流量特性测试规范》

（3）试验条件。

1）机组在设计的正常工况下稳定运行，负荷能从额定负荷（汽轮机高调门全开时）至 50％左右的额定负荷范围之间变化。

2）试验所需参数的测量设备（如变送器等）应满足精度要求，并具有有效期内的检定合格证书。

3）使用 DCS 控制系统对主蒸汽压力、调节级压力、主蒸汽流量、流量指令、阀位指令/开度、功率等参数进行采集，参数精度满足要求。

4）试验过程中需保证机组燃用的煤质相对稳定。

（4）试验仪器。试验所需仪器见表 6-15。

表 6-15　　　　　　　　　　　　　　　试验所需仪器

序号	仪器型号	仪器名称
1	DL850	16 通道高速录波仪

（5）试验内容及步骤。

1）参数设置及组态修改。在试验中需要将顺序阀方式下的重叠度取消，并在线修改原顺序阀曲线。

2）参数趋势组设置。为了分析和计算机组调门的流量特性曲线，需要将表 6-16（表中测量精度除了温度测点外，其他测点测量精度以测点量程的百分数来表示）所列参数加入历史记录，显示记录曲线的同时还可以看到曲线数据。

表 6-16　　　　　　　　　　　　高调门流量特性测试测点清单

序号	测点名称	测量精度	备注
1	汽轮机侧主蒸汽温度（℃）	<0.5	
2	汽轮机侧主蒸汽压力（MPa）	0.25	
3	调节级后温度（℃）	<0.5	
4	调节级后压力（MPa）	0.25	

序号	测点名称	测量精度	备注
5	机组电功率（MW）	0.1	
6	机组流量指令（总阀位指令）（%）	0.1	
7	高压缸排汽温度（℃）	<0.5	
8	高压缸排汽压力（MPa）	0.25	
9	GV1 反馈阀位（%）	0.1	
10	GV2 反馈阀位（%）	0.1	
11	GV3 反馈阀位（%）	0.1	
12	GV4 反馈阀位（%）	0.1	
13	再热器减温水量（t/h）	0.1	
14	热再热蒸汽压力（MPa）	0.1	

3）解除 AGC，由运行人员将功率调整至额定功率。维持机组功率不变，由运行人员逐渐减小压力设定值，使主蒸汽压力逐渐下降，汽轮机高调门逐渐自动开大，直至所有汽轮机高调门全开。

① 原高调门流量特性曲线的验证试验。判断原高调门流量特性曲线是否满足电调控制系统中流量指令与实际流量呈线性关系的要求。

a. 降低主蒸汽压力到适当值，将汽轮机四个调门全部开满，由锅炉侧维持主蒸汽压力、温度及其他主要参数稳定，汽轮机高调门在单阀运行方式下，由运行人员改变 DEH 目标值，各高调门按相同开度动作，测取主蒸汽压力、调节级压力、主蒸汽温度、流量总指令（阀门总指令）与实际负荷等参数。

b. 通过计算得出当前的流量特性曲线下流量指令与实际流量的关系，检查单阀方式下原流量特性曲线与实际流量是否呈线性。

c. 降低主蒸汽压力到适当值，将汽轮机四个调门全部开满，由锅炉侧维持主蒸汽压力、温度及其他主要参数稳定，汽轮机高调门在多阀运行方式下，由运行人员改变 DEH 目标值，各高调门按设定顺序依次动作，测取主蒸汽压力、调节级压力、主蒸汽温度、流量总指令（阀门总指令）与实际负荷等参数。

d. 通过计算得出当前的流量特性曲线下流量指令与实际流量的关系，检查顺序阀方式下原流量特性曲线是否存在重叠度未重合或重合过度部分，检查流量指令与实际流量是否呈线性。

② 高调门流量特性测试。通过相关的热力试验测取热力参数，通过计算得出单阀方式和顺序阀方式下的实际的流量特性曲线。

a. 在低压力下采用单阀控制方式将所有调门全部开满，缓慢将调门流量指令由

100％降到35％左右，过程中维持主蒸汽压力不变，记录每个调门的开度、主蒸汽压力、调节级压力、实际功率等信号。

b. 通过计算得出单阀控制方式下的流量特性曲线。

c. 在低压力下采用顺序阀控制方式将所有调门全部开满，取消重叠度，缓慢将调门流量指令由100％降到50％左右，过程中维持主蒸汽压力不变，记录每个调门的开度、主蒸汽压力、调节级压力、实际功率等信号。

d. 通过计算得出顺序阀控制方式下的流量特性曲线。

e. 将单阀、顺序阀方式下的流量特性曲线写入电调控制系统中。

③ 机组实际高调门流量特性验证试验。验证通过试验得到的曲线与机组实际流量特性是否相符，验证单阀、顺序阀方式的流量特性曲线是否合适。

a. 将计算出的各函数曲线添加到DEH的对应函数中。

b. 在低压力下采用单阀控制方式将所有调门全部开满，缓慢将调门流量指令由100％降到50％左右，过程中维持主蒸汽压力不变，记录每个调门的开度、主蒸汽压力、调节级压力、实际功率等信号。

c. 通过计算验证测得的单阀方式的流量特性曲线与实际的流量特性曲线是否相符，负荷变化是否呈线性。

d. 在低压力下采用顺序阀控制方式将所有调门全部开满，缓慢将调门流量指令由100％降到50％左右，过程中维持主蒸汽压力不变，记录每个调门的开度、主蒸汽压力、调节级压力、实际功率等信号。

通过计算验证测得的顺序阀方式的流量特性曲线与实际的流量特性曲线是否相符，负荷变化是否呈线性。

(6) 安全及质量保证措施。

1) 进入工程师站必须履行准入手续，试验人员现场操作必有人员监护。

2) 进行组态及控制参数修改前，应做好相关的组态修改记录。

3) 在做动态试验时，运行人员需密切监视运行参数，特别是汽包水位、主蒸汽压力以及机组轴振等重要参数，如有异常情况发生，应及时通知试验人员，解除所有强制信号并中止试验，同时运行人员按照机组运行规程做相应处理。

4) 严格执行电力安全工作规程的有关部分及工作票制度，试验时汽轮机本体不应有工作，周围不应有人，运行人员现场检查，防止发生人身和设备损坏。

第7章

环保检修试验

火力发电厂环保检修试验包括修后机组冷态下试验，如环保设备辅机传动、单体试验等、动态验收试运和修后机组并网后性能试验等。

7.1 修后机组冷态下环保试验

7.1.1 环保试验基础性工作

环保试验基础性工作可按照锅炉侧试验方案完成相应工作，如阀门/挡板试验、调整门试验、辅机联锁及保护试验等。

7.1.2 冷态验收前环保分部试运

火力发电厂环保设备主要包括除尘器、脱硫系统和脱硝系统相关设备，检修过程中按照检修项目进行相应的验收试验。

冷态验收前环保试验主要指除尘器、脱硫、脱硝设备的验收试验。

7.1.2.1 电除尘器试验

（1）冷态检修过程中电除尘检修应完成的试验。检修过程中应把电除尘相关设备检修完毕。冷态验收前电除尘器试验见表7-1。

表 7-1　　　　　　　　　　　冷态验收前电除尘器试验

序号	试验项目	试验情况
1	气流分布均匀性试验	
2	集尘极和放电极振打性能试验	
3	极间距测定与空载升压试验	
4	振打加速度性能试验	
5	电除尘器严密性试验	

（2）试运前应具备的条件。

1）电除尘器本体、辅助设备及供电装置的检修、保温工作已结束。

2）电除尘器内部清洁，各孔洞要堵严不漏。

3）检修质量应符合要求，各极板应平整无毛刺，平面弯曲小于0.7%，侧面不直度小于4mm，安装后不平度小于±5mm。

4）极板与电晕线间距、极板和电晕线与外壳框架间距以及极板、电晕线自身间距都应符合要求，异极间距误差应保证为±5mm，同极间距误差应保证在±10mm之内。

5）各极板和电晕线与框架连接要牢固，框架与外壳留有足够热胀间隙，使其活动自由。

6）振打装置已装完，振打轴的转动系统活动要灵活。

7）在灰斗内搭好临时测量用脚手架，检查气流均匀装置应安装好并符合要求。

8）灰斗、排灰装置及有关保温，均经检查质量符合要求。

9）供电装置经检查和有关电气试验合格。

（3）试验方法、程序。

1）气流分布均匀性试验。

① 为了消除模型和大工业设备的误差（其中包括制造和安装误差），通过调整空板局部的开孔率，改变导流板的角度来满足气流分布均匀的要求。

② 气流均匀性评定标准，以均方根法评判标准最为严格，电力系统大都采用均方根法作为评判标准，即

$$\sigma = \sqrt{\frac{1}{n} \sum_{i=1}^{n} \left(\frac{\nu_i - \nu}{\nu}\right)^2} \qquad (7\text{-}1)$$

其评定标准为：当$\sigma \leq 0.1$时，气流分布为优；$0.1 < \sigma \leq 0.15$时，气流分布为良好；$0.15 < \sigma \leq 0.25$时，气流分布为合格。

2）振打特性试验。

① 振打电机必须连续空载运行2h以上，检查机构是否灵活，有无异常发热现象、振打和噪声，并消除之。

② 进行整体试车，检查有无卡死现象，并消除之。

③ 试车时进行振打运作方式确认，观察振打角度及动作周期是否符合设计要求。

④ 检查锤头与承击砧点位置是否符合要求，然后将振打开关打入自动，振打时间可以设定，且准确、自动可靠。

3）电加热器的通电测试。

① 电加热器安装前需核对电加热器铭牌上的型号和参数是否与设计要求相符，并进

行耐压试验和绝缘电阻测定。交流耐压试验值为 2000V，绝缘电阻大于 50MΩ。

② 若从安装到使用间隔时间较长，应在加额定电压之前，先摇一下绝缘电阻是否达到标准要求。

③ 开启电加热器检查。

a. 有无断路情况。

b. 升温速度情况。

c. 温度控制范围是否准确。

④ 电加热由恒温计自动控制的试验必须在正常烟气后才能实际进行。

4）冷态电场空载升压试验。

① 冷空电场升压调试步骤：应先进行空载通电升压试验（静态空电场升压调试），再进行动态空电场升压调试。

② 在分别对各电场升压调试前，应先投入绝缘子室的加热系统，除去绝缘子室及绝缘子表面的潮气。

③ 按启动按钮，电流、电压缓慢上升。当电流上升到额定电流值 50％时，由于电流极限的整定作用，电流、电压停止上升，此时可将操作选择开关置（自动）位置，电流极限逐步往限制最小方向调节，如电场未出现闪络，可调节达到额定输出电流值。

④ 空载通电升压并联供电的试验：由于空载通电升压试验时空气电流密度大，以致单台高压硅整流变压器对单个电场常有供电容量不定的问题，即二次电流达到额定值后被锁定，二次电压无法升到电场击穿值。此时可采用两台容量相同的高压硅整流变压器并联对同一电场供电。

（4）除尘器投运步骤。

1）投运前的检查工作完毕，所有的安全措施得以落实，有关人员已就位。

2）各加热器至少在开始启动前 8h 投运，以确保灰斗内和各绝缘件干燥不引起任何损害，检查各加热器系统的电流是否正常。

3）打开进出口烟道（进出口连通烟道除外）上各挡板风门。

4）启动引、送风机。

5）向电场通烟气预热以消除电除尘器内部机件上的潮气，预热时间依据电场内气体温度湿度而定，一般以除尘器出口烟气温度达到烟气露点即可。

6）启动排灰系统。

7）启动所有振打机构。

8）开动低压操作系统的各种功能，使报警和安全联锁、温测、温控装置、灰位检测、落灰及输灰处于自动控制运行状态。

9）在锅炉点火之后，合上高压控制柜的电源开关，然后按动启动按钮，开动高压控制系统各种功能，待电场电压升至闪络点，使电场投入运行。

10）热风吹扫系统的启动：电加热先投 5min 左右，然后启动风机，停止时先关闭风机，再停止电加热。

（5）安全注意事项。

1）电除尘器是高压设备，人身安全要特别注意，凡整流/变压器附近高压引入部位绝缘子室投运时，人必须在安全距离之外。

2）如要进入电除尘器内部进行调整时，必须办理工作票。

3）电除尘器空载升压试验必须在锅炉首次点火前完成且合格。

4）其他运行操作及事故处理均按电厂运行规程处理。

7.1.2.2 袋式除尘器试验

检修过程中袋式除尘检修应完成的试验。冷态验收前布袋除尘器试验见表 7-2。

表 7-2　　　　　　　　　冷态验收前布袋除尘器试验

序号	试验项目	试验情况
1	过滤风速测试	
2	设备阻力试验	
3	本体漏风率测试	
4	除尘效率试验	

7.1.2.3 电袋式除尘器试验

电袋除尘检修应完成的试验可参照电除尘和布袋除尘器试验方案。

7.1.2.4 湿式除尘器试验

检修过程中湿式除尘器检修项目见表 7-3，期间应完成的试验可参照电除尘器试验方案。

表 7-3　　　　　　　　　检修过程中湿式除尘器试验

序号	试验项目	试验情况
1	喷淋装置试验	
2	空载升压试验	

7.1.2.5　旋转电极除尘器试验

检修过程中旋转电极除尘器检修项目见表 7-4，期间应完成的试验可参照电除尘器试验方案。

表 7-4　　　　　　　　　　　　　　检修过程中旋转电极除尘器试验

序号	试验项目	试验情况
1	阳/阴极振打检修	
2	旋转阳/阴极系统检修	
3	旋转阳/阴极清灰系统检修	
4	电除尘壳体和进出口封头系统检修	
5	灰斗系统检修	

7.2　修后机组并网后环保试验

火力发电厂修后机组环保试验主要包括修后除尘器性能试验、脱硫系统性能试验和脱硝系统性能。

7.2.1　除尘器性能试验

为检验检修后除尘器运行效果，按照有效的标准试验方法和规程，对该除尘器进行除尘性能考核试验，包括对烟尘排放浓度、除尘效率、烟气量、排烟温度、烟尘排放量、氧量、过剩空气系数等参数进行测试与计算。试验项目包含除尘器压力降试验，漏风率测试试验和除尘效率试验。

除尘器性能试验适用于电除尘、袋式除尘、电袋复合除尘和湿式电除尘等类型除尘器检修后的验收试验。

除尘器性能试验需机组带负荷后进行。除尘器性能试验以电除尘试验方案为例，其他类型除尘器可参照执行。

（1）试验目的。根据除尘器具体检修项目及内容进行针对性的相关验收试验，主要检验机械部分和电气部分设备检修质量及电除尘器的性能。

（2）依据规程和标准。

除尘器性能试验依据的标准和文件：

GB/16157—1996《固定污染源排气中颗粒物测定与气态污染物采样方法》

GB 13223—2011《火电厂大气污染物排放标准》

DL/T 414—2012《火电厂环境监测技术规范》

HJ/T 75—2007《固定污染源烟气排放连续监测技术规范（试行）》

HJ/T 76—2007《固定污染源烟气排放连续监测技术要求及检测方法（试行）》

（3）试验条件。

1）测孔附近如果没有操作平台，应就地搭脚手架。

2）测试期间燃烧煤种、煤量和锅炉运行工况（空气量、负压）应保持稳定，锅炉负荷要稳定在100%额定值。

3）测试期间锅炉正常进行吹灰、打渣，不投油助燃，系统不启停，送引风机挡板开度不进行大的调整。

4）如果是夜晚测试，除尘器测孔附近应有充足的照明。

5）整个试验过程需要发电厂的协助和配合。

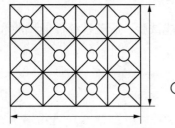

图 7-1 烟道断面网格法采样测点示意图

（4）试验内容和方法。

1）测点布置。烟尘、烟气气体污染物的采样部位选在除尘器的进、出口矩形烟道上，测点采用烟道断面网格法布置，测点布置，如图 7-1 所示。

2）试验方法。

① 试验之前先在实验室里烘干并称量滤筒，编号记录。测试取样完毕后，同样烘干称重，利用差量法分别计算进出口烟尘浓度。

② 现场测试取样：先预测烟气流速和流量，选择合适的采样嘴；将滤筒放入采样管开始取样，根据泵的抽力更换采样管中的滤筒。将取好样的滤筒放入编号对应的信封。注意取出滤筒时，不能把滤筒中的烟尘倒撒外面。

③ 测量除尘器出、入口氧量、烟温、烟尘浓度等参数。

④ 记录采样时间、当地大气压和烟道几何尺寸。

⑤ 做好现场数据与实验条件记录。

⑥ 根据现场数据计算各个参数并做分析。

3）试验内容。

① 在稳定负荷（锅炉负荷100%）工况下，测试锅炉除尘器进口、出口烟道的烟气

量、流速。

② 在稳定负荷（锅炉负荷100%）工况下，测试锅炉除尘器进口、出口烟道的含尘浓度、氧量。

③ 在稳定负荷（锅炉负荷100%）工况下，测试锅炉除尘器进口、出口烟道的烟温、湿度。

（5）安全及质量保证措施。

1）必须树立安全第一的思想，进入现场必须正确佩戴安全帽，着装要符合有关规定，不得穿拖鞋、凉鞋和高跟鞋进入现场，带电和高空作业必须有人监护，同时高空作业必须系安全带。

2）现场应穿戴相应的防护用品，作业前应制定相应的安全措施，并做好"三交三查"。

3）试验人员必须熟悉相关设备、系统的结构、性能以及测试方法和步骤。

4）试验工作在统一指挥下进行，试验期间若机组运行出现异常状况，运行人员根据运行规程操作，然后通知试验人员。

5）若试验现场发生意外危险，试验人员应尽快远离危险区域。经试验证明系统确已正常、可靠地工作后，各试验监视岗位的人员方可撤离。

6）测试现场往往是临时拖接电源，必须注意只能接220V交流电源，防止误接其他工业电源，损坏仪器，甚至造成人身伤害。电源可靠接通测试正常后，再打开仪器的电源开关。

7）试验人员应坚守岗位，各负其责，正确操作；测试期间注意遵守《安全生产工作规定》，防止触电事故和高空坠落事故发生。

7.2.2 脱硫系统性能试验

脱硫系统性能试验适用于湿法脱硫系统设备检修、干法/半干（半湿）法脱硫系统设备检修后的验收试验。脱硫设备的性能试验应在检修后运行半个月后进行，性能验收试验宜在设计工况下持续运行7天以上。

脱硫系统性能试验应由火力发电厂委托有该试验业绩的试验单位承担完成。

脱硫系统性能试验需在机组带负荷后，改变锅炉出力进行。

（1）试验目的。在脱硫系统100%、75%、50%负荷（指烟气流量）的情况下进行全套FGD装置的性能考核试验，并做出该脱硫系统的性能评价。

（2）依据规程和标准。项目所依据的规程和标准：

GB 16157—1996《固定污染源排气中颗粒物测定与污染物采样方法》

DL/T 998—2016《石灰石-石膏湿法烟气脱硫装置性能验收试验规范》

DL/T 986—2016《湿法烟气脱硫工艺性能检测技术规范》

DL/T 414—2012《火电厂环境监测技术规范》

（3）试验条件。

1）测试工况：脱硫系统100％负荷率为3～8天，75％负荷率为1～3天，50％负荷率为1～3天，如工况变动较大应通知试验人员，停止试验。

2）测试期间，燃用煤种基本固定，且保证燃用设计煤种。制粉系统以固定方式运行。锅炉不投油，电除尘器运行良好。

3）每一种锅炉工况试验期间，锅炉送、引风机的挡板开度和电流基本不变。

4）考核试验应在脱硫系统启动运行稳定后和具备试验条件方可开始试验。

5）现场要有足够的测孔，部分测孔须现场勘验后根据情况再进行开孔。现场测试位置应有安全操作平台和安全栏杆。如没有要临时搭建。现场测试位置附近要具备220V电源。

6）现场试验条件确认：石灰石制浆系统正常投运，吸收塔系统正常投运，吸收塔的事故排浆系统正常，石膏脱水系统正常投运，工艺水系统正常投运，废水处理系统正常投运。

（4）试验内容和方法。

1）烟气气体浓度测试。在原烟气烟道以及净烟气烟道开孔处测试各项气体组分，同时和DCS显示数据做比较和修正，并计算污染物的脱除效率。如果现场没有测孔（现场核实测孔位置和个数），要求电厂在指定位置开孔。

测试前，要求电厂对在线连续监测系统使用标气进行标定。

2）烟气量测试。利用网格法布点，测量脱硫系统进出口烟道烟气量，并与DCS显示烟气量作比较和修正。

3）烟尘浓度测试。利用网格法布点，在脱硫系统进口烟道截面和净烟道截面测试烟尘浓度，并与DCS显示烟尘浓度做比较和修正，并计算吸收塔除尘效率。

4）烟气温度测试。直接在测点处利用热电偶探头进行温度测量，将测试数据与DCS显示温度值做比较和修正。

5）噪声测试。利用噪声仪按照《工业企业厂界噪声测量标准》（GB 12348—2008），测试距设备及部件1m外，1.5m高处的噪声值，同时测量控制室及其他运行设备间内噪声。

6）系统压损。测量系统在设计工况中运行时系统各点压力。测量设备为电子微压计。稳定运行一小时每 5s 或 10s 进行记录取平均值。

7）石灰石耗量。石灰石耗量通过计算的方法来确定。

在试验阶段，从 DCS 中取得原烟气流量，原烟气二氧化硫、氧气浓度，净烟气二氧化硫、氧气浓度。取石灰石浆液罐样品进行石灰石纯度分析，取石膏样品在实验室中分析 $CaSO_4 \cdot 2H_2O$、$CaSO_3 \cdot 1/2H_2O$、$CaCO_3$ 含量，水分含量。

① 标准状态下石灰石耗量计算公式

$$m_{CaCO_3} = \frac{Q_{snd} \times (C_{S1} - C_{S2})}{1000000} \times \frac{M_{CaCO_3}}{M_{SO_2}} \times \frac{1}{F_r} \times S_t \tag{7-2}$$

式中　m_{CaCO_3}——石灰石耗量，kg/h；

　　　Q_{snd}——标干烟气量，$m^3/h(6\%O_2)$；

　　　C_{S1}——原烟气 SO_2 浓度，$mg/m^3(6\%O_2)$；

　　　C_{S2}——净烟气 SO_2 浓度，$mg/m^3(6\%O_2)$；

　　　M_{SO_2}——SO_2 摩尔质量，64.06g/mol；

　　　F_r——石灰石纯度，%；

　　　S_t——钙硫比。

② 钙硫比计算公式

$$S_t = 1 + \frac{\dfrac{X_{CaCO_3}}{M_{CaCO_3}}}{\dfrac{X_{CaSO_4 \cdot 2H_2O}}{M_{CaSO_4 \cdot 2H_2O}} + \dfrac{X_{CaSO_3 \cdot 0.5H_2O}}{M_{CaSO_3 \cdot 0.5H_2O}}} \tag{7-3}$$

式中　X_{CaCO_3}——石膏中 $CaCO_3$ 含量，%；

　　　M_{CaCO_3}——$CaCO_3$ 摩尔质量，100.09g/mol；

　$X_{CaSO_4 \cdot 2H_2O}$——石膏中 $CaSO_4 \cdot 2H_2O$ 含量，%；

　$M_{CaSO_4 \cdot 2H_2O}$——$CaSO_4 \cdot 2H_2O$ 摩尔质量，172.18g/mol；

　$X_{CaSO_3 \cdot 0.5H_2O}$——石膏中 $CaSO_3 \cdot 0.5H_2O$ 含量，%；

　$M_{CaSO_3 \cdot 0.5H_2O}$——$CaSO_3 \cdot 0.5H_2O$ 摩尔质量，129.15g/mol。

8）耗水量。

由工艺水箱液位下降速度进行计算，有水量表直接读表，对测试期间数据进行平均。

9）电耗。

人工记录脱硫装置输入母线有功数据，对测试期间数据进行平均。

10）石膏、石膏浆液、石灰石浆液的测量。

现场取样，在试验室进行物理、化学分析。

11）除雾器雾滴含量。

利用镁离子示踪法在除雾器上部或吸收塔出口处采样测量，同时进行浆液取样和记录吸收塔浆液密度。

（5）安全及质量保证措施。

1）组织措施。

① 电厂人员预先申请试验负荷，试验期间锅炉运行工况遵照本方案中的相关规定。预留试验期间燃烧煤种和煤量，试验连续进行 3 天，预留 2 天备用。

② 确保石灰石品质符合要求，石灰石应满足试验期间的用量；试验期间安排一名现场负责人（脱硫专工），以便及时协调试验的相关工作，保证试验的正常进行。

③ 在试验实施前，应对烟气脱硫系统进行检查消缺，确保在试验中能够正常运行。

④ 试验期间每天对锅炉燃用煤种进行采样和工业分析。电厂在试验开始前 1~2h 采集入炉煤煤样，上午和下午各采样 1 次，两次样品混合后送化学试验班进行燃煤工业分析（包括含硫量）。

⑤ 试验期间每天对锅炉和烟气脱硫系统运行参数进行抄表。抄表频次：锅炉每小时抄表一次，烟气脱硫系统每小时抄表一次，直到试验完成抄表结束。

⑥ 在试验期间，负责锅炉和烟气脱硫系统的正常运行，满足本方案规定的运行要求，以确保试验正常进行。试验期间如发现锅炉及烟气脱硫系统有异常情况，应及时通知试验负责人中止试验，工况恢复正常后及时反馈试验负责人。

⑦ 检修人员协助运行人员进行脱硫系统的优化运行调整。在试验实施前，完成测试平台的搭设和测孔检查、更换和松动等试验准备工作，确保试验能够正常进行。全力配合试验单位性能试验工作。

⑧ 试验人员按双方商定的试验日期及时准备好测试仪器和分析药品；在试验前完成试验条件、试验工况、测试仪器和安全保证措施的确认工作；经常与电厂的试验负责人联系有关机组和烟气脱硫系统的运行状况，发现问题及时中止试验；完成整个现场试验及相关参数的记录和收集工作；按合同规定提交试验报告。

2）安全措施。

① 所有参加试验工作人员，必须牢固树立"安全第一，预防为主，综合治理"的思想，严格遵守《电业安全工作规程》的有关要求。

② 在高处进行测试工作时，应系好安全带。必须树立安全第一的思想，进入现场必须正确佩戴安全帽，着装要符合有关规定，不得穿拖鞋、凉鞋和高跟鞋进入现场，带电和高空作业必须有人监护。

③ 在高温条件下测试时应戴石棉手套或采用其他的安全辅助措施防止烫伤；坚决杜绝人身伤亡和设备事故的发生。

④ 在进入现场时要特别注意高空坠物，确保人员和设备的安全。

⑤ 电厂或建设单位搭建的楼梯、平台、步道要求坚固，无障碍，无孔洞。

⑥ 试验临时电源电压合格，绝缘良好。防止误接其他工业电源，损坏仪器，甚至造成人身伤害。电源可靠接通测试正常后，再打开仪器的电源开关。

⑦ 运行人员根据试验的要求，调整系统运行参数，严格遵守运行规程和安全规程，在试验期间保持系统稳定运行。

⑧ 凡发现危急到人身和设备安全的问题时，应立即终止试验，来不及汇报或请示有关领导时，先停止试验，后汇报情况，待问题处理、不安全因素消除后，方可再次进行试验。

⑨ 试验人员必须熟悉相关设备、系统的结构、性能以及测试方法和步骤。

7.2.3 脱硝系统性能试验

脱硝系统性能试验适用于 SCR、SNCR 烟气脱硝系统检修后的验收试验。

脱硝系统性能试验应由火力发电厂委托有该试验业绩的试验单位承担完成。

脱硝系统性能试验需在机组带负荷后，改变锅炉出力进行。

（1）试验目的。为检验修后机组脱硝装置的运行状况，按照标准有效的方法对其进行性能考核试验。测试项目主要包括：氮氧化物浓度、脱硝效率、氨逃逸率、SO_2/SO_3 转化率、SCR 系统阻力、SCR 反应器烟气温降等参数进行测试与计算，并做出该脱硝系统的性能评价。

（2）依据规程和标准。试验参照的规程和标准：

GB/T 16157—1996《固定污染源排气中颗粒物测定与气态污染物采样方法》

DL/T 260—2012《燃煤电厂烟气脱硝装置性能验收试验规范》

HJ/T 397—2007《固定源废气监测技术规范》

HJ 693—2014《固定污染源废气氮氧化物的测定定电位电解法》

HJ 533—2009《环境空气和废气氨的测定 纳氏试剂分光光度法》

（3）试验条件。

1）测试工况：脱硝系统稳定运行，如工况变动较大应通知试验人员，停止试验。机组达到了稳定 100％、75％、50％负荷连续运行，时间安排至少为 100％负荷、75％负荷、50％负荷各一天。

2）测试期间，燃用煤种基本固定，且保证燃用设计煤种。试验期间，脱硝系统入口烟气量以及锅炉燃烧煤种应符合设计要求。锅炉不吹灰、不投油。

3）每一种锅炉工况试验期间，锅炉引风机的挡板开度和电流基本不变。

4）考核试验应在脱硝系统启动运行稳定后和具备试验条件方可开始试验。

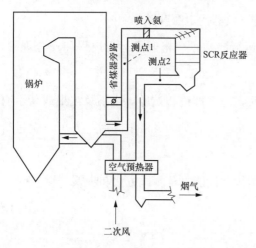

5）现场要有足够的测孔，部分测孔需现场勘验后根据情况再进行开孔。现场测试位置应有安全操作平台和安全栏杆。如没有要临时搭建。现场测试位置附近要具备 220V 电源。

6）现场试验条件确认：氨存储系统投运正常、喷氨系统投运正常、SCR 反应区系统投运正常。

（4）试验内容。

1）测点布置，如图 7-2 所示。

图 7-2　SCR 脱硝性能试验测点示意图

2）脱硝效率。初装两层催化剂时，在锅炉正常负荷范围内，SCR 入口氮氧化物浓度在设计值时，性能考核试验时的脱硝效率达到设计值、保证值情况。脱硝效率计算公式见式（7-4）。

$$\eta_{\mathrm{NO}_x\text{-SCR}} = \frac{C_{\mathrm{NO}_x\text{-in}} - C_{\mathrm{NO}_x\text{-out}}}{C_{\mathrm{NO}_x\text{-in}}} \tag{7-4}$$

式中　$\eta_{\mathrm{NO}_x\text{-SCR}}$——SCR 烟气脱硝装置的脱硝效率，％；

$C_{\mathrm{NO}_x\text{-in}}$——折算到标准状态、干基、6％$O_2$ 下未喷氨时烟气中氮氧化物的浓度，mg/m^3；

$C_{\mathrm{NO}_x\text{-out}}$——折算到标准状态、干基、6％$O_2$ 下喷氨时烟气中氮氧化物的浓度，

mg/m^3。

3）氨逃逸浓度。在正常投运 SCR 时，脱硝装置的氨逃逸浓度情况。用红外烟气分析仪进行测试。

4）SO_2/SO_3 转化率。在正常投运 SCR 时，SO_2/SO_3 转化率情况。SO_2/SO_3 转化率计算公式见式（7-5）。

$$X = \frac{M_{SO_2}}{M_{SO_3}} \times \frac{C_{SO_3\text{-out}} - C_{SO_3\text{-in}}}{C_{SO_2\text{-in}}} \tag{7-5}$$

式中　X——烟气脱硝系统 SO_2/SO_3 转化率，%；

$\quad M_{SO_2}$——SO_2 的摩尔质量，g/mol；

$\quad M_{SO_3}$——SO_3 的摩尔质量，g/mol；

$C_{SO_3\text{-out}}$——折算到标准状态、干基、6%O_2 下的 SCR 反应器出口烟气中 SO_3 的浓度，mg/m^3；

$C_{SO_3\text{-in}}$——折算到标准状态、干基、6%O_2 下的 SCR 反应器入口烟气中 SO_3 的浓度，mg/m^3；

$C_{SO_2\text{-in}}$——折算到标准状态、干基、6%O_2 下的 SCR 反应器入口烟气中 SO_2 的浓度，mg/m^3。

5）系统阻力。在性能考核试验时，烟气脱硝 SCR 系统（指从锅炉省煤器出口至空气预热器入口膨胀节之间）的整体阻力情况，达设计保证值要求与否。

6）还原剂耗量。在 BMCR 工况及烟气中氮氧化物含量一定时，是否达到保证单台机组的液氨耗量情况。

7）氨氮摩尔比。氨氮摩尔比计算公式见式（7-6）。

$$n = \frac{M_{NO_2}}{M_{NH_3}} \times \frac{C_{slipNH_3}}{C_{NO_x}} + \frac{\eta_{NO_x}}{100} \tag{7-6}$$

式中　C_{NO_x}——SCR 入口烟气中氮氧化物浓度（标准状态，干基，过剩空气系数 1.4，以二氧化氮计），mg/m^3；

$\quad M_{NO_2}$——二氧化氮的摩尔质量，g/mol；

$\quad M_{NH_3}$——氨的摩尔质量，g/mol；

$\quad n$——氨氮摩尔比，无量纲；

C_{slipNH_3}——氨逃逸浓度（标准状态，干基，过剩空气系数），mg/m^3；

$\quad \eta_{NO_x}$——脱硝效率，%。

（5）安全及质量保证措施。

1）组织分工。

① 电厂人员预先申请试验负荷，试验期间锅炉运行工况遵照本方案中的相关规定，预留试验期间燃烧煤种和煤量。

② 确保脱硝系统用的反应剂纯氨供应量及其品质；试验期间安排一名现场负责人（脱硝专工），以便及时协调试验的相关工作，保证试验的正常进行；试验期间电厂提供配合人员 2 人，其中一名热控专业人员，负责协助试验人员调看在线监测历史记录，一名电工，负责在现场接 220V 交流电源。

③ 在试验实施前，应对烟气脱硝系统进行检查消缺，确保在试验中能够正常运行；协助试验单位将测试仪器运到测试平台附近，负责试验仪器用 220V 交流电源的连接；试验期间每天对锅炉燃用煤种进行采样和工业分析。电厂在试验开始前 1～2h 采集入炉煤煤样；试验期间每天对锅炉和烟气脱硝系统运行参数进行抄表。

抄表频次：锅炉 1h 抄表一次，烟气脱硝系统 1h 抄表一次，直到试验完成抄表结束；在试验期间，负责锅炉和烟气脱硝系统的正常运行，满足本方案规定的运行要求，以确保试验正常进行；试验期间如发现锅炉及烟气脱硝系统有异常情况，应及时通知试验负责人中止试验，工况恢复正常后及时反馈试验负责人。

④ 试验单位按双方商定的试验日期及时准备好测试仪器和分析药品。

⑤ 在试验前完成试验条件、试验工况、测试仪器和安全保证措施的确认工作。

⑥ 经常与电厂的试验负责人联系有关机组和烟气脱硝系统的运行状况，发现问题及时中止试验；完成整个现场试验及相关参数的记录和收集工作；按合同规定提交试验报告。

2）安全措施。

① 所有参加试验工作人员，必须牢固树立安全第一，预防为主的思想，严格遵守《电业安全工作规程》的有关要求。

② 试验开始前，由项目负责人对试验人员进行安全技术交底。

③ 在高空进行测试工作时，应系好安全带。必须树立安全第一的思想，进入现场必须正确佩戴安全帽，着装要符合有关规定，不得穿拖鞋、凉鞋和高跟鞋进入现场，带电和高空作业必须有人监护。

④ 在高温条件下测试时应戴石棉手套或采用其他的安全辅助措施防止烫伤；坚决杜绝人身伤亡和设备事故的发生。

⑤ 在进入现场时要特别注意高空坠物，确保人员和设备的安全。

⑥ 电厂或建设单位搭建的楼梯、平台、步道要求坚固，无障碍，无孔洞。

⑦ 试验临时电源电压合格，绝缘良好。防止误接其他工业电源，损坏仪器，甚至造成人身伤害。电源可靠接通测试正常后，再打开仪器的电源开关。

⑧ 运行人员根据试验的要求，调整系统运行参数，严格遵守运行规程和安全规程，在试验期间保持系统稳定运行。

⑨ 凡发现危急到人身和设备安全的问题时，应立即终止试验，来不及汇报或请示有关领导时，先停止试验，后汇报情况，待问题处理、不安全因素消除后，方可再次进行试验。

⑩ 试验人员必须熟悉相关设备、系统的结构、性能以及测试方法和步骤。

参 考 文 献

［1］ 中国华电集团公司安全生产部. 火电机组检修全过程规范化管理［M］. 北京：中国电力出版社，2008.

［2］ 陈迅. 机网协调在现代电力系统中的作用［J］. 广东电力，2013，26（5）：57-62.

［3］ 刘辉. 分析火电厂如何加强电气设备检修管理［J］. 电力设备，2018，（33）：3-6.

［4］ 姚芬. 浅谈可靠性管理在新建电厂的实施应用［J］. 电力设备管理，2019，（12）：66-69.

［5］ 王树民. "三个强化"提升发电设备可靠性水平［J］. 中国电力企业管理，2016，（8）：1-1.

［6］ 米建华. 我国电力可靠性管理工作现状及发展［J］. 电气时代，2016，（11）：54-55.

［7］ 熊婷婷. 浅谈火力发电厂加强可靠性管理的具体措施［J］. 低碳世界，2018，（11）：151-152.

［8］ 张振宇. 火电厂设备状态检修管理模式的研究与探讨［J］. 能源研究与管理，2019，（3）：6-9.

［9］ 张凡志，周龙，程声樱，等. 基于数据分析的电力设备检修精细化管理［J］. 设备管理与维修，2020，（5）：14-16.